戦争
サービス業

民間軍事会社が民主主義を蝕む

ロルフ・ユッセラー［著］
下村由一［訳］

日本経済評論社

はじめに

民間軍事会社だとか「新しいタイプの傭兵」だとか言っても、そんなもの聞いたことがないな、と言う人が大半だろう。小耳に挟んだことはあるが、なんだっけ。そう言えば、アメリカやイギリスがアフガニスタンで傭兵を使っているらしいが、だからなんなんだ、こっちには関係ないだろ……。

だがドイツ国籍をもった者がアメリカの会社に雇われてイラクで戦争しているとなると、話は違ってくるのではないだろうか。ドイツの大企業が外国でやはり傭兵を使っていると聞いたらどうだろう。それだけではない、ドイツ連邦軍が任務の一部を民間委託していて、外国の軍事会社が数十社もドイツ国内で活動していると知ったらどうだろう。「新しいタイプの傭兵」が重大犯罪を犯してもなんら罪に問われることはないとなったらどうだ。そんなことがあり得るのか。法律上の不備があるのか。ならばなぜ政治家は黙っているのか。

調べてみて、この手の民間軍事会社は数社どころか、すでに数百社はあり、数千どころか、数十万人もの元軍人が地球上いたるところに散らばって活動していることが分かった。彼らはゲリラと戦い、テロリストを追う。彼らは最新のハイテク兵器を駆使し、大規模な補給網を管理している。兵士を訓練し、一国の軍隊をそっくり仕立て上げもする。パイプラインを警備し、諜報機関のためにソフトウェアを開発し、捕虜を尋問する。

この民間軍事会社とはなにものなのか。どこから来たのか。だれに雇われるのか。調べてみて驚いた。インターネット上によく整備されたウェブサイトがあり、なんとこの業界トップの数社の株は上場もされていて、二〇〇一年九月一一日直後に他の株が軒並み下げているのに、ここだけは値上がりしているではないか。発注元は政府筋が多く、アメリカやイギリスの国防省などなのだが、具体的にどんな契約が結ばれているか、公式にはだれにも分からない。業務報告を見ても詳細は不明だし、問い合わせに対しては、「申し訳ありませんが、契約上の理由でいっさいお話できません」と紋切り型の回答が返ってくる。議会での質問も功を奏さない。要するに、調べれば調べるほど訳が分からなくなる。株が上場されていて、政府の委託で働いているといっても、この民間軍事会社なるものは依然として謎に包まれた存在なのだ。

というわけで公式の記録、文書で見る限り、資料はとても少ない。なにか知ろうと思ったら、回り道してさぐるほかない。頼りになるのはさまざまな分野の情報通、ジャーナリスト仲間だが、なんといっても運にも恵まれないことにはどうにもならない。難しいのは情報をとること以上に、情報の真偽を確かめることだ。これを手伝ってくれたのは勇気ある人々で、彼らの粘り強い地味な活動だった。この本に書かれた事実は世界中の多くの人々が集めてくれたものなのだ。私自身の寄与はほんの一部でしかない。情報源が消えてしまったため――これはイラクだけのことではない――記述をあきらめるほかなかった出来事も少なくない。また情報源の安全が「保障」できないため、公表を断念した例もある。

叙述の焦点はとりわけ対外的な安全保障、つまり軍事的な安全保障の問題全般においた。この新しいサービス業の分野で活動する企業の名称については、ドイツでは「警備会社」というのが普通なのだが、英語圏で一般に用いられている用語にならって「民間軍事会社」とした。このサービス業が関係するもうひとつの面である国内の治安の問題については、この本では、軽く触れるか、理解に必要な限り取り扱うかにとどめた。

安全を願わぬ者はいない。安全の保障が民主的な法治国家の最重要の課題のひとつであることはいうまでもない。国外に対する、また国内における安全の保障を、民間軍事会社の経営上の打算と利潤追求に任せてよいものか、これは憲法に照らしても問題がある。それだけではない。これらの会社が、今日すでに現実となっているように、国家による統制の枠を脱してしまったら、これは民主主義にとって明白な危機なのである。

ローマ　二〇〇六年一月

ロルフ・ユッセラー

第三版への序文

二〇〇六年三月、ロルフ・ユッセラーの本書が店頭に並んだとき、ちょっとしたセンセーションが巻き起った。一般読者向けとは言え、民間軍事会社の息つく間もない成長ぶりを余すところなく分析し、それがどんな危険を社会にもたらすかを抉り出した最初の専門書だったのだから、当然と言えば当然だったかもしれない。ベルリンの安全保障政策連邦アカデミーで議論沸騰の書評会が開かれたのを皮切りに、テレビ、ラジオで繰り返し取り上げられ、新聞雑誌でもくわしく紹介された。発売から四カ月経たないうちに初版は売りきれ、二〇〇六年七月には第二版が出た。

やがて国外でも注目されるようになり、アメリカ合衆国、スペイン、イタリア、コロンビア、ブラジル、ロシア、ポーランド、さらに日本でも翻訳が出版されることになっている。

著者ロルフ・ユッセラーは連邦議会とドイツ議員連盟での聴聞会、さまざまな政治団体の専門家会議やプロテスタント教会、警察学校、市民講座などでの講演に招かれた。ウイーンのオーストリア国防アカデミー、スイス軍統合幕僚部、欧州会議も彼を講師として呼んだ。

彼の分析が当を得たものであったことは、ブラックウォーター社の最近の事例にも見ることができる。同社の要員が二〇〇七年九月バグダッドで一七人の民間人を理由もなしに殺害し、それでいて法律上犯人はなんら責任を問われることなく終わるというとんでもない事件があった。さすがにアメリカ世論がこの問題を取り上げ、上院ではこの件で聴聞会が開かれはしたものの、国務省は結局関係者を無罪放免とした。

著者ロルフ・ユッセラーがこれら最近の出来事を考察の対象とし、また民間軍事会社および民間による危機回避を明確に管理下におくべきであるという、政界から出された問題提起を視野に入れたのが、ここに上梓される改訂増補第三版である。

これらの要望は、二〇〇八年二月二八日ドイツ社会民主党とキリスト教民主同盟両党議員団が提案した「民間軍事安全保障企業の管理」に関する連邦議会決議にも反映された。この決議にはロルフ・ユッセラーが提起した要求項目の多くが盛り込まれているのである（本書「終わりに」二七一ページ以下を参照）。

ここで扱われている主題は、本書の出版以来、切実さを失うどころか、恐ろしいまでに深刻さを増しつつあるのだ。

二〇〇八年二月

クリストフ・リンクス出版社

目次

付　録

第1章　ビジネスとしての戦争

1　世界中で暗躍する「新しいタイプの傭兵」

現実に起こっていることが、真実ではあり得ない
エルンスト・ブロッホ

今日の世界の戦場で、また紛争地域で、正規軍兵士は次第に影が薄くなっている。代わりに増えているのが民間の兵士だ。この男たちがだれのために戦い、だれから給料をもらい、だれの手で派遣されたのかは、よく分からないのが普通だ。彼らの責任者はそもそもいるのか、いるとすればだれなのか、どうにもよく分からない。最新のハイテク装備・兵器——戦車、戦闘ヘリコプター、砲弾、ロケット砲——をいったいどこで支給されたのか、はっきりと答えてくれる者はいない。

かつてはこういう連中は傭兵と呼ばれた。今日では彼らは会社職員で、ブルースカイとかジェンリックとかロジコンとかピストリスとか、民間軍事会社とはとても思えないような勝手気ままな名前のついた会社の従業員なのだ。これら民間兵士の大半はどこの国の軍隊にも所属していない。いろいろな国の出身者がいて、旅券を見れば、韓国人とか、パキスタン人、コロンビア人、アイルランド人、ウクライナ人などであることは分かるが、分かるのはそこまで。服装からも旅券からも、彼らが正規軍兵士なのか、傭兵なのか、反乱軍兵士なのかテロリストなのか、まるで見分けがつかないのである。

むかしは冒険と幸運を追い求める退役軍人や元外人部隊兵士が雇われて、怪しげな金主の依頼で戦

争をしていたものだが、彼らに代わって登場してきたのが、行き届いた訓練をうけた民間軍事会社の職員なのだ。この手の会社に雇われるのはなにも戦争屋ばかりではない。敏腕のマネージャーがいるかと思えば、抜け目のない武器商人もいる。兵器に精通したエンジニア、コンピュータ専門家、翻訳者、ベテランのヘリコプター・パイロット、さらには兵站とか衛星放送とかの専門家だっているのだ。映画「ランボー」のようなタイプはもう主役ではない。求められるのはプロなのだ。戦争の技と軍事紛争に関連するあらゆる活動が通常のサービス業になったのだ。発注する側からすると、大切なのは仕事を手際よく片付け成果を挙げてくれること、そして引き受ける側にとっては支払いが重要という取引なのである。「新しいタイプの傭兵」の実態がどれほど多種多様にわたっているかを知ってもらうために、次に五つのケースを紹介しよう。

あるテロ対策要員の死

一九六八年生まれのファブリツィオ・クアトロッチは、両親、弟それに許婚とイタリアはジェノヴァで暮らしていた。特殊部隊を最後に退役した彼はあれやこれやの「冒険」と臨時の仕事を経験した後、数人の友人とともに同じジェノヴァにある警備会社イブサに入った。友人のひとりパオロ・シメオネもクアトロッチと同じような経歴の持ち主だった。一八歳でイタリア陸軍の特殊部隊「サン・マルコ」に入隊したシメオネは、兵役を終えると五年間の契約でフランス外人部隊に入り、ジブチ、ソマリアなどで勤務した。一九九七年にはアンゴラで地雷除去作業に従事したかと思えば、一九九九年にはコソヴォ、そして一年後にはアフリカへ舞い戻る。アメリカ合衆国大統領ブッシュが、二〇〇三年五月一日、イラク戦争の終結を宣言し、「再建段階」の開始を告げた頃には、パオロ・シメオネは、ローマのアメリカ大使館などを通じて合衆国の官庁筋、軍事筋と密接な関係を築き上げていた。他方ファブリツィオ・クアトロッチは、二〇〇一年九月一一日の同時多発テロの後、ドイツ人、カナダ人などの志願者とともにフィリピンの秘密キャンプで「テロリズムに対する戦い」の訓練を受けていた。パオロ・シメオネは、イラクへ出発するに先立ち、アメリカ合衆国ネヴァダに本拠をおくディフェンス・テクノロジー・システム・セキュリティ社を立ち上げた。ネヴァダならアメリカで注文を受けるのに好都合というわけだ。その年の一一月に彼は友人のファブリツィオを誘い（次ページを参照）、その他にも同様の経歴をもつ「戦友」たち、サルヴァトーレ・ステフィオ、ウンベルト・クペルティーノ、マウリツィオ・アグリアーナを仲間に引き入れた。

二〇〇四年復活祭の月曜日、シメオネを除く全員がバグダッドとファルージャの間で、武装グループ「モハメドの緑のファランクス」の手に落ちた。復活祭の翌日、アルジャジーラ・テレビ局はこれら捕虜のビデオを放映し、誘拐グループの要求を伝えた。その要求は、イラクからのイタリア軍の撤退とイラクへの傭兵派遣にたいするイタリア首相の謝罪などだった。イタリアのメディアは騒ぎ立て、議会は延々と審議を重ねた。大統領が発言し、ローマ教皇（ヨハネ・パウロ二世）までもが乗り出して、人質の釈放を懇願した。首相ベルルスコーニは、ブッシュ大統領との協議の結果、左派野党の反対を押し切って、強硬姿勢をとり、いっさいの交渉を拒否した。

二四時間もしないうちに、ファブリツィオ・クアトロッチは頭部を射抜かれ殺された。死刑の模様はビデオに収められ、さすがにアルジャジーラはこれを放映しなかったものの、インターネット上で

民間兵士の募集

仕事の内容は以下の通り……イラクで官僚制度の復興に従事するアメリカの多国籍企業の人員の保護。身辺警護・密着防御の要員として待遇される。

装備

・武器……各人は挿弾子四個付きのベレッタ92Sまたはグロック17、あるいは挿弾子六個つき短機関銃　ヘックラー&コッホMP5　A3を所持する。
・通信機……モトローラ350
・防弾チョッキ（希望による）

給与

・月六〇〇〇米ドル
・毎月一〇日までに現地で現金支払い
・出発の日時が確定し次第、契約書の正確な文面を届ける。
・食事、宿泊、交通費はこちらでもつ。
・生命保険、傷害保険は当面自費でかけてもらうが、目下当方でアメリカまたはイギリスの会社と保険の件で交渉中
・困難度のもっと高い任務のための別の契約についても相談したい。君にはそちらの方の任務に就いてもらうことになると思う（アメリカ人その他の政治家と企業幹部の身辺警護）。その場合の給与は八〇〇〇～九〇〇〇米ドルで、一軒家に住むことになる。〔……〕

重要……この業務には最高度の秘匿が求められるので、拳銃および短機関銃は人目に触れてはならない。〔……〕

　残念ながら当地の市場ではこれらの装備の入手は不可能。したがって君には購入費を先払いしてもらうことになる。サン・ルカの武器店または上海の店で相談するがよい。こちらからの話をそのまま伝えてもらっていい。出費はすべて領収書と引き換えに補填される。旅費も同様。

行先

・ヨルダン、アマン行き片道切符
・次のホテルに迎えが行く。ホテル・パラダイス（食事付きで五〇米ドル以下）。午前一時頃にこちらで手配したタクシーが迎えに行き、国境まで君を運ぶ。国境では別のこちらの連絡員が迎え、バグダッドまで案内する（この移動の間、君が拳銃を携行できるようこちらで手配する）。
・アマン―国境……五時間
・国境―バグダッド……約六～七時間

（パオロ・シメオネからファブリツィオ・クアトロッチ宛て手紙の抜粋。二〇〇四年四月一四日付『ウニタ』紙ほか多くのイタリアの新聞に掲載された）

は、関心のある者はだれでもこれを見ることができた。関心を寄せたといえば、とりわけローマの検察庁もそうだったのだが、彼らの関心は殺害そのものもさることながら、「傭兵」はイタリア刑法第二八八条に抵触するのではとの疑いからだった。この条文からすると、この四人はそもそもイラクにいてはならないのだ。イタリア市民は、政府の明白な許可なしには、他国の領土で他国のために戦うことを禁じられているからだ。

サルヴァトーレ・ステフィオ、ウンベルト・クペルティーノ、マウリツィオ・アグリアーナの三人は、粘り強い交渉のあげく数カ月後にどうにか無事救出された。政府部内の後継ファシストたちによって殉教者に仕立て上げられたクアトロッチの遺骸は、国葬で埋葬された。検察庁の捜査はうやむやのうちに終わった。公式には発表されないけれども、じつは彼ら以外にも「イタリア人傭兵」が多数イラクにいるらしいと分かったのに、と言うか、おそらくはそれが分かったからなおのことなのか、とにかくはっきりしているのは、イタリアの政治家で、民間軍人という法的にはいかにも怪しげな存在に裁判でけりをつけようという者はひとりもいなかったし、今もいないということだ。だがこれはイタリアだけのことではない。ドイツを含めてほとんどの国が、この問題に目をつぶり耳を閉ざしているのである。

大陸を股にかけるパイロット

ここ数年間で数千人の「新しいタイプの傭兵」が殺され、数万人が負傷した。このことがメディアで大きく取り上げられることはめったにないし、まして彼らの名前が表に出ることはまずない。身内

アフガニスタン大統領ハミド・カルザイが公の場に姿を現すとき彼の身を守るのはアメリカの民間軍事会社ダインコープ社のボディガードだ。この写真は、2004年10月6日カブールでの大統領選挙集会でのカルザイ。
（ゲッティ　イメージズ）

でさえ、彼らがいまどこにいて、どんな任務に就いているか、知らないのが普通なのだ。民間兵士がこのように実名を伏せ、大抵は偽名をひとつまたはそれ以上使うのは、保安上の理由からだけでなく、仕事の依頼者がそうするよう希望するか、場合によっては、はっきりとそう要求するからである。どこのだれかがばれてしまっては、その時々の敵の報復の標的にされるし、そうなったら次の仕事に「傷がついて」しまうことが多いのである。

これらの民間人は、実際には状況に応じてためらいなく武器を使用する兵士であり、その総数はイラクだけで約三万人、なかにはドイツ人も多く交じっている。三万人といえば、アメリカ軍についで第二の規模の「軍隊」であり、アメリカ以外のどの同盟軍より多いのである。しかもこれはイラクに限ったことではない。例えばアフガニスタンではアメリカの会社ダインコープ社がカルザイ大統領の警備にあたり、他の会社が政府の建物と社会基盤を守っている。東南アジアと南アメリカでは、彼らはさまざまな舞台で反乱軍、麻薬カルテル、軍閥と戦っている。アフリカ諸国で油田地帯とダイヤモンド採掘現場を守るのも、彼ら「新しいタイプの傭兵」である。彼らの活動の場はここ数年間で地球上の一六〇カ国に及び、需要の絶えることはない。

任務の場が多岐にわたるのに応じ、「新しいタイプの傭兵」として世界中で暗躍するこの男たち（最近では女性も増えつつある）も多種多様である。例えばヴラジミール・P、一九六二年生まれのウクライナ人はベテラン・パイロットである。彼は、双発のセスナであれ、ヘリコプターであれ、輸送機、戦闘爆撃機さらにはジェット戦闘機であれ、およそ空中に浮かぶものならなんでも操縦できる。それまで職業軍人としてソ連赤軍に籍をおいていた彼は、ソ連邦の解体とともに失業する。友人を通じて得た最初の仕事はエリトリア対エチオピアの戦争だった。ここで命を落とさないですんだのは、いち早く気が付いたおかげだろうと、彼は言う。敵側の戦闘機を操っているのが、やはり元赤軍の「戦友」たちであることがすぐに分かったのだ。分かった時点で、彼らは互いに遭遇しても戦闘を交えるのを避けるようになった。こうして契約期間が終わるまで、アフリカのこの地域では空中戦が行われることはなかった。

ヴラジミール・Pの次の任務は、西ヨーロッパ各地の飛行場から西アフリカ、マリとブルキナファソへ輸送機を飛ばすことだった。あとになって新聞報道で知ったところでは、これはどうやら武器の輸送だったようだと、彼は言う。シエラレオネとリベリアでの内戦向けの武器で、ブルキナファソとの契約がモスクワで署名されていたことから見て、この取引にはロシア・マフィアが絡んでいたようだ。だが詳しいことは知らないと、ヴラジミールは白を切った。知っていても言いたくなかったのかもしれない。ここ一〇年間、彼は大半の時間をアフリカで過ごしたが、合衆国西海岸に本社のあるアメリカの民間軍事会社の仕事をしたこともある。この会社の専門分野は空中偵察で、彼の仕事の眼目は、南アメリカ北部の反対派勢力の動きに関する情報を収集すること、つまりスパイ活動だった。この監視データは、その地域で活動する多国籍石油メジャーのために張り巡らされた保安網の一部をなすもので、西側諸国がこれを資金面で支援している。

民間軍事会社を考案した男

「民間軍事会社」という名称を考案し、この新しい成長部門での最初の大会社を創設した男は、イギリス人ティム・スパイサーだ。自叙伝『異端の軍人　平和と戦争とサンドライン事件』で彼がまず描いているのは、「近衛歩兵連隊スコットランド連隊」の一兵卒時代から、イギリス軍特殊部隊（SAS）と有名なサンドハースト陸軍アカデミーでの訓練のことである。将校となった彼は、北アイルランド内戦で戦い、キプロスへ送られ、ドイツではライン軍に所属し、フォークランド島から、のちにはバルカン戦争でボスニアへと転戦した。赫々たる軍功をあげて女王の陸軍を除隊になった彼は、一九九五年四三歳でロンドンの投資会社フォーリン＆コロニヤル社の中東担当マーケティング部長に迎えられる。その後の一二カ月間、彼はアラビア半島の諸国とロンドンを股にかけてジェット機で飛び回り、多くのコネをつくる。そしてほぼ一年後に彼は軍事サービス事業のための会社サンドライン・インタナショナル社を設立するのである。

スパイサーとサンドライン社が有名になった最初の作戦のひとつに、「パプアニューギニア事件」がある。オーストラリアの北に位置するこの島国は一九七五年に独立した。この国のブーゲンヴィル島にはイギリスとオーストラリアが所有する大規模な銅山があるのだが、その島で一九八九年、独立派のブーゲンヴィル革命軍と政府軍との間で血みどろの戦いが始まった。九年間におよぶ戦闘で数千人が犠牲となった。一九九七年政府は反乱軍制圧のためにサンドライン社を雇うことにし、三六〇〇万米ドルで三カ月の契約を結んだ。契約の内容は、傭兵部隊と武器を提供すること、正規軍特殊部隊を訓練し、この部隊を軍事面でも情報技術の面でも支援することだった。当時の政府首班ジュリアス・チャンによれば、この「軍事サービス業」の助けを借りる以外に打開策はなかったという。作戦は一九九七年二月に始まったのだが、契約が外部に漏れてしまうと、この島国に強い経済的利害をもつオーストラリアが介入してきた。またパプアニューギニア軍もサンドライン社の支援には反対だった。軍事クーデターが起こり、傭兵四八人（イギリス人、南アフリカ人、エチオピア人）は拘束され、ベラルーシ製の戦闘ヘリコプター四機を含む武器も押収された。彼らは入国後僅か一カ月で、政治的圧力のために国外に追放されたのである。ティム・スパイサーは裁判に訴え、勝訴した。契約は「法理に叶う」ものと認められ、パプアニューギニアの新政府は未払いの一八〇〇万ドルをサンドライン社に支払う破目になった。

この事件は国際的に大変な騒ぎを巻き起こした。天から降って湧いたように今どき傭兵騒ぎか！しかも「国家の庇護をうけた」傭兵だ！　スパイサーが自叙伝で述べているところでは、この「ブーゲンヴィル作戦」についてはイギリス政府も承知していたという。一九九八年にはスキャンダルがイギリス政界を揺るがし、外務大臣ロビン・クックの首が危うく飛ぶところだった。この騒ぎの張本人がまたしてもティム・スパイサーと彼のサンドライン社だった。同社は国際連合の武器禁輸令を無視して、ブルガリア製銃器三〇トンをボーイング七二七輸送機でシエラレオネに運び込んだのである。これは、当時イギリスに亡命していた大統領アフメド・カバの返り咲きをはかる政府転覆陰謀の一環だった。スパイサーは訴えられたが、無罪となった。彼の申し立てによれば、イギリス政府はこの経緯を承知していただけでなく、カバを権力の座に戻すことは政府の明白な意図だったという[1]。

こうしたスキャンダルのおかげでスパイサーは破滅するどころか、逆に有名になった。彼はその後も会社を設立しつづけ、そのひとつにトライデント・マリティーム社があった。この会社が名を馳せたのは、二〇〇一年世界最大手の保険会社ロイドがスリランカ政府にたいし、同国に入出港する商船の保険を引き続き引き受ける条件として、内戦のリスクが増大していることでもあるので、トライデント社と契約するよう求めたからだった。三日間におよぶ交渉のあげく、エスカレートするタミル派ゲリラとの抗争と補給路の途絶との板ばさみになったスリランカ政府は、結局この「脅し」に屈するほかなかった。スパイサーのトライデント社が雇われ、インド洋上のこの国の安定した商品の出入を確保・管理して、やがてこの島国は平和な観光地としての評判を取り戻すのである。この間にスパイサーはもうひとつ彼が設立した会社イージス・ディフェンス・サービシーズ社の社長となって、これを民間軍事サービス業部門最大手のひとつに仕立て上げた。例えばイラクでイージス社は二億九三〇〇万ドルという最大級の契約総額を誇っている。

独特の武器商人

新しい民間軍事業界でも武器商人は重要な位置を占めている。彼らの活動なしには、戦争をしかけるのはまずもって不可能に近い。軍需産業は西側世界では早くから民営化されているが、第二次世界大戦後、武器の取引はその製造業と同様、国家の厳しい統制下におかれてきた。建前上は今もそうなっている。だが「戦争の民間委託」の結果、武器取引の分野でも実際には根本的な変化が起こっている。今日の世界で起こっている無数の紛争で使われる軽火器のうちの三分の二が、国家による公式の統制の及ばないところで、民間の武器商人の手で取引されており、しかも紛争で殺された人の九〇％が、これら軽火器の犠牲者なのだ。たしかに冷戦期にも非合法の武器商人は存在した。だがアルメニア人アドナン・カショギやドイツ人エルンスト・ヴェルナー・グラットなど名だたる商人が非公式にせよ活動できたのは、諜報機関が黙認したり了解したりしていたからで、その機関の国の利益に沿っていたわけだ。例えばアメリカ合衆国が公式には輸入も輸出もできないような場合に、グラットやカショギなどを通じて取引が行われたのである(2)。

今日では、民間軍事会社と民間兵士がどこで、どのようにして自動小銃なり短機関銃なり榴弾なりを入手しているか、国家機関がつかむことは滅多にない。グローバル化された武器市場は途方もなく大きく、供給も同様である。ヴァーチャルなスーパーマーケットで買い物するように、品質、商標、値段に応じて必要な製品を選び購入できる。品薄にならないよう手当てするのは、非公式、半ば合法あるいは非合法のネットワークで、これには組織犯罪やさまざまなマフィアが絡んでいることも珍しくない。支払い方法も変化している。国際連合各種機関の調査で分かったところでは、現在武器の支払いには現物が充てられることがますます多くなってきているという。アヘン、コカインなどの薬物、紫檀、チークなどの熱帯産木材、ボーキサイト、銅やラフダイヤモンドなどの鉱物資源がそれである。

武器取引のネットワークで重要な役割を演じ、しかも今までになかった新しいタイプの傭兵の代表と言えるのが、レオニート・ミニンである。一九四八年ソ連邦オデッサ生まれのイスラエル人実業家ミニンは、二〇〇〇年八月五日夜、ミラノ郊外チニゼッロ・バルサモで逮捕された。地元の警察に、ホテル・ヨーロッパの三四一号室で「賑やかなコカインパーティ」が開かれるというたれこみがあったのだ。逮捕してはみたものの、所轄署のお巡りさんたちは、いかにも世慣れた、途方もなく金持ちらしいこの男をどう扱っていいものやら途方に暮れる。押収された所持品は、現金が各国紙幣で計三万ドル、それに極上のコカイン五八グラム、無数の身分証明書類と時価五〇万ドル相当の研磨済みダイヤモンドのぎっしり詰った鞄だった。尋問にたいするミニンの答えはこんな風だった。コカインは自家消費分で、自分は毎日三〇グラムから四〇グラムは吸っていて、この息抜きのための出費は一日で一五〇〇ドルほどになるかな。まあ金はたっぷりあるからこれぐらいどうということはない。ダイヤモンドは、モーリシャスにある自分の会社の株の一部を処分した金で最近入手したものだ。自分はじつはジブラルタル、ボリヴィア、中国、リベリアなどに会社を所有する実業家なのだ。リベリア産の熱帯木材のかなりの規模の取引を終えて、丁度ソフィアから戻ったばかりなのだ。取調べに当たった担当官は、目の前に座っている実業家のこの申し立てに納得した風ではあったが、だからといって保釈金と引き換えにすぐに釈放というわけにはいかなかった。なんといってもドラッグの不法所持はそう簡単に見逃すわけにいかない。レオニート・ミニンという名前を聞いても、ピンとくる者はいなかった。この無名の男はひと晩留め置かれ、コカイン濫用のかどで送検された。

だが担当の検事とて、翌日この名前に接しても別に驚きもしなかった。書類がローマの警察中央本部に届いて、そこでようやく大騒ぎが始まった。なにしろとてつもない大物がちょっとした偶然で網にかかったのだから。さすがにここではこの男がどういう人物かよく分かっていた。レオニート・ミニンことヴルフ・ブレスラフことイーゴリ・オソルスことレオニート・ブルフシュテインは、イスラエル、ロシア、ボリヴィア、ギリシア、そしてドイツの旅券をもち、スイスとモナコ公国で好ましからざる人物とされており、フランスとベルギーの治安当局ではこの人物に関する大部の一件書類がつくられていたのだった。イタリア作戦本部自身もミニン関係の分厚い報告書を取りまとめていた。一年以上もの時間を費やして、錯雑極まりない捜査を国境を越えてすすめ、ミニンが、ロシア・マフィアと密接に連携して非合法の石油取引、資金洗浄、さらには国際的な麻薬取引にまで手をのばしている犯罪組織の黒幕、親玉であることを立証しようとしたのだった。糸口になったのはローマのギャラクシー・エナージー社が仕組んだなんとも怪しげな石油製品取引で、この会社の持ち主は、だれあろう、レオニート・ミニンその人だった。

だがチニゼッロ・バルサモの警察が押収した鞄にはいっていた数々の記録は、ローマの本部でも解読不可能だった。麻薬不法所持にかかる公判を待つ獄中のミニンは、検事に向かって次のように申し立てた。これらの手紙、ファックスはリベリアとのさまざまな契約に関わるものであるし、武器のカタログ、価格見積りにしても、またコートジボワールで発行された武器引渡しのための「エンドユーザー」証明書にしても、武器、弾薬、その他の兵器の価格表にしても、各種熱帯木材の数隻分の貨物の引渡し条件に関する書類にしても、ほとんどは一般に入手可能な雑誌の写しにすぎない。また一部は友人がホテルの部屋に置き忘れた書類であると。「信憑性はゼロに近い」と検事は断定した。麻薬事犯でミニンは二年の刑に処せられた。この間にイタリア警察は国際的な協力も得て、記録を解読し、パズルを解こうとした。数カ月におよぶ作業の結果浮かび上がった全体像は、身の毛もよだつ地獄図だった。

複雑な行動の詳細や入り組んだ縦横の繋がりに立ち入ることは避けて要点だけを言うと、捜査の結果判明したのは以下の事実だった。(3) 九〇年代末リベリアとシエラレオネで起こった残虐極まりない、大量の流血を伴った部族間抗争に向けて、ミニンは武器を少なくとも一方の側に売りつけた（シエラレオネでもう一方の側に武器を売ったのがティム・スパイサーのサンドライン社だった）。ミニンと手を握った大物は当時のリベリアの独裁者チャールズ・テイラーで、彼は彼で革命統一戦線（RUF）の指導者でありシエラレオネの副大統領だったフォデイ・サンコーと政治的には同志だった。国際連合もアフリカ統一機構（OAU）も両国に対し兵器禁輸の措置をとり、紛争の当事者双方を交渉の席につかせようとした。テイラーもサンコーも高価な武器を買いこむだけの金はもっていなかったのだが、その代わり両国の天然資源を握っていた。RUFはシエラレオネのダイヤモンド採掘地を押さえていたし、リベリアは熱帯木材の宝庫で、とくにフランス、ドイツ、イタリアの木材業界、家具業界はこれを虎視眈々と狙っていた。ミニンは武器提供の代償にダイヤモンドの採掘権と木材伐採権を手にした。彼がリベリアに設立したエキゾティック・トロピカル・ティンバー・エンタープライジーズ社は、瞬く間に同国最大の輸出業者にのしあがった。木材はマルセーユ、ニース、ジェノヴァ、ラヴェンナへと運ばれ、ダイヤモンドはイスラエル経由でアムステルダムへ送られた。このほかオデッサの石油マフィアである「ネフテマフィーヤ」との取引も繁盛し、さらにコカイン密売はボリヴィアの彼の会社を通じて盛んに行われた。

ダイヤモンド、材木、石油、コカインの売上（手数料と利益を差し引いても何億ドルという桁だ）は、スイス、キプロスなどを通じて西アフリカ向けの兵器の大量購入に充てられた。これらの軍事物資を供給したのは主として元東欧圏諸国、例えばウクライナ国営の武器商会ウクルスペッツエクスポルトやブルガリアで、その首都ソフィアはミニンが取引を決済するのに好んで利用した町だった。シエラレオネとリベリアは国際連合の武器禁輸下にあったし、またいわゆるブラッド・ダイヤモンド（血のダイヤモンドあるいは紛争ダイヤモンド）と熱帯木材もやはり取引が禁止されていたので、武器を受取人に直接引き渡すわけにはいかない。そこでミニンは、あれこれの政治家の仲介でそれ相当の手数料なり賄賂なりを払って隣国ブルキナファソとコートジボワールの政府高官と話をつけた。こうしてミニンは、ジブラルタルの彼の会社を通じてブルキナファソの国防大臣の同席のもと、同国の首都ワガドゥーグーで武器供与の決済を行い、武器そのものは直ちに輸送機で紛争地域へと運び込まれたのだった。コートジボワールとの契約はモスクワで結ばれていて、在ロシア大使館は当時の首相ロベール・ゲイからの直接の指示で武器購入を手配していた。軍事物資はコートジボワールのアビジャンに到着後、そこからリベリアの首都モンロヴィアへ送られた。

アフリカ大陸各地で内戦は絶え間なく続き、ミニンがイタリアの刑務所で刑期を務めている間にも、彼の事業は滞りなく続けられた。イタリア検察庁は、この男を非合法の武器取引と国際連合のさまざまな禁輸規定の抵触のかどで起訴しようとしたが、どうにもならなかった。証拠は明々白々だったのに、これらの事犯は国内法になじまないとして、上告裁判所は、二〇〇二年九月一七日レオニート・ミニンの釈放を命じた。こうしてこの「イスラエル人実業家」は天下晴れて自由の身になった。新しいタイプの傭兵業界でのこの類のビジネスに対抗する法的手段はなかったし、今もない。

人道支援団体に付き添う兵士

ズラタン・Mもまた「新しいタイプの傭兵」なのだが、レオニート・ミニンとはまさに正反対の男である。民間軍事サービス業界で、彼ほど風変わりな者はいない。ダルマーチア海岸の、快適ではあるが決して贅を凝らしたとは言えないささやかな邸宅で、彼は勤務の合間のひとときを過ごす。そこには電子機器がぎっしりと詰っていて、仕事の依頼は特別のセキュリティのかかったネット上のアドレスに届くし、仕事に役立つ大量の詳細な情報も大抵はインターネットで得られる。

会ってみると、一九七八年生まれだとはとても思えない。人生の悲しみや苦しみを散々味わってきた四十代終わりの中年男にしか見えないのだ。ボスニア生まれの彼に、君はどこの国の人かと尋ねると、ユーゴスラヴィア人だという答えが必ず返ってくる、そんな国は消えてしまってもう随分経つというのに。両親、祖父母、叔父叔母にはマケドニア人、クロアチア人、セルビア人、スロヴェニア人、ヘルツェゴヴィナ人、ボスニア人、それにコソヴォ人がいて、信仰でも三つの違った宗教がある。となったら、生まれは「ユーゴスラヴィア人」と答えるほかないじゃないかという。人付き合いの面ではズラタン・Mは決してでしゃばらず控え目で、友人たちと和やかに過ごしているときでも口数は少ない。彼に落ち着きを失わせ、彼を苛立たせるものがふたつある。ひとつは爆竹の音でこれは爆弾を連想させるからだ。もうひとつはなんであれアメリカと関係のある言葉だ。そうなると顔つきが変わり、体がこわばってしまう。彼が平静を保とうとどれほど自制心を働かせているか、見て取れるほどだ。両方とも彼が少年時代に蒙った心の傷の後遺症なのだ。いわゆるバルカン戦争の最中にベオグラードで彼はアメリカ軍による空爆を体験した。心理療法も彼がこの戦争で受けた傷を完全に癒すことはなかった。それでいて彼はのちに自ら志願して軍隊に入る。「平和主義者のためのショック療法だよ」と彼自身は言う。

士官に昇進して軍隊を退いた彼は、様々なイタリアの警備会社に雇われる。冬場はゴルフ場、夏はキャンプ場の警備が仕事だった。そのうち彼が暇なときにわたりをつけ、探していた仕事の依頼が舞い込んだ。アフリカ中央部の紛争地域での人道支援団体の護衛だ。これこそが、軍閥、反乱軍、民兵、傭兵に痛めつけられ、責めさいなまれている一般市民を助け、あらゆる戦争に対して戦いを挑む場だと、彼は考えたのだ。そこでの体験を彼は訥々と語った。それは地獄とはこんなものと思わせる光景、最悪の殺人狂宴だった。患者が皆殺しにされた病院、老人、若い女性と赤ん坊が頭を打ち砕かれ、腹を切り裂かれ、咽喉を切り開かれて横たわる、死屍累々の村々、手足を断ち切られ、耳鼻を切り落とされた難民たち。命の危険を顧みず、刪々極まりなく場所を変える戦場の間を縫って活動する人道支援団体の人々を、略奪し殺しまくる「民族殺戮者」の毒牙から守るのが彼の任務で、彼らもまた暴力に怯え絶望の極みにあった。

中部アフリカの諸国で何度彼が任務に就いたか、自分でもわからない、もともと数えてなんかいないんだと、彼は言う。だが、四〇〇万の命を奪ったこれらの戦争の背景とその原因については、十分に承知していた。非政府団体（NGO）の友人の助けを借りて微に入り細をうがって調べ尽くしている。彼が言うには、もちろん牧草地と農地、水と権力をめぐる争いとか、部族の面子をかけての部族間の抗争とかいう面はたしかにある。だがこれはマスコミ受けする上っ面の話でしかない、本当の説明にはなっていないと言う。この地球上のいたるところで繰り広げられる武力衝突と同じように、じつは水と「民族浄化」以上のものが必ずある。国連安全保障理事会で黒人同士が殺し合うのを傍観している豊かな国々が狙っているのは、ほかでもない、その地下に埋まっているものなのだ。部族間の抗争の的になっている大量の石油、金、ダイヤモンド、豊かなコバルト資源、純度の高い銅鉱石、銀、マンガン、錫、タングステン、カドミウム、ウラン、硫黄、ベリリウム、コルタンなのだ。だからイラクの「民主化」のためには二〇万人もの兵を派遣するくせに、西ヨーロッパ全体に相当する広さのこの地域には、国連軍はたったの六〇〇〇人しかいないのだ、とズラタンは言う。数多くの例のひとつだけあげれば、コルタン（コルンブ石・タンタル石）の国際取引は一部が非合法で、その大部分はキガリにあるルワンダの対外情報機関が仕切っている。コルタンは耐熱性が非常に高いことから、目下西欧世界で最も需要の高い原料になっている。原子力産業でも用いられ、宇宙船のカプセル、ジェット機、ミサイルにも不可欠なのだが、近ごろでは消費産業の需要が高まっている。コルタンなしには、携帯電話もビデオカメラもコンピュータチップも最新世代のプレイステーションもできないのだ。アフリカ心臓部での永年に及ぶ経験から、彼はこう言いきる、あそこでの血なまぐさい抗争が「部族間戦争」に見えるのは表面だけの話で、じつはあれはあの地域の政治的支配をめぐる代理戦争であって、そこには「現代世界の大物がすべて絡んできている」。要するにあれは、これらの国々の経済資源をめぐる、多国籍企業の分配のための闘争なのだと。

民間兵士という職業と平和主義という立場との間に矛盾はないと、彼は考えている。武力衝突のために一番苦しんでいる一般市民を援助しているのはだれだ、例えば国境なき医師団とか赤十字とか世界飢餓救済団体とか世界児童救援組織とか以外に助けているものはいないじゃないか。そうしたらこういう支援者たちを軍閥、部族民兵、略奪しまわる傭兵たちから守る役割をだれが引き受けるか。だれも引き受けることができないか、あるいは引き受けようとしないからには、民間兵士しかいないじゃないか。これが彼の信念なのだ。こうして見ると、このズラタン・Ｍは、今日のグローバル化された抗争と新しいタイプの傭兵制度とのジレンマを具現する人物だと言える。

2　民間軍事会社——新しいサービス業種

まじめな顔さえしていればやることなんでも
分別のあることだと思う連中がいるものだ。
ゲオルク・クリストフ・リヒテンベルク

アンディ・メルヴィル、当年とって二四歳、元イギリス軍兵士で、今ではイラクにあるイギリスの民間軍事会社エリニュス社の社長だ。同社はイラクでアメリカ国防総省などから総額五〇〇〇万ドルにのぼる業務委託をうけて、工兵隊と技術部隊を護衛する任に当たっている。二〇〇五年四月二一日アメリカのテレビ局パブリック・ブロードキャスティング・サービス（PBS）のレポーターに答えて、メルヴィルはこう言う、「わが社がやっていることを明かすわけにはいかない。顧客がだれか、われわれがどこで、どのように仕事をしているか、他の人々には……知られたくない」。カリフォルニア州サンディエゴにある民間軍事会社サイエンス・アプリケーションズ・インタナショナル・コーポレーション（SAIC）社の広報担当ジェーソン・マッキントッシュの話っぷりもそっくりだ、「顧客が喋らないでくれと言っている話をするなんてとんでもない。顧客の秘密は守る、これがわが社の営業方針なんです」。

ワシントンの政策科学研究所のサンホー・トリーは、二〇〇四年こう語っている、「民間軍事会社に関する調査で頭にくることのひとつは次の点だ、彼らは国家の機能を果たし、アメリカ合衆国納税者の金を受け取り、合衆国政府の所有する飛行機を飛ばし、合衆国空軍の基地を利用している――彼らのやることはすべてアメリカ人民の名において行われている。それなのに情報を取ろうとすると、彼らはこう言うんだ、『いや、わが社は民間企業でして、あなた方と話をする義務はありません』……どうやっても回答はもらえないんだ[1]」。

こうした話からも分かるように、民間軍事会社が個々のケースでいったいどんな業務を引き受けているか、これを突き止めるのは途方もなく難しい。当事者の秘密主義もさることながら、障害は主として法律上の問題なのだ。ことは法的には民事上の契約なので、たとえ国会議員であろうと、第三者は立ち入ることができない。ブッシュ政府は、例えばイラクで政府から業務委託をうけている民間軍事会社が何社あるか、またそれが個々にはどのような内容の業務であるのか、下院議員が開示を求めたのにたいし、完全なリストの提供を拒否した。五〇〇〇万ドル以下の契約については議会にたいする公開の義務はないとして、この限度を上回る契約だけを公表したのだ。だがこれは全体のごく一部でしかない。大半の契約が細分化されていて、報告義務の生じる上限を上回らないよう細工されているからだ。

民間軍事会社はインターネット上で業務内容をあれこれ宣伝してはいるが、手の内はなかなか明かさない。金をたっぷりかけて仕立てられたウェブサイトを見ても、大抵は「人および物の警備」、「リスク分析」、「危機管理」、「人材養成及び訓練」、「戦略計画立案」、「航空業務」など、掴みどころのない文句が並んでいるだけだ。物々しく武装した戦士が勇ましく構えている写真が載っているところから見て、これらの会社の売りがどうやらありきたりの業務ではなさそうだと推測がつくのが関の山だ。かと思えば、業務内容がひどく専門的で素人目にはいったいどういう仕事を引き受けるのかまるで見当のつかない会社もある。例えばサイエンス・アプリケーションズ・インタナショナル・コーポレーション（SAIC）社の謳い文句は、「戦闘マネージメント」、「電子戦争」、「情報戦争」、「ミッション計画立案システム」などなどだという。

大雑把に言って、民間軍事会社は、通常であれば一国の軍隊や情報機関が担当する国外からの脅威に対抗するための業務一般とそれに必要な装備全般、そして国内の治安に関しては警察、関税、国境警備機関、対内情報機関の任務となるはずの業務を引き受けるというのだ。そのオファーは主としてつぎの分野に集中している。すなわち安全保障、人材養成、情報活動、兵站の四分野である。

盛沢山な業務内容

安全保障の分野は、人物の警護から施設・設備また工場・官庁の警備まで大変幅が広い。身辺を脅かされている政治家や重要人物、あるいは企業の警備となると、民間軍事会社は、まず周辺一帯を調査して安全確保のための計画案と特殊なリスク分析を練り上げ、特殊訓練をうけた警備要員を派遣する。航空会社であれば、旅客と搭乗員の安全確保のために武装搭乗員の派遣、リスク回避の助言、テロ行為や妨害工作の危険分析をおこなう。貨物運送ならば、抜き取りや略奪を防止するための安全措置を講じる。船舶のハイジャックにたいしても、その防止のための特殊要員が用意されている。あらゆる形態の陸上輸送の監視と警護、また官庁、企業の警備を引き受ける。誘拐の防止と人質解放、組織犯罪の撲滅、資金洗浄また人身売買の阻止もこの種の会社の得意とする分野だし、さらには「敵対的な」個人または集団による内部浸透の予防、在外公館、発電所、石油精製所の警備もお手のものなのだ。

安全確保をまるごと引き受けるという会社も珍しくない。例えばアメリカのトロージャンという会社のホームページを見ると、「陸上、空中、海上でのあらゆる危険な状況に対応する必要な安全措置と武装人員による警備」はお任せくださいと謳っている。「海上での安全確保」について、同社はつぎのように現状を分析する、「世界のいたるところで危険は増大しつつあります。現在海上で暗躍するテロリストたちは、ナイフ、刀、ピストルを振りかざす昔ながらの海賊とは違って、機関銃、グレネードランチャー、レーダー、高速艇を備えているのです」。この危険にたいして、トロージャン社は、安全確保のための助言、海賊対策、海上でのテロ防止策、密輸防止策、潜水探索チーム、ドラッグ対策、海上武装警備、乗組員のための安全講座などを提供するという。

人材養成と訓練の分野でも、基礎訓練から国内外の警察・軍隊のための特殊訓練まで、その活動は多岐にわたっている。例えばドイツだとふつう連邦軍とか警察学校とかでおこなわれている訓練なのだが、ピストルや機関銃の扱い方から戦車の操縦、さらにはパイロットの養成まで民間で引き受けるというのだ。とくに、電子ネットワークによる陸上兵器であれ、コンピュータ制御のミサイルであれ、新鋭の兵器、新開発の兵器システムの訓練は、この手の会社の得意とする分野なのだ。軍事部門では、民間軍事会社は、アメリカ合衆国の「グリーンベレー」「シールズ」「デルタ・フォース」に対応する陸軍、海軍、空軍の特殊部隊の養成プログラムをこなし、「非軍事」部門では警備要員の養成を提供している。

特殊要員養成のために、これらの会社は独自の訓練センターと養成キャンプまでもっている。例えばアメリカのインタナショナル・チャーター・インコーポレイテッド（ＩＣＩ）社は、合衆国オレゴン州北東部に訓練センターをもっていて、そこではとくに「非通常兵器による戦争遂行行動」の演習や「荒野におけるパラシュート降下訓練」が実施されている。(2)フランスのセコペックス社は、とくに石油採掘地域とその施設の警備に特化した訓練をおこなっており、そのためにベラルーシに一万六〇〇〇ヘクタールにおよぶ演習場を運用している。そこには石油採掘塔、飛行機、宿泊施設、車両がそろっていて、一五〇〇種類にのぼる危険・危機状況に対応する訓練が実施されているという。武装ゲリラや反乱軍による車両部隊にたいする待ち伏せ襲撃を想定した訓練を売りにする会社があるかと思えば、反テロリスト作戦での白兵戦のありとあらゆるテクニックの伝授に特化した会社もある。民間軍事会社が売りこむもうひとつの得意分野が、シミュレーター機器による最新の戦闘技術の習得である。カリフォルニア州サンディエゴに本社のあるキュービック社は「戦闘シミュレーション・センター」で知られた会社なのだが、同社はドイツ、ニュルンベルク郊外のホーエンフェルス軍演習場に同様のセンターを設置している。(3)

人材養成と助言を提供する大半の民間軍事会社は、ウズベキスタンであれ、ペルーであれ、スリランカまたはナイジェリアであれ、通常「中立の立場」を固持する。「中立の立場」とは、要するに、実際の戦闘場面には関わらないようにして、いわば「黒幕」に徹するのである。だが後方から指令を出すだけでなく、直接に戦闘の場に身を置いて、「訓練生」たちがはたして訓練通りの成果をあげているかどうか見守るという会社も決して少なくはない[4]。ただし旧来の傭兵とは違って、民間軍事会社の兵士たちは通常は、自分で実際に銃を撃つということはしない。他人に撃たせるのだ。これが可能になったのは電子ネットワークのお蔭であり、その進歩によって「新しいタイプの傭兵」は、コンピュータの画面上で「自動化された戦場」を見て実際の戦闘場面のはるか彼方からリアルタイムで戦況を知り、戦闘を指揮し、必要に応じて作戦を変更して新たな命令を前線に送ったりもするのである。

民間軍事会社のなかには、防衛大学校などに対抗して、独自に私立の軍事専門の大学を設置して軍事ならびに非軍事部門の警備担当幹部要員を養成するものまででてきた。例えばドイツでは、パラディン・リスク社のドイツの子会社であるヨーロピアン・ブリルステイン・セキュリティ・アカデミー（EUBSA）と提携するデュークズ・スクールがそのひとつで、フライブルクにあるこの私立大学では、「警備専門幹部」と危機管理担当者の養成講座が開設されている。実地訓練は、イギリス、イスラエル、アメリカ合衆国、フランスにおかれた訓練キャンプで実施される。

民間軍事会社が業務として手がけるもうひとつの重点分野が情報活動である。電子革命の結果、情報収集および情報分析の技術は途方もない進歩を遂げ、今ではこれら専門の会社でなければとてもこなすことができないほどになっている[5]。非公式の算定によれば、アメリカ合衆国の各種情報機関の予算総額四〇〇億ドルの半分は民間軍事会社に流れているという[6]。その第一が、地上波によるものであれ衛星を介してであれ、あらゆる電子信号を捕捉し盗聴する仕事である。携帯電話、固定電話、無線、レーダー、ラジオ、さらにはレーザーまたは可視光線による情報伝達がこれに含まれる。第二には、「画像」データ・情報のキャッチである。アナログまたはデジタル写真から赤外線または紫外線写真まで、地上であれ海上であれ、空中であれ、あるいはまた宇宙空間であれ、あらゆる画像を捕捉し伝達するのである。これらのデータをもとに情報を入手し、これを分析して諜報機関に提供する作業が、民間軍事会社の業務の大きな部分を占めている。だが秘密捜査員による情報入手を請け負う会社もある。その分野は軍事関係もあれば非軍事関係もある。つまり相手は国家機関でも民間会社でもお構いなし、お得意様ならだれでも、お役に立ちましょうというわけだ。例えばイギリスのアンドリュー・カイン・エンタープライズ（AKE）社がウェブサイトで宣伝している業務内容は、情報分野での広範囲にわたる「リアルタイム・リスク協議」である。情報分析専門家に直接または電話で必要に応じて助言を求め指示を要請するシステム、戦争またはテロにより起こりうる被害についての「最小限損失想定」研究、情報分析専門家や安全リスク専門家によるシナリオ計画策定、さらには顧客ごとに戦略計画のためのリスク・モデルを策定するなどである。

つまり顧客は民間の情報機関を必要に応じて雇用できるわけで、そうすれば、二四時間いつでも飛んできてくれるし、警護、警備はもちろん、危険・リスクの分析、対抗戦略の立案などもやってくれるのだ。この手の業務提供が専門家から高く評価されていることは、アメリカ連邦捜査局（FBI）の例でも分かる。FBIはダインコープ社に依頼して新しいコンピュータ・ネットワーク・トリロジーを作成させている。[7]

最後に兵站に関しては、民間会社の業務は、各種トイレットペーパから さまざまな機種の輸送車両にいたるまで、それこそ果てしもない広がりを見せるようになっている。ごく簡単な軽食から豪華な晩餐まで多様な中身の食事提供サービスが用意されているかと思えば、衣服の洗濯、建物の掃除など各種の清掃も注文できるし、テントからプールつきの豪邸まで各種居住施設も取り揃えてある。軍事上の目的に沿った土木建築工事はすべて発注可能である。空軍基地、滑走路、飛行場、軍事基地、司令本部なんでも建設してくれる。戦時、平和時を問わず、およそ軍隊が兵站・補給に必要とするものはすべて用意されている。武器弾薬の補給、ガソリンの給油もお手のものだ。航空機の空中給油まで含め、給油施設は万全に整っているし、独自のコンテナ輸送サービス、貨物輸送を運営している会社もあれば、注文に応じてリースを手配してくれる会社もある。特殊貨物の保管、郵便配達、電話や無線通信の交換業務もやってくれる。注文さえあれば地球上どんな辺鄙な場所にでも、発電所を備えた住宅団地を建設するし、必要なら給水用の井戸だって掘ってしまう。近年この部門での民間軍事会社の活躍は目覚しいものがあり、その結果アメリカ、イギリスではほぼ独占的な地位を占めるまでになっている。これらの国の軍隊は兵站に関する限り——地所の管理から衣服調達、補給、食事まで——ほとんどすべてを民間に委託してしまったのだ。

さまざまな機器、車両、トラック、戦車、戦闘ヘリコプター、あらゆる機種の航空機の保守点検もこれらの会社が大々的に取り組んでいる分野である。軍需産業の大企業が開発し、軍に納入する最新鋭戦闘機、爆撃機の保守要員は今では大半が民間会社から派遣されている。電子化された軍事施設や情報技術に依存する兵器システムの保守も、大抵は民間会社でなければできなくなっているし、現在ではその操作までもこれらの会社の職員に任すほかなくなっている有様なのである。無人巡航ミサイルもそうなら、電子ネットワークによるミサイル・システムも例外でない。例えば民間軍事会社フルーオア社がウェブサイトで大いに宣伝している成功例がある。それによると、同社は、合衆国の大陸間ミサイル防衛計画の一環として、アラスカとアリューシャン列島のシェミヤ島に基地を建設し、多目的兵器システム、ミルコンを最高度の安全基準を満たすよう設置し、さらにテロリズム対策システムを稼動させたとのことである。そのうえ、これらの設備を地震から守るために電子化された高感度の警報システムと耐震構造の建物まで建てたという。

営業の実態

自由市場でオファーされているサービス業務の中身をざっと見ただけでも、民間軍事会社がいつのまにかこれまで国家の「主権領域」とされてきた分野に大幅に食い込んできていることが分かる。だがこれらの会社が実際にどのように活動しているのか、その詳細はほとんど知られていない。ことの重要性を考えると恐ろしくなるほど知られていないのだ。そのほんの一端が明るみに出ることがあるが、それは大抵はなんらかのスキャンダルが暴露されたときである。実態の大半は間接的なやり方で、目に見えるモザイクの断片をひとつずつ組み合わせていくほかかない。

公的機関である英米安全保障情報評議会（ＢＡＳＩＣ）が二〇〇四年九月に報告書を発表した。これによると、公式の契約により業務の委託をうけている民間軍事会社の数は、イラクだけで六八社にのぼるという（非公式には推定百社を超える）[8]。例えばエアースキャン社は「パイプラインと石油関連基盤を特殊カメラで夜間監視する業務」についている。エリニュス社はイラク全土のパイプラインと石油採掘施設を地上で警備する任務にあたっている。ブラックウォーター社は暫定統治機構の当時の首席ポール・ブレマー等の身辺警護を担当して、「移動保安チーム」を編成している。インタナショナル・ストラテジー&インヴェストメント（ISI）グループは、バグダッドの中央官庁街「グリーン・ゾーン」での身辺警護と政府の建物の警備をおこなっている。コーチャイズ社はオプティマル・ソリューション・サービス（OS&S）社ともども重要人物の警護の任にあたり、センチュリオン・リスク社は国際組織と人道支援団体ならびにメディア関係の人々に「危機的な状況にどう対処するか、精神的・実践的に心構えを教える」任務を負っている。トリプル・キャノピー社は輸送車両隊の武装警護の委託をうけている。タイタン社とワールド・ワイド・ランゲージ・リソーシーズ（WWLR）社は、契約書によれば、通訳を派遣し、翻訳と語学講座を実施することになっている。コンソリデーティッド・アナリシス・センターズインコーポレーション（CACI）インタナショナル社とMZM社が派遣したのは、「言語の訓練をうけていて、事情聴取、尋問および心理作戦」にも活用できる人材だった。ヴィネル社が請け負ったのは、イラク新国軍の立上げと訓練であり、ダインコープ社は警察を新たに編成し訓練することになっている。ロンコ社は旧イラク軍の「武装解除、解体と兵士の社会復帰」にあたる。グループ4セキュリコア（G4S）はさまざまな警備要員（身辺警護、施設・建物の警備および航空機武装搭乗員）を派遣する契約を結んでいる。コンバット・サポート社は、合衆国軍隊の戦闘ならびに高速戦闘部隊を支援する。マン・テック社はアメリカ軍支援のためにバグダッドに四四名からなる通信基地を運用している。ケロッグ・ブラウン&ルート（KBR）社は、イラクでの兵站全般を担当し、そのために煉瓦工から自動車修理工、電子技師から料理人まで約五万人を雇用している。その大半は第三世界の出身者で、なかでもフィリピン人が目立って多い。

民間軍事会社はイラクだけでなく、アラビア半島のほとんどすべての国々で活動している。例えばサウジアラビアでは、本来ならば軍隊や警察が担うはずの任務の大半をアメリカの民間会社が引き受けている。すなわちテロ撲滅、戦略的・戦術的計画立案、安全保障協議、兵士の養成、情報収集、諜報活動、心理戦争遂行、兵站などなど。ヴィネル社は国民軍の訓練と指導にあたり、「戦略拠点」の警備を担当している。ブーズ・アレン社は防衛大学校を運営し、SAIC社は航空および海上の安全保障システム全般を支援している。オガラ社は国王の家族を警護し、地域の警備隊の訓練をおこなう。ケーブル&ワイヤレス社はテロ対策部隊の訓練と市街戦の演習に責任をもつ(9)。

だが民間軍事会社が活動しているのは中東だけではない。五大陸すべてにその姿を見ることができる。地球上およそ石油が採掘されるところではどこでも「新しいタイプの傭兵」が、採掘施設とパイプラインの警備についている。ソマリアのハート・グループ、コロンビアのディフェンス・システム・コロンビア（DSC）社（アーマー・グループ）、スーダンのエアースキャン社、ギニアビサウのミリタリー・プロフェッショナル・リソーシーズ・インコーポレーション（MPRI）社など。軍隊と警察の訓練・養成は、一三〇カ国で民間会社が担当するようになっているし、安全保障構想立案と危機分析についても、やはりほぼ同数の国々で民間会社が毎日これを実施しているのである。

分類の試み

研究者のなかにはこの新規のサービス業部門を系統的に分類してみようという者もいる。企業自体のなかにも民間軍事会社ではなくて、民間警備会社という名称を欲しがるものがいる。これはマイナス・イメージを嫌がる心理からである。通常の分類では警備会社と軍事会社の違いは、前者の業務が

「防御的」または「受動的」性格を帯びているのに対し、後者の活動は「攻撃的」、「能動的」な性格だとされる。警備会社がとりわけ個人や財産の保護にあたるのに対し、軍事会社の活動の場はとくに戦争状態との関連で生まれてくるからである。

いまひとつのひろく行われている分類は、軍事専門家の間で一般的な「スピアヘッド類型」に依拠している。これは鋭角二等辺三角形を想定し、頂点すなわちスピアヘッドが最前線、底辺が補給基地を示すとすれば、頂点と底辺との距離は前線と後方兵站基地との距離を示し、頂点に向かって狭まっていく三角形の幅はそれぞれの段階で必要とされる人員数を表す。高度に技術化された軍隊では、最前線に立つ兵士と他の兵員との数字上の割合は一対一〇〇とされる。つまり一人の兵士が銃を手に戦うためには、料理人から危機分析官まで一〇〇人の人員が必要になるというわけだ。同様に――それほど著しい割合ではないにせよ――民間軍事会社の場合も、直接戦闘に関与する会社（軍事戦闘支援会社）の数はさほど多くはない。この図式では「最前線」の背後に第二のカテゴリーである「軍事協議会社」が位置する。これらの会社の活動は、人材養成から戦略策定、さらには戦闘員の行動を可能にするあらゆる事柄の運用を包括する。「最前線」からさらに離れた場に、第三のカテゴリー、「軍事納入会社」がある。その主要活動分野は補給から運輸までの兵站全般に及ぶ。

ほかにも活動の場を基準にしようとするモデルや、投入される人員が主として武装しているかどうかで分類しようとする見方もある。だがどう分類しようと、境界線はどうしても曖昧になる。防衛的な行動と言っても、立場が変わればたちまち攻撃的とみなされてしまう。例えば、演習場で戦争遂行にあたって戦術としてとりうるさまざまな行動を教える行為のほうが、前線に立つ兵士よりも重大な結果を招くことは十分にあり得ることだ。また警備会社が安全保障上のデータを秘密裏に収集する行動の方が、軍事会社が軍事基地にトイレットペーパーを供給する業務よりはるかに攻撃的だと言えるかもしれない。機能を分析してみても、境界線がより鮮明になるとは言えない。その理由のひとつは、これらの会社の活動が、目標設定から見るかぎり、視点によっていくらでも変更可能だという点にある。一方からすると通常の対象物の警備である業務が、他方からすると、経済上あるいは軍事上の敵対者のための戦略目標の防御であるかもしれない。ついでに言っておくと、境界線がここまで曖昧になったのは、この業種の会社のやり方それ自体のせいでもある。警備を専門としているといっても、会社の方では注文を受けるのに相手が軍隊か民間人か、選好みはしない。人材養成や訓練の場合も同じだ。民間軍事会社にとっては、紛争地域で赤十字のチームを警護する業務が軍事的なものか、それとも警備に関わるものなのかなどという問題は、およそどうでもよい話になっているのだ。彼らの関心事は、冒さなければならないリスクを計算し、それをどうやって発注者に提示する見積りに計上できるかという一点にある。テロリストとの戦いあるいはテロ襲撃の防御が内政上の任務か、外交上の課題か、つまり警察の担当領域か軍隊の任務範囲かという問題も、これらの会社にとっては——およそそれが問題になるとして——副次的な問題でしかない。ここ一〇年来、彼らの関心はただひとつ、「安全」という、本来は国家が公的に責任を負うべき公共財をどのようにしたら民間委託できるか、という一点なのである。

民間軍事会社と民間警備会社との境界が近年ますます流動的になりつつある事実に直面して、ストックホルムの権威ある平和研究所（ＳＩＰＲＩ）は、この両者を明白に区別することはもはや不可能であるという結論に達した。この本で主に「民間軍事会社」という名称を採用しているのは、ここでの考察の焦点がとりわけ対外的な安全保障の領域におかれているからである。

規模と業績

民間軍事会社の本拠は主として高度工業化社会、つまり軍事的ノウハウも軍事装置も最高の水準に達していて、しかも最大の需要が見こまれる社会にあるのだが、彼らがその膝下で活動することは滅多にない。常時待機中の人員数は世界中で現在ほぼ一五〇万人と推定される（このほかに、民間軍事会社の枠外で活動中の傭兵もほぼ同数いるとされるが、その半数以上は「子ども兵士」だ）。この部門の会社の売上総額は、二〇〇五年、約二〇〇〇億ユーロにのぼる。[10] その最大手の数社は、各国の株式会社ランキングでトップ一〇〇社に名を連ねている。大手の売上額は公表分だけで一〇億から六〇億ユーロにのぼる。世界でナンバー2とされる民間軍事会社グループ4セキュリコア（G4S）は、二〇〇四年度の売上高を五〇億ユーロと公表している。この業種の大半の会社の収入は一〇億ユーロを上回らない水準にある。

民間軍事会社の規模は、一匹狼から従業員数数万の巨大複合企業（G4Sの従業員数は公表ではなんと三六万人）まで大小さまざまだ。その法律上の形態も個人経営、有限会社、株式会社と多様である。業績好調の企業のなかには巨大持株会社の一部になった会社も多い。例えばミリタリー・プロフェッショナル・リソーシーズ・インコーポレーション（MPRI）社は、ハイテク戦闘機のほか民間航空機用の「フライト・レコーダー」や「ブラック・ボックス」の製造も手がけている合衆国軍需産業ナンバーワンのロッキード・マーチン社（L－3）の傘下に入った。警備・警護、軍事装備、軍事訓練なら なんでもござれというヴィネル社も、これまた軍需産業最大手のひとつノースロップ・グラマン社に吸収された。おもに電子工学を駆使した軍事サービス業を幅広く展開しているダインコープ社は、とくにペンタゴンとアメリカ軍との取引で甘い汁を吸っているコンピュータ関係の巨大企業コンピュータ・サイエンス・コーポレーション（CSC）社の一部になった。ケロッグ・ブラウン&ルート社は、ハリバートン社に吸収されて、軍事分野では補給関連の最大手となった。このハリバートン社の社長だったのが、以前ブッシュ大統領のもとで国防長官を務め、現在はジョージ・W・ブッシュ政権の副大統領リチャード・チェイニーだ。これらの合併・吸収は双方の利益となった。巨大企業の方は、ますます重要性を増しつつある軍事・警備関連サービス業の分野に進出することができたし、他方民間軍事会社は国内と世界の金融市場に足がかりを得ることになった。アメリカ合衆国退役将軍であり、MPRI社のスポークスマンでもあるエド・ゾイスターはこう語っている、「親会社のL－3社は上場会社であるから、あれやこれやの年金基金に加入している人はみなわが社の投資家ということになる」[11]。民間軍事会社とその親会社の株が軒並み高い利回りになっていることから（L－3の株は相場が全般に低調だった二〇〇三年四月から二〇〇四年四月にかけて六四％値上がりした）、多くの年金組合がこの市場に殺到した。カリフォルニアのふたつの年金組合――公務員の加入している年金基金CalPERSと教員のための年金基金CalSTRS――が上場民間軍事会社CACIインターナショナル社とタイタン・コーポレーション社の株を大々的に買いまくった。カリフォルニアの公務員と教員は、自分たちがイラク、アブグレイブ刑務所での拷問事件に関わっている会社の株主になってい

アブグレイブ刑務所での拷問事件

二〇〇四年四月二八日アメリカのテレビ局コロンビア・ブロードキャスティング・システム（CBS）が流した映像を見て、世界中の人々が眉をひそめた。それは、バグダッド近郊アブグレイブ刑務所のI－A房で撮影されたものだった。ある場面では、頭から袋をかぶせられたイラク人捕虜が携行食料の箱の上に立たされ、広げた両腕には上から延びた電線がぶら下がっている。箱から落ちたらたちどころに感電死するぞと脅かされている。別の場面では女性の憲兵が全裸のイラク人捕虜の首に犬のように紐をつけ、四つん這いで歩かせている。またある映像では、裸の男たちがピラミッド状に積み上げられ、その前で合衆国軍兵士が、ゲラゲラ笑いながら、親指を突き上げる勝利のポーズをとっている。

その後間もなく五月初旬には、このアブグレイブでの拷問事件の詳細が『ニューヨーク・タイムズ』紙で暴露された。同紙は、本来は部内報告書であった五三ページにおよぶ「タグバ・リポート」から大々的に引用して、バグダッド刑務所内の実情を明らかにしたのである。

このI－A房ではアメリカ合衆国の専門家によるイラク人捕虜にたいする尋問が行われることになっていた。公式には尋問にあたって捕虜に直接肉体的な苦痛を加えることは禁止されていたが、「節度ある不快」によって彼らの意志を砕くことは認められていた。要するに、不安、恥辱、心理的混乱、精神的・肉体的疲労を生じさせるということである。

世論の憤激はたちまち女性兵士リンディ・イングランド（「犬の引き綱をもつ女」）に集まり、彼女ほどではないがその同僚チャールズ・ガーナとアイヴァン・フレデリックも非難の的になった。「［捕虜の］意志を砕くためにわれわれがとったさまざまなやり方はかなり効果的だった。ほんの数時間で参ってしまうのが通例だった」というフレデリックの供述が何度となく引用された。この三人と、それにあと三人の憲兵が裁判にかけられ、数年の刑に処せられた。

ところがやはり「タグバ・リポート」に名前の出てくるスティーヴ・ステファノヴィッチの方はさほど注目されなかった。イングランド、ガーナ、フレデリックの三人の予備兵たちに指令を与えた人物がこの男だったのである。彼の指示は「やつらが夜もおちおち眠れないようにするんだ！」、「はいはいと言うことを聞くようにしてやれ！」などなどだった。のちに彼は「すばらしい仕事ぶりだった」とフレデリックたちを誉めている、「これで奴らからうんと楽に情報を搾り取ることができた」。ここにもう一つの重大問題が隠されているのだが、このことは大して重要視されずに終わった。このステファノヴィッチなる人物は、じつは軍の命令系統に属しておらず、ヴァージニア州アーリントンに本社のある民間軍事会社コンソリデーティッド・アナリシス・センターズ（CACI）インタナショナル社の職員で、尋問の専門家だったのである。リポートにはもうひとり、名前の挙げられていない「民間人」が出てくる。これはカリフォルニア州サンディエゴのタイタン・コーポレーション社の職員トーリン・ネルソンである。彼もまたCACI社から派遣されてアブグレイブ刑務所にいたのだが、やがて会社に背を向け、二〇〇五年五月『コープ・ウォッチ』誌の編集長プラタプ・カータージーの取材に対して、この刑務所にいた三〇人の尋問官のなんと半数がこの両社の職員であったことを暴露した。

どういうわけでこの連中がそこにいたのか。彼らは建前は通訳の仕事に従事するということだったのだが、法廷での陳述からも明らかなように、屈辱的な拷問をくわえ、その様子を写真にとるよう、イングランド、ガーナ、フレデリックらの兵士に命じたのは、まさしくステファノヴィッチら民間軍事会社の職員だったのである。

たことを知って、嫌な思いをしたことだろう。そのうえこのスキャンダルのお蔭で、CACI社とタイタン社の株はひと月で一六％も下落してしまったとあっては、踏んだり蹴ったりというところだったろう。(12)

われわれの活動は、政治倫理に裏付けられた平和の使命の遂行であり、われわれは戦争と紛争の終焉のために日夜奮闘しているのであって、人道的な状態の発展に寄与しているのだと、民間軍事会社はみずからの存在理由を積極的にPRしている。その裏で、営業活動の大きな柱となっているのが、世界で最も強力なロビーグループである国際平和活動協会（IPOA）で、ここには業界最大手の各社がずらりと名を連ねている。

ブラックウォーター社などは、「いたるところで自由と民主主義を支える」という謳い文句を会社の標語に掲げて自由と平和の騎手を気取っている。世界中でならず者の烙印を押された傭兵の古いイメージから脱し、「無法者の傭兵」との違いを印象付けるために彼らが強調してやまないのは、その活動がすべて合法的な性格のものであり、つねに人権の尊重を第一に考え、国内法、国際法の許す範囲内で行動し、国際法によって認められた相手としか契約を結ばないという点である。民間軍事会社の内部では、会社の目標実現をなによりも大切にするという通常の企業方針が尊重されている。ということは、売上高を伸ばし、販路を拡大し、コストを引き下げ、利潤を最大限引き上げるというにほかならない。行動様式と管理の面では、彼らは古い傭兵集団とは随分違っていて、ほかの分野の企業との共通点のほうが多い。会社のインテリアも、軍旗や戦闘場面の写真などがなければ、ハイテク企業かと見まがうほどだ。複合的なシステムのように運用をはかり、最新の経済理論とマーケティング理論によって経営し、強力なロビー活動によって契約を獲得し、つねに株の配当率を高めることができるよう決断をくだすのである。

民間軍事会社の多くは今日ではグローバル・プレイヤーである。彼らは多種多様な発注主や各国政府のために働き、その拠点は世界中に展開し、彼らの活動の場は五大陸のすべてに及んでいる。だが、民間軍事会社のなかには、保険会社、銀行など他のサービス業部門で世界をまたにかけて活躍する巨大企業には見られない特殊な形をとっている会社も少なくない。それは「ヴァーチャルな会社」とでも言ってよさそうな姿である。国内法、国際法からくるさまざまな制約、規定、義務から必要に応じて逃れるためにも、これらの会社は会社自体を三分割している。まず、政治的決定が下される中心に近いところ、つまりそれぞれの首都の周辺や首都のど真ん中に、「ロビー本部」がある。この部署はまたうまい儲け口の獲得にも奔走する。つぎに、「作戦拠点」は顧客との距離を縮めるためにも、また作戦遂行の能率をあげるためにも、地球上のいたるところに分散している。最後に会社の「法律上の本部」は、大抵小国か税金天国におかれている。これは税金を節約するためでもあり、また口座を銀行監査や検察庁の監視の目から守るためでもある。さらに（契約違反などの場合の）民事上の賠償請求を免れやすくしたいという責任回避もその理由のひとつであるし、刑法に抵触するという場合も珍しくないため、その際にはなるべく「強固な法治国家」――彼らの本拠は大抵そういう国にあるのだが――の法廷は避けたいとの思惑も働いている。そうなるとやはり当然というべきか、法人としての本拠は例えば太平洋上のビスマルク諸島におかれることになるわけだ。もうひとつ付け加えると、「会社所在地」をすばやく変更することで、報告義務や法律上の訴追をいち早く逃れることができるという利点もある。

民間軍事会社は、彼らが結んだ契約と、その時々の営業法以外にその行動を制約されることがない。国家機関と違って、彼らは、一国の、あるいは国際的な同盟義務による安全保障構想に縛られることもなければ、また法律によって公的に課せられた義務に従う必要もない。多少異なる行動をとることがなきにしもあらずとは言っても、民間軍事会社はひたすら市場原理、つまり需要と供給の法則にしたがって動く。彼らの活動の場は世界市場であり、世界市場で生産しているのであるから、彼らは一国の基準、制約、規則をいつでも逃れることができる。彼らが法律や条例の規定を守らないというのではない。そうではなくて、彼らにとって最終的な制約はコストなのだから、彼らは自分たちの行動の自由の範囲を狭めることのないような仕事を優先的に引き受けるということだ。世界市場におけるこの行動の自由によって、彼らは個々の顧客に見合った製品を提供し、発注者中心の解決策を提示することができる。彼らの商売はいわば「使い捨ての製品」なのだ。一度使ったらそれでお終いで、次の顧客はまた別の「特注」製品を受け取ることになる。この顧客中心主義こそが、発注者にとって民間軍事会社の最大の魅力なのだ。彼らが、いささか乱暴なやり方ではあるが、すばやく効果的に問題を解決してくれるからだ。そのモットーはこうだ。武装反乱であれ、民衆の蜂起であれ、外国民兵の浸透であれ、テロリストの攻撃であれ、労働組合の反抗であれ、もし問題を抱えておいででしたら、どうぞ小切手をお送りください。あとは手前どもが手早く、面倒な手続き抜きで、ご満足のいくよう解決してさしあげます。同じことを国際平和活動協会会長ダグ・ブルクスは簡潔に言い切っている、「小切手を切って戦争にけりをつけてください」。問題解決の品質を決めるのは、顧客の支払能力だ。

国家であれ団体であれ企業であれ個人であれ、金に糸目をつけない者は、贅を凝らした安全策をもらえるし、それだけの余裕のない者は、手垢まみれ、穴だらけの保護策で我慢するほかない。もちろん民間軍事会社は契約で縛られてはいるのだが、契約の自由があるのだから、もっと旨味のある話が飛び込んできたり、リスクが予想より大きいことが判明したりすると、彼らはいつでも解約することができる。話が多少こじれたところで、違約金を払えばすむことなのだ。

経営の基本原則から言えば、業務の売上高が出費を上回らないだけでなく、可能な限り大きな収益をあげるのが営業の鉄則である。そのかぎりでは民間軍事会社の様態は、他のあらゆる企業と違うところはない。つまりその行動は、コストを最低限に押さえ利潤を最大限にすることを第一の目標にし、ともかく一定の品質水準の安全を保証することが第二の目標となる。コソヴォ、アフガニスタン、イラクに見られる数多くの実例は、彼らの行動様態を雄弁に物語っている。正規軍兵士の報告によれば、ガソリンの補給は不充分、食事は劣悪、軍服の洗濯は手抜きだったという。新兵の訓練があまりにもお粗末だったため、民間会社の派遣指導員に代わって正規軍の教官が担当する羽目になったケースもある。アメリカのメディアは、商品も業務も値段が水増しされていると毎週のように報じた。例えばKBR社は、イラクのガソリンスタンドでは一ドルしかしないのに、一ガロン当たり二・二七ドル、ソーダー水ひと箱当たり四五ドル、洗濯物用の袋ひとつに四五ドルをペンタゴンからせしめたという。さらにペンタゴン部内の会計検査によれば、同社は一日当たり一万食分余計に請求していたとのことである。[13] こうした報道の結果、議会では国防総省に対する質問が相次ぎ、会計検査院は不当支出が数回にわたって行われたと指摘している。

人的構成とコスト構造

民間軍事会社のなかには、一国の軍隊の現役将軍の数を上回るほどの退役将軍を役員会のメンバーに揃えている社があるかと思えば、数カ国の情報機関を合わせたよりもっと多くの情報分析専門家、コンピュータ専門家、情報要員を抱えている会社もある。多くの民間軍事会社が擁する専門知識と特殊能力の水準は、正規軍には到底及びもつかないほどの質の高さだとする見方もあって、これがまた民間の手に業務を委ねるほかないという結果を招いている。このことはとくに中小の国家にあてはまるし、世界最大の軍隊の場合でも決して例外ではない。最近ではペンタゴンの連中までもがこう白状している、「今では民間軍事会社抜きでは戦争ひとつやれなくなってしまったよ[14]」。

実際に業務を遂行する要員の能力はきわめて多様である。アフガン戦争では、彼らは準軍事部隊という仮面をかぶってタリバン政権と戦い、アメリカ合衆国空軍の最新鋭兵器である「グローバル・ホーク」を操作して夜間の偵察活動を実施した。グアンタナモ・ベイでも、イラクでも、派遣された専門家が捕虜の尋問にあたり、フィリピンでは反テロ戦闘員の特殊訓練を担当し、ロシアでは油田を警備し、コロンビアでは麻薬カルテルと戦っている――というのがほんのいくつかの実例である。かつての傭兵が民間軍事会社に組み込まれるとなにが変わるのかといえば、まずその身分である。九〇年代のアンゴラ内戦では、双方の側に八〇人以上の民間軍人がいた。彼らの素性はといえば、アメリカ合衆国特殊作戦部隊いわゆるグリーンベレー、フランス外人部隊、イギリス陸軍特殊部隊ＳＡＳ、南アフリカ特殊部隊、ネパールのグルカ兵部隊などの出身者だった。やることは、それ以前のベルギー人、イギリス人、イタリア人、ドイツ人、フランス人の傭兵、つまり一攫千金を狙う男どもと大差ないのだが、彼らはいまや会社職員になっていたのだ。（実際かつての傭兵で民間軍事会社に入った者も少なくない）。職員だからもちろん固定給はもらえるし、そのうえ国際的に承認された政府と契約を結んでいるのだから法の番人に追われる心配もない。傭兵が会社職員の身分になったお蔭で、国際連合やアフリカ統一機構や各国で定められた傭兵禁止のための条約なり法律なりは、完全にざる法になってしまった。民間兵士の間ではこんなことが言われている、「今時、現行の法律や条約で傭兵だというんで有罪を食らった奴がいたら、弁護士に金を返せといってやればいいんだ。お前、弁護士なんかやってるんじゃないよ、と怒鳴りつけてね」。

民間軍事会社に雇われている者の顔ぶれは色とりどりだし、その担当する活動もさまざまだ。あらゆる民族、国籍、肌の色が揃い、年齢も一八歳から六五歳までと幅広い。読み書きできない者から大学卒業者までほとんどすべての社会層の出身者がいる。軍事会社は、高度の専門家ばかりが揃っているから、適材適所の要員をいつでも投入できるとしきりに宣伝する。国家の保安機関の水準を凌駕する人材起用ができることを強調したいがためである。だがこれを額面通り受け取るわけにはいかない。現実はもっと複雑なのだ。たしかに軍事会社は優れた専門家集団として有名ではあるが、また同時にあくどい賃金ねぎりでも知られている。注文をもらって仕事をしているのだから、会社自体は比較的小人数の中核をなす専門家集団だけで十分に運営できる。規模と年間売上高によって、その数は数十人から数千人と幅がある。億単位の額を稼ぐのでも、比較的少数の正規の社員ですませることができる。世界最大手の民間軍事会社であるイギリスのアーマー・グループの場合、本雇いの社員は八〇〇〇人足らずで、主な仕事をこなすのはフリーの連中なのだ。なかには、例えばダインコープ社のように、五万人以上の「フリーランサー」が登録されていて、世界中からいつでも呼び出すことができると豪語する会社もある。賃金は一日当たり一〇ドルから一〇〇〇ドルまでの開きがある。弾力性を確保するために、正社員以外には月給が支払われることは滅多にないのだが、高度の能力を備えたフリーの専門家のなかには特別扱いを受けて、正社員と同じように年金受給の資格をもらったり、株主待遇をうけたりする者もいる。こうしたことから、職業軍人でありながら正規軍を退役して民間兵士となり、大金を稼ごうとする者が跡を絶たない。

同時に賃金コストをさげるために、民間軍事会社は人員の大部分を現地調達で賄っている。例えば西欧の軍隊の特殊部隊で曹長だったというようなベテランと、現地の警備隊兵士との割合は一対二〇またはそれ以上ということが珍しくない。第三世界の諸国の元兵士や元警察官は多く失業者なので、安い人手を見つけるのは難しくない。もっとも彼らの素質、訓練度は劣悪なことが多いので、仕事の質の低下も避けがたい。多くの場合、彼らはおよそつかいものにならないと言う軍事専門家は多い。それでも民間軍事会社が現地人の採用にこだわるのは、賃金を安く押さえるという利点のほかに、業務委託を受けた紛争地域で活動するのに、言葉の壁がなく、生活習慣に通じている現地人の方が楽に深くその地域の社会に入りこめるからである。イラクでイラク人を見ても、その者が軍事会社の職員なのか抵抗運動の闘士なのか、見分けるのは至難の技、およそ不可能だとも言える。同じことはコロンビアの潜行工作員にも言えるし、コンゴの情報収集にあたる者にも、ましていわんや、現地で戦闘中の部隊にもあてはまる。

東西対立終焉後の数百万兵士の失業のお蔭で、民間軍事部門は、他の業界ではおよそ夢見ることもできないほどの労働市場に恵まれることになった。どんな任務でもそれにふさわしい高度の専門家を選り取り見取りで見つけることができるようになったのである。慎重さを要する任務であろうと危険を伴う仕事であろうと、すぐに使える者を見つけるのになんの苦労もないのだ。それがひどく安い賃金で、しかも有利な条件でできる。この業界では、賃金以外のあれこれの給付にも、賃金協定や労働組合にも、官庁の監督や指導にもまるで気を使わずにすむ。安全保障の任務を民間委託すると、国家にとっては支出削減につながると思わせる問題点がここにある。正規の常備軍と民間軍事会社との違いの主要点は、コスト構造の相違にあるのだ。

まず第一に人件費の問題がある。情報機関、兵站部門、軍事技術関連分野で特殊な訓練を受けた「古参」要員の場合、国家がなにに金を使ったかと言えば、給料ではなくて、膨大な人員のなかから適材を選び出す過程なのである。まず数十万人を集めたうえで、適性を検査し、長期短期の訓練を実施し、達成度を数回の実戦で検証する、しかもその間に給与を払いつづける、これだけのことをやるのにどれだけの金がかかることか。民間軍事会社はこのコストを免れているのである。国家がやってくれた予備的な作業を利用して、仕上がった専門家をうまいことを言ってまんまと手に入れてしまうのだ。もし民間軍事会社が、予備作業の費用、あるいはせめてその一部でも国家から返還請求されたら、今のコスト計算はまるで成り立たなくなるはずだ。それに国家は、民間軍事会社とは違って、兵士が用済みになったからといって家に帰してしまうわけにはいかない。今は用がなくても、国家は兵士たちに給与を払いつづけなくてはならない。民間軍事会社は違う。彼らは注文に応じて人件費を計算し、プロジェクトごとにフリーの働き手に期限限定の給与を払えばすむのだ。

第二の問題点は固定費用である。比較的小額の正規社員の人件費を除いては、ある程度の規模の経常的支出を強いられる心配は民間軍事会社にはない。国家と違って、彼らは軍需物資の巨額の購入費を支払うこともなければ、飛行機、ヘリコプター、戦車の保守点検をおこない、修理工場を運営し、宿泊施設、演習場、飛行場その他の建設と維持のための費用を負担することもない。民間軍事会社は、業務に必要な武器の調達、社会基盤の利用などの出費は発注者に任せるか、自分でこれをおこなう場合には、その費用を発注者に支払わせることができる。

軍事会社は特殊ではあるが、発注者との間に民事上の契約を結ぶサービス業の会社であることに間違いないので、これらの会社を縛るのは法的には商法しかない。これに対して「古典的軍隊」の場合には、すべての手続きに透明性が求められ、公的な管理のもとですべてを明らかにしなければならない。このいわゆるオーバーヘッド・コストが、国家にとっては馬鹿にならない額に達する。軍隊の透明性の確保と効果的な管理は市民に多額のコストを強いるものなのだが、だがこれは軍隊という暴力装置が濫用されることのないよう防止するためであり、結局は市民自身の身の安全性を高めることにもつながる。ところが民間軍事会社にはオーバーヘッド・コストがほとんどかからない。彼らは経理を適性におこない、決算の粉飾などしなければそれですむ。彼らが最終的に責任を負うのは「株主」に対してだけなのである。

正規軍と民間軍事会社のコスト構造がこのように根本から違う以上、国家のサービス業務を民間に委託すれば安上がりになるかどうかという問題には、このようなかたちでは答えを出すことができない。なぜなら、第一に、この両者の仕事は異なる性格を持っているので、価格で比較することはできない。第二に、同じ質の仕事が実行されることは滅多にないため、両者の仕事ぶりを直接比較して検証することができない。第三に、管理と透明性のためのコストが決算に反映されることがない。つまり、もし国家が、民間軍事会社に業務を委託して、契約に定められた業務の達成度を吟味もしないとすれば、自前の監督官は不要になり、国家にとって委託は安くついたことになる。だがもし国家が正規軍の場合に法律で定められているのと同様の監督を民間に対しても実施するとしたら、業務委託は却って割高になる。その理由の一つは、監督の対象がひとつの機関ではなくて、何十もの異なった会社となるからである。

アメリカ会計検査院は、数回にわたる実態調査の結果、データがあてにならないためコストとコスト削減については事実上検証不可能であるとの結論に達した。さらに国防総省におけるコスト額の表示が誤っているし、またさまざまな安全保障政策上の計画実施のためのコストが軽視されているため、経費節減の正確な額を算定することはできないとしている。また別の学問的な研究も同様の結論を得ている、「大々的な研究がおこなわれ、民間と公的な実行者のオファーが比較されているが、僅かな例外を除いて、これらの研究はその実施ぶりをまるで見ていない。言いかえるならば、彼らは結果を見るのではなく、節減になるはずだと期待しているにすぎない」。これらの調査をもとに、あるドイツ人研究者は次のように言い切っている、「裏付けとなる実証的な調査結果がろくにないのに、経済ばかりでなく社会全体に相当の影響を及ぼしかねない決定が下されようとしていることには驚くほかない[15]」。

3　多彩な発注者――「強い国家」、ビッグビジネスから反乱軍まで

お前の死は俺の生だ。
ローマの諺

民間軍事会社に注文を出す側の顔ぶれは多彩極まりない。善玉か悪玉かという物差しでこれを見てみると、血を見るのが大好きな軍閥の長、反乱軍を仕切る独裁者、情け容赦ない麻薬カルテルから主権国家、有名企業、さらには国際人権団体まで多種多様である。

発注高順に並べると、目下のところ最大の発注主はいわゆる強い国家、つまり対内的にも対外的にも完全に整備され機能する法秩序、管理体制、安全維持の制度をもった国家である。これらの国々は、外部の敵からの潜在的な脅威に対して自国を守るだけの軍事力を備えているばかりか、社会内部に衝突がたとえ生じてもこれを平和裏に解決できるだけの力をもっている。近ごろ第二の地位にのし上がってきたのが私企業で、しかも全世界に事業を展開するグローバル・プレーヤーだけでなく、中規模の企業までもが民間軍事会社に仕事を依頼するようになってきている。第三のグループが、「弱い国家」と「衰亡国家」で、それも紛争地域の国家が多い。ここで「弱い国家」というのは、国内では法秩序を十全に維持することができないか、外部に対して自国の国境を守ることができない国家のことである。また「衰亡国家」とは、対内的、対外的な各種の安全保障領域のどれかひとつなり、そのい

くつかなりを維持することができないか、あるいはおよそ全く無力であるような国家をいう。価格の面から見て、第四に位置するのが内戦諸派、テロリスト集団、解放運動に関わるグループである。このところ増えているのが、国際組織、国境を越えて活動する機関で、例えば国際連合、アフリカ統一機構（OAU）、北大西洋条約機構（NATO）が「平和維持活動」や「国家建設事業」を実施する場合である。これらの団体、機関のほかに、紛争地域で否応なしに国家機能を果たすほかない立場におかれた無数の非政府団体（NGO）が、第五のグループである。最後に、誘拐や武装勢力の襲撃などから身を守るために民間軍事会社に業務を委託する民間団体や個人は、発注高では最小のグループとなっている。

この第六のグループについては、安全保障業務を求める必要性も、またその背後に隠された動機も、じつは多種多様なのである。民間軍事会社の存在とその提供する多様な業務のお蔭で、安全を自由市場で購入することが可能となり、この可能性をさまざまな形で利用する者がでてきているというわけである。

「強い国家」の場合——アメリカ合衆国とドイツを例に

民間軍事会社の業務の現状を見るうえでは、全世界で活動する「強い国家」のなかでもアメリカ合衆国がとくに好都合である。この国には、数百の民間軍事会社がその本拠をおいている。これほどの数が集中している国はほかにはない。大半の業務が国家、それもワシントンの連邦政府とくに国防総省からの委託による。アメリカ国防長官ドナルド・ラムズフェルドは就任第一期目ですでに、彼の前任者が手をつけ、また西欧諸国の国防相が手探りで始めようとしていたことをずばりと言ってのけている、「軍事の中核部分以外のものはすべて外部委託する」[1]。この発言があってからというもの、政治の場での議論はほとんど中核部分とはどこまでか、またこの試みを最も手早く、また最も効果的に実行に移すにはどうしたらいいか、という点に集中することになった。アメリカ軍関係者の語るところでは、今では軍隊の任務領域のなかで民間が手をつけていない分野はほとんど皆無という有様だという[2]。偵察とか情報とかいった物議をかもしそうな仕事までもが民間軍事会社に委託されている。軍の情報機関や世界最大のスパイ機関といえるアメリカ合衆国の国家安全保障局（ＮＳＡ）さえも、データ収集、ネットワーク技術、安全管理の一部の任務を民間軍事会社に外注するようになっている[3]。これはコストの問題もさることながら、電子情報技術の革新の結果、最新の技術については、国家機関が研究・開発に懸命になっても民間企業にはとてもついていけないために、業務委託せざるをえないという事情もある。二〇〇五年一一月初め、ＮＳＡはこう言明している、「今日ではわが機関はますます民間企業の問題解決に頼らざるをえなくなっている」[4]。

九〇年代にアメリカ合衆国軍隊の兵力三分の一縮小と国防予算の削減が行われた結果、ペンタゴンは、とくに世界一〇〇カ国にのぼるアメリカ軍基地の維持に頭を痛めることになった。唯一の解決策が、足りない人手を買うことだった。非軍事部門の兵士をほかに回すために、合衆国軍基地の補給と維持の仕事を民間に外注したのだ。この分野の先発企業がハリバートン社だった。当時この会社のボスだったリチャード・チェイニーはその仕事をこう形容した、「わがハリバートン社が、基地にやって来るわが軍兵士を最初に出迎え、最後に見送ることになる」[5]。

外注、この言葉は国防総省高官にとっては魔法の呪文となった。これこそ少ない兵力でこれまで以上の要請に応え、増大する任務に対処できる道だと思いこんだのである。これまで軍にあった権限が、次々に民間軍事会社に移管された。九〇年代初めに兵站、補給、食事、基本設備の維持点検から始めてみて、そのうち人材養成、訓練、情報収集などの分野も外注していいのではないかということになった。問題は業務委託に必要な費用だった。ここで合衆国政府高官は頭の良いところを見せた。「不朽の自由作戦」とか「イラク解放作戦」（それぞれアフガニスタン戦争とイラク戦争のこと）とかでは、民間軍事会社にとっては最大の調達措置がとられたほか、とくに次のような二つの策が採用された。ひとつには、必要な軍事予算をほかの予算項目（内務、開発、司法、社会福祉、家族厚生、環境など）に移管したのである。例えば、議会とマスコミがイラク、アブグレイブ刑務所での拷問事件との絡みで民間軍事会社CACI社の尋問専門家に関するペンタゴンの契約書を探したのだが、どうしても見つからない。それもそのはず、この会社の名前は内務省の俸給表にあったのだ。内務省が「通訳」の派遣に関する一〇〇〇万ドル契約を結んでいた。

もうひとつの手が、「特別計画」を組んで議会の承認を取り付け、既存の計画の水増しをはかるものだ。二〇〇一年九月一一日、全世界にわたる反テロリズム戦争が宣言されて以来、従来の措置に加えて、さらに追加の予算が承認された。この戦争は「民間軍事会社には完全雇用計画」になったとのペンタゴンのスポークスマン、D・B・デ・ロッシュの言葉がマスメディアに取り上げられた(6)。だから証券筋は、ワールド・トレード・センターへのテロ攻撃の後にほかの株が軒並み下げ、いまだに回復しきっていないのを尻目に関連の会社だけが全面高になったのは、一向に驚くに当たらないというのだ。民間軍事会社のお蔭で、アメリカ合衆国は兵力を削減しながらも、地政学と地球戦略に基づくその権益を軍事的に確保し、拡大することができた。九月一一日以降合衆国は、三八カ国に新たに軍事基地を設け、合わせて一三〇カ国以上の国々に約五〇万の兵力を擁するまでになった[7]。こうして合衆国は、ロシアの南側国境全面に西はウクライナ、グルジアから東は中国との国境に接するキルギス、カザフスタンまでの地帯、石油など豊富な地下資源で知られる別名「石油環状帯」に一連の基地をおくことになった。これはとくにアメリカの石油メジャーの利益と投資を軍事的に守るためである。例えば、アゼルバイジャンのバクーからグルジアのトビリシを経て地中海沿岸のトルコの港ジェイハンに至るBTCパイプラインには、数十億ドルが注ぎ込まれているし、エクソン・モービル社、トータル社やコノコ社はカザフスタンにやはり数十億を投資し、とくにカシャガン油田の採掘に意欲を燃やしている[8]。そしてこれらの国々の軍隊の顧問、人材養成、訓練のためにダインコープ社とヴィネル社が雇用されている。軍事基地の建設、設備の保全ならびに補給は、ペンタゴンとの契約で、やはり民間軍事会社が請け負っている。クロル・セキュリティ・インタナショナル社は、ハナバード郊外の基地「自由の砦」への「補給」で二億二〇〇〇万ドル相当の業務を請け負い、フルーオア社はカザフスタンで二〇〇三年度総額二六億ドルの「開発業務」の委託を受けた[9]。

民間軍事会社が一九九六年以降業務委託を受けている最もよく知られた特別計画のひとつに、国際軍事教育・訓練計画（IMET）がある[10]。ジョージ・W・ブッシュ政権の下で財政面で大幅な増加を見たこの計画は、外国人「学生」だけを対象にした士官養成プログラムである。二〇〇三年度予算総額は八〇〇〇万ドル、計画実施は一三三カ国に拡大された。

対外軍事金融計画（FMF）と対外軍事売却計画（FMS）は、なによりも外国の軍部と政府に金融を供与して合衆国内での兵器、軍事サービス、高度養成訓練の購入を後押ししようというものである。これは、新型の兵器システムを外国に売りつけたうえで、さらにその兵器の習熟訓練と保守方法を学ばせるための費用を財政から支出させるという、合衆国軍需産業への事実上の政府補助金にほかならない。軍需巨大企業の場合、この仕事を実際に行うのは、ロッキード・マーチン社のMPRI社とかノースロップ・グラマン社のヴィネル社とかの民間軍事会社なのである。二〇〇一年会計年度には、対外軍事金融計画だけで養成と訓練用の支出額は三億八一〇〇万ドルにのぼった。

「全世界にわたるテロリズムとの戦いを支援するために同盟諸国に装備と訓練を提供する」という名目で決定された「反テロリズム支援」計画でも一連の措置が実施されている。これらはとくに南アジア、東南アジアさらに中東を対象としており、これらの国々に「反テロリズム地域防衛連帯プログラム」の枠内で設置された地域センターで反テロリズム戦略の教育と調整が行われている。こうすれば、合衆国議会が課している制約（軍隊による人権侵害が証明された諸国に適用される援助禁止条項）を潜り抜けて、パキスタンやインドネシアの軍隊のための軍事訓練を実施できるという利点もあるし、さらには訓練にあたる民間軍事会社への財政支出も可能となる。

一九九九年以来実施されている「プラン・コロンビア」という計画がある。[11] これは各種政府基金からの金を寄せ集めてつくられたもので、これまでに総額七五億ドルを投じて、アメリカ合衆国最大の石油供給国であるコロンビアを安定した「信頼のおける友邦国」にしようという計画である。内戦の絶えないこの国におおっぴらに介入するのを避けて、アメリカ議会は合衆国軍の派遣を兵力五〇〇の特殊部隊に限定してきたが、民間軍事会社についてはこの限りではない（少なくともアメリカ合衆国市民以外なら問題ない）ということで、現在三〇社以上がこの国で行動中である。さらに首都ボゴタのコロンビア政府は、軍隊と警察に対する効率的な情報・養成・訓練の支援計画をうけており、この業務の実施は大幅に民間軍事会社に任されている。「プラン・コロンビア」に財政面で関わっているのは合衆国国防総省や国務省だけでなく、国際開発庁（ＵＳＡＩＤ）と「麻薬撲滅戦争」基金も関与している。つまり民間兵士の一部は表向きは「開発援助要員」や「麻薬撲滅要員」ということになっているのだが、実際には彼らはコロンビア革命軍（ＦＡＲＣ）や国民解放軍（ＥＬＮ）のゲリラ部隊との戦闘にも投入されているのだ。この兵力集中を目の当たりにして、コロンビアのジャーナリスト、エルナンド・オスピーナは次のように指摘している、「イラクを除いて、アメリカ合衆国がこれほど多面的な傭兵政策を実行している国はコロンビア以外にはない[12]」。

アフリカ基金（アフリカ地域基金）によって、アメリカはこの地下資源に富んだ「暗黒大陸」での自国の権益を武力によって確保しようとしている。軍隊の立ち上げ、養成、顧問派遣、訓練を、民間軍事会社が特殊作戦部隊と協力して実施している国の数はどんどん増えている。セネガル、ウガンダ、ナイジェリア、ルワンダ、赤道ギニア、マラウイ、ガーナ、マリ、コートジボワールでは、すでに一万人以上の兵士が軍事援助計画[13]による訓練をうけている（公式には平和維持活動のためという名目で）。ギニア、ケニア、タンザニア、ボツワナといった西部・東部・南部アフリカの諸国もこれにならう予定なのだ。例えばガーナで訓練を実施したのはもっぱら民間軍事会社だった。この訓練計画にはＭＰＲＩ社、ＰＡ＆Ｅ社、ＳＡＩＣ社、ＤＦＩ社、ＭＳＳ社、それにロジコン社などが参加している。

民間軍事会社への支払いに充てられているプロジェクトは、ほかにもまだまだ沢山ある。ここではそのうちの二、三を挙げるにとどめよう。まず「合同連合演習・訓練」ＪＣＥＡは、外国軍隊の特殊部隊にアメリカ最新の戦闘技術を教え込もうという軍事交換計画である。また「戦闘最高司令官」ＣＩＮＣは一種の機密費で、地方司令官はこの金を自分の裁量で支出できる。さらに「ＣＩＡ（アメリカ中央情報局）訓練計画」は、事実上の軍事行動を隠蔽するものである。これらの計画はすべて合衆国議会の監視に晒される必要もなければ、情報公開の義務も負っていない。実際の作戦を遂行するのが民間軍事会社なのだから、合衆国政府としては、国家機関を正面に出す必要がなく、作戦がたとえ失敗に終わっても民間会社に尻拭いさせることができるという利点もある。

アメリカ合衆国とイギリスは、大抵、政府機関が民間軍事会社と契約を結ぶというかたちで直接外部委託をおこなっている。これにたいし、フランス、オランダなどヨーロッパ諸国では、間接的なやり方をとることが多い。これらの国々も求めるところは同じで、自国領土外で政治的行動を起こす際に作戦選択の幅を広げるための軍事力を持っておきたいのである。そこで正規軍を中核の軍隊（指導的戦闘部隊）に再編強化し、それ以外の軍事上の任務をすべて民間に委託しようというのである。そのほか、多額の費用を要する特殊任務や、特別な場合にしか必要とならないような業務も請負に出す。この目標を実現するために、これらの諸国は公社を設立してこれに主権業務の一部を民間に委託する仕事をさせている。こうした官民連携（ＰＰＰ）によって、行政が議会の承認する年度予算による縛りを気にせずに業務を振り分けることができるという、予算執行上の抜け道をつくることもできた。このやり方は、たしかに新技術、装備品、あるいは緊急を要する業務などを手早く片付けることができるという利点はあるものの、リースや分割払いの場合と同様、支払いの執行を将来、つまり次世代に負わせるという結果を招くことになる。

ドイツでは連邦国防省は、民間委託の業務を、ケルンに本社のある開発・調達・運営有限会社(g・e・b・b・社)に任せている。二〇〇〇年八月二二日に発足した同社[14]は、国防省の百パーセント子会社で、連邦軍を軍事的に中核をなす任務だけに専念させ、他のあらゆる負担から解放することを目標とすると謳われている。つまりペンタゴン長官ラムズフェルドの思惑と言葉の上でも一致する目標である。連邦軍の試算によれば、二〇〇四年度防衛予算総額約二四四億ユーロのうちほぼ一〇五億ユーロ、つまり四三%がいわゆる非軍事的支出であるという。同社の説明では、連邦軍の近代化をすすめるなかで、民間人によるサービス業務の調達、投資上の選択の幅の確保、運営コストならびに必要資本の明らかな削減をめざすという。同時に非軍事的任務を検討して、「民間委託がどこまで可能であり、経済的であり、また有意義であるか」を吟味するという。とくに官民連携に注目して、これを「より強力に推進したい」とのことである。その際に連邦軍と民間経済との間の橋渡しをつとめるのがこのg・e・b・b・社なのだ。近代化の中心課題となるのは、防衛行政の人的構成と地域的な構造、被服、車両、食事の分野の維持運営体制ならびにすべての「非軍事」部門に近代的な情報技術を装備しネットワーク化することである。

最初の措置として、運輸部門と被服関連が民間委託され、二〇〇二年夏新たに設立された車両サービス有限会社(親会社は七五・一%のg・e・b・b・社で残りの二四・九%はドイツ鉄道株式会社)と被服会社(ライオン・アパレル社とヘルマン・ロジスティク社とのコンソーシアムが七四・九%、g・e・b・

b・社が二五・一％）とがそれぞれ業務を請け負うことになった。

ほかにも一連のプロジェクトがあって、「連邦軍がいわゆるサービス業務を……民間のパートナーに委託するのを効果的に支援する」という既定の目標を達成できるよう着々とすすめられている。プロジェクトの段階にあるものとしては、人材養成、兵站、情報技術の分野がある。車両、潜水艦、空軍の教育と通信教育について、どこまで民間機関との提携が可能かが検討されている。g・e・b・b・社は、すでに連邦軍の航空技術要員にたいする育成講座と高度教育講座を現在のカウフボイレン第一航空技術学校で実施するという連携事業モデルを空軍に提示している。同社の話では、「このパイロット養成プロジェクトが成功すれば、教育訓練関係の全分野にゴーサインが出ることになろう」という。

約三〇億ユーロに及ぶ兵站の分野では、ことはそれほど進捗しておらず、いまだに検討中の段階にある。二〇〇五年一〇月二五日のg・e・b・b・社の記者会見では、「目下のところ八億ユーロ相当の一分野について新編成構想が練られている最中」である。効率化実現のためには、すべての資材、サービス、情報の流れを計画し、調整し、管理する補給ネットワーク全体の十分な透明性が不可欠なのだが、この透明性の確保は、同社が言うように、今のところ、また近い将来見通しが立っていない。この透明性はスタンダード・アプリケーション・ソフトウェア・プロダクト・ファミリーズ（SASPF）の導入（すなわち情報技術と情報プログラムの導入）が成功するかどうかにかかっているからである。情報技術の分野では、一九九八年以降現在までアメリカのコンピュータと軍需の複合企業であるコンピュータ・サイエンス・コーポレーション（CSC）社（ダインコープ社の親会社）が活躍中だった。この分野での新編成と近代化（「ヘラクレス・プロジェクト」）のために、連邦軍は民間企業をパートナーとしてIT会社を設立し、持分五〇・一％が民間に任ねられた。二〇〇七年一一月七一億ユーロのこのプロジェクトはメッケンハイムでスタートした。

アフガニスタンなど在外派遣の際の兵員輸送については、ドイツ連邦軍は、ほかのNATO諸国の軍隊と同様、「不朽の自由」作戦に際して、これを民間、大抵はウクライナの航空会社に任せている。それ以外には、連邦軍が、また分かっている限りではドイツ連邦共和国政府も、本来国家主権が果たすべき業務を民間軍事会社に委託した例は僅かしかない(15)。だが兵士たちは任務遂行に当たって（とくに最大のドイツ連邦軍部隊が展開しているバルカンとアフガニスタンでは）民間軍事会社の兵士と協力し合う羽目になっている。アメリカ合衆国とイギリスが相当の割合でこの種の会社に業務を委託しているからである。そんなときドイツ軍兵士が、今では外国の民間軍事会社に雇われている元連邦軍兵士とばったり顔を合わせる場面は珍しくない。それだけでなく、バルティック・セーフティ・ネットワーク社とかデルフォス社とかのドイツ、リューベックの民間軍事会社の職員と出会うこともあり得る。この会社は、コソヴォ、プリシュティナ空港の航空保安要員やイラクのボディガードなどの養成にあたっているからだ。

要するに、「強い国家」、とくにアメリカ、イギリスは、民間軍事会社への業務委託とこれに伴う権限委譲の必要性を、外に向かっては、自国の安全基準を高めながら支出を押さえるためだと説明している。だが実際にはこれらの諸国の最大の関心事は、自国の軍事能力を再び強化することにあるのだ。九〇年代初頭におこなわれた軍備縮小の結果削減された兵力を、次第に民間軍事会社の要員によって補填したり、必要に応じて要員を動員したりもしている。こうしてアメリカ合衆国は、二一〇万から一五〇万に削減された兵力をその後また回復したばかりか、一〇〇万にも達しようかという民間兵士の雇用によって、実際には以前の水準を上回るまでになっているのである(16)。

経済界の関心

民間企業は、資産と活動を守るのになにも国家や国際機関に頼らなくても民間軍事会社に任せればことは簡単だと、その利点を早くから認めていた。例えばダイヤモンド業界大手のデ・ビアス合同社はすでに九〇年代初めにエクゼキューティヴ・アウトカムズ（EO）社を雇って、アフリカ南部とくにボツワナとナミビアでのダイヤモンド採掘のための秘密作戦を実施させている。

今では民間企業は、民間軍事会社の第二のお得意様グループにまでのし上がり、地球上どんな辺鄙なところででも「新しいタイプの傭兵」の手を借りて企業活動を展開している。経済的利益の擁護と安全確保のためにどんな手段方法をとるか、企業は民間軍事会社にだいたいは任せてしまっている。だが目に余る暴力の行使と人権侵害が度重なって、マスコミの非難を浴びるようになった。人権監視団体ヒューマン・ライツ・ウォッチ、アムネスティ・インタナショナル、労働組合、国際労働機関、国際労働権利基金などの人権団体が、企業の依頼で、また企業の了解のもとで行われた民間軍事会社の法を無視した行為に関してまとめた報告書は、本棚に収まりきらないほどある。そこには殺人、脅迫、暴行、誘拐、監禁、心理テロの無数の実例が列挙されている。企業と民間軍事会社のこの種の提携に対する批判が跡を絶たないため、二〇〇〇年七月、多国籍企業はじめ世界各地から企業代表が国際連合の呼びかけで「グローバル・コンパクト」を発足させ、全般的な行動要綱が起草された。

このように世界的な企業が改善の意志を表明したことで経済界全般の手口が改まりそうか、これまでのところまだなんとも言えない。その一因は、「グローバル・コンパクト」が企業と民間軍事会社との関係の問題に具体的に踏みこんでいないことにある。特定の場合について制裁措置を規定しないでおいてただ自制しましょうというだけでは、実効があがらないのは目に見えている。それに、多国籍企業の立場からすると、非政府団体とは違って、民間軍事会社が絡んでくることによって経済活動、政治運動、人道活動、軍事行動の区別がつかなくなってしまいかねないという事態になんの懸念もないのである。この点に関する問題意識は、少なくとも公的な場での企業の代表の発言からは覗うことができない。多国籍企業その他の企業が、二〇〇三年国際連合が決議した人権および労働の権利に関する基準[17]を守っているかどうかを調査した非政府団体は、ろくに守っていないし、お話にならないような違反行為もあると報告している[18]。そこでNGO「地球の権利インタナショナル」は次のような要求を突き付けている、「われわれが要求するのは、経済界の口先だけの約束ではない。自発的な自制の約束では事足りない。企業が人権、労働条件、環境保護に関して自らの行為を明らかにし、透明にするためには、法律が必要なのだ[19]」。

だが、株価の値動きと株主を気にする企業からすると、企業活動の安全とリスクの問題を公の場でとやかく言われるのはマイナスになりかねない。企業が自腹を切って払ってきた「安全税」は二〇〇一年までは二～八％になるのだが、これまで企業はそのことをとくに公にしたことがない。企業が通常経費で計上する安全のための支出はほぼこの範囲だったのである。「テロとの戦い」が始まって、安全のためのコストはさらに上乗せされ、企業が「安全税」として計上する率は、軒並み三～一五％に跳ね上がった[20]。消費者からすると、例えば飛行機に乗ろうとすると、航空運賃そのものよりも高い空港使用料とか税金とかを払わされる羽目になったりする。とくに第一次産業部門、つまり農業、鉱工業が割合から言って高い安全料を払わされている。もちろんその額は世界各地のリスクの度合いに応じて違うのだが、目に付くのは、統計的に見て、リスクの度合いが最も高い地域で最高の利潤が得られているという事実である[21]。人件費を上回るほどの安全料が支払われている部門さえあるのだが、この支出は企業だけが負担するわけではなく、大部分は肩代わりされている。例えば石油関連企業は、この支出の一部を採掘許可を与える国の歳出に計上させる。また一部は納税者が払っている。国家が、外国で活動する企業の安全確保のための措置を、あれやこれやのかたちで直接間接に財政で援助しているからである。だが企業はガソリンや灯油の値段に安全料を反映させるので、その大きな部分は結局のところ消費者の負担となる。残りを企業が負担して、その分税金の免除をうけるというわけだ。

企業と民間軍事会社との関係で特殊な問題が起こっているのが、「輸出加工区」、いわゆる「マキラドーラ工業」である。急速に世界中に拡大しつつあるこの工業地域は、いわば治外法権の安全地域なのである。ここに設置される工場では、全世界に分散する生産ネットワークの一環として、免税で輸入される半製品が加工され、完成品として世界各地へと輸出される。二〇〇五年には一一六カ国に三〇〇〇以上の輸出加工区が広がり、約五〇〇〇万人の労働者がここで雇用されている。うち三分の二はラテンアメリカ諸国におかれている。この特殊経済地域には中規模の会社だけでなく、ナイキ社、フィリップス社をはじめ、ドイツの企業ではＢＭＷ社、メルセデス・ベンツ社、カールシュタット社、チボー社などほとんどすべての巨大企業が工場をもっている。[22]

輸出加工区がおかれている国家は、規制のまったくない労働市場、大幅に利用費を免除された社会基盤、それに思いきった免税を企業に認める。地域的に限定された「工業団地」内部では、それぞれの国家は主権を全面的に企業に譲渡し、団地の外側でその安全を保障する。国家の保安機関はいわば警備会社に成り下がっている。団地内は企業が、通常は民間軍事会社の協力でほぼ全面的に管理し、支配する。この「専制支配」の条件のもとでは、従属した従業員は労働法、刑法、憲法によって本来なら守られるはずの権利を一切認められていない。労働協約の無視、賃金不払い、危険で非衛生的な労働条件と職場環境、不当解雇、そして女性に対する性的な嫌がらせなどが日常茶飯事である。極端な低賃金（時給五〇セントが通例）だが、この「企業主権地域」外に住む住民にはそれが唯一の収入源となっていることもある。それでも労働者側と企業、民間軍事会社との衝突は跡を絶たない。「われわれは労働組合は嫌いだし、うちにはそんなものはほしくない」とは、ヴォーグ社総支配人の言い草だが、これが輸出加工区の企業の合言葉なのだ。[23] 例えばブラック&デッカー社は労働組合の結成を禁止した。小売業大手のウォル・マート社に対しては、五カ国の従業員が最低賃金未払いと残業規定違反（週七日、九〇時間、年間三六五日の労働）のかどで、カリフォルニア州最高裁判所に訴えを起こした。[24] またディズニーの絵本は、若い中国人女性労働者が週給二五ドル、非衛生的な職場で、週七日間、一日に一四時間働いて作っている。「血と汗と涙」、さまざまな非政府団体の調査報告が想像を絶するような労働・生活条件をこう呼んでいる。[25] マキラドーラ工業の実情を見ると、なぜ企業が民間軍事会社に業務を委託するかがよく分かる。企業がその経済的目標を追いつづけ、そのためには必要とあれば、従業員の抵抗を力でねじ伏せ、その要求には一歩たりとも譲らないでいるには、民間軍事会社の協力が不可欠なのだ。

安全の狭間にある「弱い国家」

「弱い国家」や「衰亡国家」が民間軍事会社に業務を委託するのは、通常、安全上の穴を埋め、安全維持機関の欠陥を補うためであるが、輸出産業とそこに投資された資本を守るためと称して、富んだ国がこれらの国々に民間への業務委託を要求し、強要することも珍しくない。多くは第三世界に属するこれらの国の安全維持装置が弱かったり十分でなかったりするのは、主として植民地時代または冷戦時代の遺産である。法治国家としての手続きが行われず、世論に対する透明性がなく、また報告義務もないことから、腐敗、社会的弱者の収奪、政治的派閥の形成、法秩序の不安定などが生じ、紛争の種が尽きない結果となる。「非常事態」、つまり紛争が武力衝突にまで発展しそうな形勢になると、たちまち平和維持装置がどれほど不安定であるかが露呈される。すると「強い国家」に早急な介入の要請が送られ、民間軍事会社が呼ばれて、厄介事は一掃される。このような支援のお蔭でクーデターが阻止され、腐敗した政権がその座に留まり、大規模な流血が回避されることもたしかにありはするのだが、紛争の種は残り、火種が消えたわけではない。そしてやがて再び火を吹くことにもなる。

アフリカ大陸はこの種の実例には事欠かない。無数の武力衝突とこれに関与した多くの民間軍事会社のうち、当事国の政府から直接に自国の軍隊の養成なり、軍事援助なりを委託された会社に限っていくつかの例を挙げてみよう。ルワンダではロンコ社、ウガンダではディフェンス・システムズ（D

ＳＬ）社とサラセン社、コンゴ民主共和国ではアイリス社とセーフネット社、リベリアではＭＰＲＩ社、アンゴラではオメガ社、スタビルコ社、それにＭＰＲＩ社、シエラレオネではエクゼキューティヴ・アウトカムズ社、サンドライン社、ＰＡ＆Ｅ社、それにＩＣＩ社、モザンビークではロンコ社、ボツワナ、レソト、エチオピア、ザンビア、ナミビアではまたしてもエクゼキューティヴ・アウトカムズ社がそれぞれ活動中である。

だがどこの場合でも、軍事的な手段で永続的な平和の確保と紛争解決に成功したためしはない。逆に、「弱い国家」が自国の利益、それは富んだ国の原料工業の利益と不可分のことが多いのだが、それを追求するために民間軍事会社の力を借りて自国の安全維持体制の無力さを補おうとすると、結果としてその国は一層弱体化することになる。これには三つの側面がある。まず第一に、一見安全が維持されたように見えるが、それは短期的なものでしかない。第二にそれは軍事力による安全で、しかも社会全体に平等に維持されるわけでなく、せいぜいのところ国家機関と政治的支配層を守っているにすぎない。「市民のための安全は、アフリカ大陸（サハラ以南）では大きな未知数なのだ」(26)。第三に、国家の安全維持機関は空洞化し、その正統性を奪われ、その機能は外国の組織に委譲される（新植民地主義の輸入）。その結果、将来紛争を自力で解決する拠りどころが一切失われてしまう。なぜなら、国家の権威がおよそだれからも認められなくなり、対立し合う派閥の調停者として国家が機能することができなくなるからだ。紛争がよほどうまく解決された場合でも、いずれにせよ武装衝突の被害を蒙るのは一般市民である。しかもほとんどすべての場合、紛争解決に際しては人道的な見地は無視され、人権は踏みにじられる。民間軍事会社の投入は、「弱い国家」や「衰亡国家」の利益に合致することはなく、利益を得るのは、政治的エリートであったり、戦争経済で甘い汁を吸う経済的な圧力団体であったり、いずれにせよこれらの国々の一部の者の利益になるだけなのだ。

反乱軍と解放運動

反乱軍、軍閥、解放運動など、国家以外の暴力執行者の関心事は、武器の補給、高度な軍事訓練、戦術的な助言、それにとくに情報関連の近代的な軍事技術による支援にある。「世間の評判」を気にして、大手の会社はこうした集団の仕事を公式には引き受けたがらないものなのだが、それでも少し大きな利害の絡む話にでもなろうものなら、有名な大会社も乗り出してくる。そんなときには、砲火を交える部隊がそれぞれみんな民間軍事会社の支援のもとで戦っているなどということだってある。例えばザイール（今のコンゴ民主共和国）では、フランスの了解のもと民間兵士がモブツ政権を守り、他方、民間軍事会社と反乱軍がアメリカ合衆国の支援を受けて、政権打倒の戦いを挑み、ついにこれに成功したというわけだ[27]。この内戦は、この大陸での血で血を洗う殺し合いの開始を告げる戦争となった。これをアフリカでの第一次世界大戦と呼ぶ時事評論家もいる。

国連傭兵問題特別調査官エンリケ・バレステロスは、毎年の年次報告で繰り返し次のように指摘している。なんの規制もなく、開けっぴろげの世界市場で、民間軍事会社は武器と軍事業務の売買斡旋で日増しに大きな役割を演じるようになっていると[28]。しかも大抵は会社そのものは表面に出てこないで、下請けや自社の子会社に仕事をやらせる。「とくにやばい話」になると、下請けからもう一度下請けに出したりするものだから、最後には、いったいだれがゲリラとかテロリスト集団とかに武器を供給したのか、まるで分からなくなってしまう。だから、どの民間軍事会社が、どの反乱軍、どの軍閥からどんな業務を請け負ったのか、明るみに出ることは滅多にない。アンゴラ内戦でアンゴラ全面独立民族同盟（UNITA）の反乱軍がエクゼキューティヴ・アウトカムズ社の支援を受けたこと、コンゴのカビラに率いられた反乱軍がオメガ社から軍事顧問と武器の供給を得ていたこと、シエラレオネ革命統一戦線の反乱軍がイスラエルの会社から武器をもらっていたこと、こういう事実が表面化したのは例外中の例外なのだ。

ジレンマに悩む国際団体

第五のグループである国際団体、地域団体、人道団体の要求と関心にはまさに多様極まりないものがある。国際連合がこれまで民間軍事会社に業務を委託するのは、例外的なケースだけだった。国際連合は世界政府なのだと考える者も多いのだから、権威と信用にかけても、おいそれと民間軍事会社に仕事を依頼するわけにはいかないのだ。それに国際連合は、何十年も悪戦苦闘したあげく、一九八九年ようやく「傭兵の募集、利用、資金提供、養成」を禁止する協定を決議するまで漕ぎつけ、二〇〇一年にこの協定は発効した。「傭兵問題特別調査官」も任命され、協定の実施を監視し、各大陸での状況を調査する体制も整った。民間軍事会社に国連業務を依頼するとなると、これは傭兵なるものの存在を裏で認めてしまうことになり、とんでもない言行不一致になりかねない。

それでも国際連合が稀にではあるが発注する側になることもある（東チモールやソマリアでの平和維持部隊など）のには、それなりの理由がある。国際連合の平和維持活動にたいする批判は、とくに民間軍事会社の強力なロビー団体である国際平和活動協会（ＩＰＯＡ）が攻撃的なキャンペーンを展開するようになってからというもの、政界でもマスコミでもますます激しくなっている。ＩＰＯＡは、国際連合が平和維持活動の実施にはおよそ無力であり、ただ金を無駄に使っているだけだと非難する。[29]「民間軍事会社なら七億五〇〇〇万ドルあれば、アフリカでの戦争に全部けりをつけてみせる」と、二〇〇三年初頭ＩＰＯＡ代表ダグ・ブルクスは豪語した。[30]そのうえ加盟国からの分担金の支払いが最近は滞りがちで、通常業務の遂行さえ困難になりつつあるというのが国際連合の実情である。こんなときだけに、これまでの十分の一ほどの費用で平和維持活動を実行してあげましょうという民間軍事会社の申し出に耳を傾ける向きも多くなるわけだ。しかも世界中のマスコミが、国際連合の平和維持活動が最近だけで何回失敗したか、もし「平和維持部隊」の質がもっと高くて効率もよかったら、何人の命が救えたことかなどと数え上げるものだから、なおのことである。たしかに批判の目で見ていくと、いくらでも弱点を数え上げることができよう。

だがこれまでのところ、どうして、なぜこのような状況になってしまったのかを抉り出す分析は行われてこなかった。積極的な展開をはかるためには、民間軍事会社の利用を間に合わせの解決策として提示するだけでは足りない。多くの場合、一見したところたとえ軍事介入が不可欠であり不可避であるように見えるような場合でも、必ずしもそれが成功するとは限らないことは、ソマリア、アフガニスタンそして最近ではイラクの現状が如実に物語っているではないか。要するに、国際連合はジレンマに陥っている。一方では平和維持部隊の出動がますます求められる（スーダン、ハイチ、ブルンディ、ミャンマーその他）のに、他方、「強い国家」はどの国も、質の高い要員の派遣と費用の分担に応じようとしない。仕方ないので、国際連合は、ユニセフ、国連開発計画（UNDP）、世界食料計画、難民高等弁務官がとくに危険度の高い地域で活動する際に、民間軍事会社に顧問と警備を依頼するほかなくなった。その任にあたるのが、例えばイギリスのディフェンス・システムズ（DSL）社で、この会社は「人道的な国連機関の要員と設備を守る主要な業務委託社[31]」のひとつである。

アフリカ統一機構（OAU）とかNATOとかのような国家間の組織、同盟機構の場合、状況はまるで違う。一般にこれらの組織の場合、民間軍事会社に直接あるいは加盟国を通じて間接に業務を委託するのに、大義名分からいっても金の面からしてもなんの問題もない。OAUは西および中央アフリカで、またNATOはアメリカ合衆国やイギリスを通じてバルカンとアフガニスタンで実際にそうしている。民間兵士を少なくとも支援兵力として戦略に組み込んでなにが悪い、というわけだ。だが国家の安全維持権限を民間の武力装置に委譲するとなると、これは正当化できないし、さらに民間人による武力行使を正当化すると、国家による武力独占の基盤が揺るぎかねない。

大半のNGOは民間軍事会社の協力を非常に嫌うし、なかには民間軍事会社による「保護」を断固として拒否するものもいる。その理由は多様である。例えば赤十字国際委員会は、人道行為と政治的・軍事的行動との区別が曖昧になっては困ると考えている[32]。民間兵士の出動がないと活動が不可能になるために、やむを得ずこれを要請する場合もある。例えばイラクでは警護なしで危険地域に立ち入ることが禁止されているし、ルワンダでは民間軍事会社なしでは入国できない。批判的な姿勢は崩さないものの、各地の武力衝突で正規軍兵士よりも多くの人道団体の人々が殺されるという事態があってからというもの[33]、「新しいタイプの傭兵」の支援を頼む人道団体がますます増えてきた。赤十字社はソマリアでもコンゴでも、アフガニスタンでもまたイラクでも民間兵士による武装警護を受けている。ドイツの人道団体メディコ・インタナショナルはアンゴラの施設の警備を依頼している。アーマー・グループの子会社DSL社は、多くの紛争国で多数の人道団体の武装警護を引き受けている。研究機関で政治的な助言を行う団体として権威のある、トロントの国際研究センターやロンドンの海外開発研究所などは、最近、「人道目的のための安全確保の民営化」を検討すべきだとNGOに勧告している。[34]ＩＰＯＡはここぞとばかり世界中で民間軍事会社の宣伝にこれつとめている。ＩＰＯＡ代表ダグ・ブルクスはインタビューに答えてこう言う、「数十万の無辜の市民が毎年戦争で亡くなっている。もし西欧諸国が信頼のおける平和維持部隊を派遣するならば、これらの戦争を終わらせることができるはずだ。民間軍事会社には、この要請に応える用意がある。しかも国際連合の部隊よりも透明度と責任感のより高い職業人の手でこれを成し遂げる。みずからの命を賭してそのような戦争を終わらせ、一般市民を守ろうとしている民間会社とその職員を『傭兵』呼ばわりする者は、事情を弁えず、感動を知らない人だ[35]」。国際組織や人道団体の拒否的な態度にまず楔が打ち込まれ、警告の声が次第に途絶えがちになってきた今、民間軍事会社はこの分野での需要の増大を大いに期待している。

安全を求める民間人

民間団体と民間人個人は、売上高から見ると、民間軍事会社にとっては最小の顧客グループにすぎないが、最近この市場はますます拡大しつつある。貧しい国でも富んだ国でも、社会的衝突が解決されないままでいるため、社会の分化がますます進み、これがまた地域的な格差となって現れてくる。

財政上の困難などさまざまな理由から、国家による安全維持の業務の配分に不平等が生じている。地域ごとに安全の質に格差が生まれるのである。地方でよりも大都市の人口集中地帯でより鮮明に現れることの多いこの格差は、また社会内部での富の配分格差の反映でもある。なかでも民間企業関連の設備、生産施設、工場や半ば公共的な空間である空港、駅、ショッピング・モールなどの安全度が最も高い(36)。

漠然とした強迫観念が二〇〇一年九月一一日以来西欧諸国で社会風潮として広がり、資産家の社会層と個人の間で安全への欲求が高まり、職業的な訓練を受けた者による保護への需要が増大した。特殊なリスク分析と武装警護は、このところ、アーマー・グループ、ルビコン社、スティール・ファウンデーション社にはありふれた業務の一部になっている。危険地域で個人を同行警護したり、外交官の子弟を誘拐から守ったりするのである。彼らの助けを求める民間人は増加の一途を辿っている。注文があれば、アドバイザーのチームが顧客の居住地と職場周辺の安全度を分析し、日々のあらゆる動き（郵便物、訪問者、住居への接近路、車両）を検討してリスクを見極め、危険時、非常事態における行動計画を練り上げる。民間軍事会社のひとつパラディン・リスク社は、ウェブサイトで実際の仕事の中から次のような例を紹介している、「西欧企業のある支配人が東欧で取引上の人間関係をつくりあげた。そこへあるマフィア組織がみかじめ料を要求してきた。警察に届けたところ、その支配人と家族に脅迫状が送られてきた。警察はまだ事件になっていないので、手が出せない……という決まり文句。支配人としてはここであきらめるわけにいかず、仕事を続けるほかない。パラディン社は彼と彼の家族を保護下におき、どうせ引っ越すことになっていたので、引き越し先をだれにも知られないように手配して住居を変わった。家族のために隔離された安全な環境が用意され、静かに生活できるようになった。この人物に対する脅迫行為は終わった」。

4　武力の世界市場で暗躍する民間軍事会社——四つのケーススタディ

世界を旅しろ。冒険を楽しめ。
白い連中に出会い、そしてそいつらを殺せ。
ソルジャーズ・オブ・フォーチュン

国際舞台では武力衝突がさま変わりしている。互いに戦争するのは主として国民国家というわけではなくなった。武力による対決はもっと次元の低い場へ移動したのだ。「新しい戦争」、「低強度紛争」などと専門家は言う(1)。富んだ国家がする戦争にしても（アフガニスタンやイラクに見られるように）「古典的な戦争」というより、警察または制裁行動の性格を帯びている。今日の紛争は、一方ではますます脱国民化されると同時に、他方、ますます国際化されつつある。この変化の過程で、世界的な広がりをもった武力のための市場が出来あがり、武力の行使がグローバルなビジネスになった。テロリスト・ネットワークのような国境を越えた武力執行者たちが、軍閥や武器商人といった民間の武力執行者たちと並んで、地域的、民族的、国際的な武力対決の様相をきめることがますます多くなっている。これらそしてこのシナリオのなかで民間軍事会社もまた一層大きな役割を演じるようになっている。これら会社のうち四社を例に取り上げて、いくつかの問題点を明らかにしてみよう。

ミリタリー・プロフェッショナル・リソーシーズ・インコーポレーション（MPRI）社

世界最大の軍需企業でペンタゴンとは密接な関係にあるロッキード・マーチン社の子会社であるMPRI社に、一九九六年、国内では最初の業務を発注したのはアメリカ国家そのものだった。一五校の軍事アカデミーで予備役士官の訓練を実施するというパイロット・プロジェクトだった。試行に成功した同社はその後二〇〇校のアカデミーでの訓練を引き受けることになった。現在、予備役士官訓練科ROTC計画は完全に民間会社の手中にある。予備役士官のほか、MPRI社は合衆国空軍の補助機関である民間航空パトロール隊の訓練にもあたり、フォート・シル、フォート・ノックス、フォート・リーでは上級コースを開設し、フォート・レヴンワースでは合衆国軍隊の幹部養成学校の運営に当たっている。その職員は軍の許可のもと制服を着用して訓練生と接するので、次世代のアメリカ軍士官はすべて、民間会社の民間人教師から知識と技能を授けられることになるわけだ。

ペンタゴンが九〇年代末に国外でも職業軍人に代わって民間人を軍事訓練の指導者、軍事顧問として用いるようになると、MPRI社は国外でのこの種の業務を最初に委託された。同社は、台湾とスウェーデンで第一次湾岸戦争から得られた軍事技術上の教訓を伝授し、ナイジェリアでは平和維持活動にあたることになっていた部隊の訓練を担当した。MPRI社以外にも、ヴィネル社、トロージャン・セキュリティ社、ピストリス社、ダインコープ社、スペシャル・オペレーション・カンパニー＝セキュリティ・マネージメント・グループ（SOC‐SMG）、オリーヴ・セキュリティ社、マイヤー＆アソシエイツ社など十数社が、世界中に散らばって他国の軍隊の戦闘能力をアメリカ並みの最高水準に高めるのに大童という有様だ。

民間軍事会社の訓練、顧問活動の内容は、ただの軍事教練と理論や組織の手ほどきだけではない。彼らが友好国の軍人に教えるのは、例えば地対空ミサイルや対戦車砲の操作であり、白兵戦の戦い方であり、心理戦争の実施方法であり、また軍隊の再編成であり、新しい戦略の開発である。コンピュータ・センターでシミュレーターを使って戦闘技術を教え込んだりもする。さらにアメリカの最新鋭兵器の習熟も重要な教科であり、その結果、大抵はアメリカ軍需産業への武器の注文もおのずと出てくるということになる。軍産複合体が民間委託を推し進める際に念頭においている関心事のひとつがこれなのである。エルケ・クラーマンのように、軍需産業が民間軍事会社を通じて製品の販路拡大をはかることができるという点こそが、業務委託の最重要のポイントなのだという専門家も少なくない[2]。

民間軍事会社サービス部門は、「テロリズムに対する戦争」のお蔭で、完全雇用に近い好況を見せているのだが、それでも新しい販路を開拓しようとする彼らの意欲は旺盛だ。各社みずからが乗り出して、アメリカの権益を脅かす危険がまだどこかにありはしないか、血眼になって探り出そうとしている。ロビー団体は石油メジャーやその他の鉱工業企業に働きかけたり、また西欧に友好的な解放運動に近づいたりしながら、情報を集め、これを手にして各社は政府に圧力をかけて、めぼしをつけた国家との間に軍事訓練計画や軍事顧問派遣計画の契約を結ばせようと懸命になった。大抵の場合（プラン・コロンビアとかアフリカ危機対応イニシアティヴ［ACRI］、のちにACOTA［アフリカ緊急作戦訓練支援］計画のように）、ことは彼らの思惑通り運んだ。合衆国政府はこれらの「提案」を受け入れ、特別予算を組んだり、予算の他の項目から流用したりして財政面での段取りをつけ、実現をはかったのである。

ＭＰＲＩ社の実績を見ていくと、「今日では、軍事訓練のやり方と軍事顧問の力量は戦闘部隊そのものと同じぐらい、いや場合によってはそれ以上に戦争の帰趨を決する」(3)という言葉を裏付ける実例を発見することができる。ペンタゴンが国内の予備役士官の訓練を同社に委託する以前、ＭＰＲＩ社はバルカン戦争ですでに世界にその「名声」を轟かせていた。ユーゴスラヴィアを構成していたスロヴェニア、クロアチア、ボスニアの各共和国が独立を宣言すると、ベオグラードの中央政府との間に武力衝突が起こった。当事国のどれもが残虐行為を繰り返す事態を見て、国際連合は一九九一年旧ユーゴスラヴィア全土について戦闘行為の禁止と輸出禁止を決議した。関係国への武器供与ばかりでなく、軍事訓練と軍事顧問派遣も禁止された。クロアチアとボスニアは西欧諸国とくにアメリカ合衆国に援助を要請した。この両国はＮＡＴＯ諸国からは「平和のパートナー」扱いされてはいたのだが、直接公式に肩入れすると、国連決議に触れることになる。アメリカ国務省とクロアチア政府との間で、あれこれやり取りがあったあげく、一九九四年半ばになって、アメリカは民間軍事会社と契約を結んでもいいだろうと、クロアチア政府にゴーサインを出した。白羽の矢が立ったのがＭＰＲＩ社で、契約総額七五〇万ドルだった。数カ月の間に同社はクロアチア組織犯罪や準軍事団体の構成員、民兵、警察官さらに一部正規軍兵士（クロアチア正規軍はセルビア軍の攻撃にあってもろくも瓦解していた）をかき集めて、パンチ力のある軍隊を編成した。軍事指導部が設けられ、西欧の最新の戦術戦略が伝授された。アドリア海のブリオニ島（ブリユニ島）で一九九五年七月、クロアチア軍指導部とＭＰＲＩ社とは一〇回にわたりクライナのセルビア軍に対する攻撃を細部にわたって念入りに打ち合わせた。

最後の会合の五日後の八月三日――ジュネーブでクロアチア政府代表団とセルビアとの交渉が行われている最中に――「嵐作戦」が開始された。電撃作戦でセルビア側の指揮系統は壊滅し、司令部は戦闘不能に陥り、大量に投入された部隊は数日で「クロアチア共和国クライナ」を制圧した。戦闘が続いていた八月四日の時点で、合衆国国務長官ペリーはクロアチアの行動に理解を示し、ドイツの外務大臣キンケルは、同じ日に、クライナはクロアチアの領土であると言明した。「電撃戦争」の結末は惨憺たるものとなった。このとき初めて大々的な「民族浄化」が強行され、村々は根こそぎ破壊され焼き払われ、何百人もの民間人が無残に殺され、一〇万以上もの人々が難民となった。

ＭＰＲＩ社は、同社の人間が直接「嵐作戦」に参加した事実はないと釈明したのだが、専門家たちが口をそろえて言うことには、民間軍事会社の指導と支援なしには、「まるでＮＡＴＯ軍の教科書にあるような」作戦がこうも見事に遂行されるわけがない。(4) この三カ月後には、残りのユーゴスラヴィアはクロアチア、ボスニアとデイトン和平協定に調印することになる。ボスニア大統領イゼトベゴヴィッチは、ＭＰＲＩ社が同国軍隊の編成を引き受ける約束をしてくれなければ、協定には調印しないと最後の最後まで言い張った。こうしてクロアチアで成功を収めたこの会社は、おまけに約四億ドルの契約をつかんだのである。「バルカンでのムスリム兄弟国」のための資金は、アメリカ合衆国の仲介でサウジアラビア、クウェート、ブルネイ、アラブ首長国連邦、マレーシアが醵金し、アメリカ国務省がこれを保管して、同社がいつでも自由に使えるよう手配することになった。(5) ＭＰＲＩ社のバルカンでの旨い仕事は、ボスニアのあとはマケドニアと順調に進んだのだが、一九九九年同社がコソヴォ解放軍を支援していたことが明るみに出て、ちょっと味噌をつけた。クロアチアとボスニアでの軍事訓練と軍事顧問の業務は今も続いている。

その後MPRI社は活動の重点をアフリカに移した。とくに石油その他の地下資源に豊んだ国のなかでアメリカ合衆国が公式にはあまり接触のなかった国、例えば赤道ギニア（アフリカのクウェートと呼ばれる）やアンゴラに、同社はバルカンで実績を積んだやり方で軍事面での関係を築いていった。それぞれの国の政府のために防衛計画を立案し、沿岸警備隊を編成し、攻撃力を備えた軍隊をつくりあげ、「宮廷警備」を完備させ、警察の人材養成と訓練を実施した。二〇〇〇年四月には、七〇〇万ドルの契約でナイジェリア軍を「プロの水準に引き上げた」(6)。大陸全体がその訓練キャンプになり、一二〇人の大統領、首相、政党指導者のために、同社は安全保障構想を練り上げ、訓練計画を実施した。ACOTA計画の一環として、同社はまた、ベナン、エチオピア、ガーナ、ケニア、マリ、マラウイ、セネガルの軍隊を編成した。南アフリカでは同国国防省と密接に協力しているし、「プラン・コロンビア」にも深く関わっている、というより、この計画の需要構造を分析し、計画の安全確保と軍事の項目を作成したのは、同社だったのである。台湾では軍人の養成にあたり、韓国では駐留アメリカ軍の支援を担当し、インドネシアでは海軍を訓練し、シミュレーション・プログラムで「沿岸警備戦略」を立案している(7)。

アメリカ合衆国がアフガニスタン、イラクでの戦争を始めると、MPRI社の業務も大部分がこの一帯に移動した。アフガニスタンでは国家安全保障案を起草し、将来の国土防衛体制のあるべき姿を描いて見せた。クウェートでは、アメリカ軍兵士を相手に、イラクで兵站補給の車両を安全に運転するにはどうしたらいいか、待ち伏せ、地雷、路上爆弾、爆薬による襲撃や故意に仕組まれた交通事故から身を守るにはどうしたらいいかを教えている。連合国暫定統治機構（ＣＰＡ）を技術的・人的に支援していたのも、ペンタゴンの委託を受けた同社である。そのほか同社はイラク新国軍の編成と新しい警察部隊の立ち上げと訓練も請け負っている。これらの業務全体の発注総額は数十億ドルにのぼる。

他の民間軍事会社の役員連中の見るところ——アメリカのＮＧＯのメンバーで批判的な見方をする人々も皮肉たっぷりに、まさにその通りと言う——ＭＰＲＩ社がこれまでに手がけたなかで一番できの良い仕事はと言えば、「フィールド・マニュアル一〇〇‐二一」の作成だとのこと。バージニア州フォート・モンローに本部のある合衆国陸軍訓練教義コマンド（ＴＲＡＤＯＣ）の委嘱で、同社はアメリカ合衆国と民間軍事会社との間の契約締結のためのマニュアルを起草した。(8) これは、「軍事作戦を展開するにあたり［合衆国軍隊の］行動能力が全面的に発揮できるようこれを支援する付加的な資源として」民間軍事会社を雇用し、これに業務を委託する際に、政府の各部局がどのように手続きをすすめたら良いかを定めた範例集だった。このマニュアルはペンタゴンの同意を得て、二〇〇三年一月三日、政府の公式文書として公表された。それはアメリカ合衆国が同盟諸国とともにイラクに進攻する直前のことだった。以来民間軍事会社は、ＭＰＲＩ社が作成したこの範例集に則って業務委託を受け、報酬を貰うようになったのである。

ケロッグ・ブラウン&ルート（ＫＢＲ）社

装備と人員と並んで、兵站、補給、保守は軍隊を維持する上で最大の支出項目である。数十億という額がここでは絶えず動いている。この分野が請負に出されると、この数十億が民間軍事会社の懐に入るというわけだ。

この分野での大手のひとつケロッグ・ブラウン＆ルート社は、ハリバートン社の子会社で、二〇〇五年現在自称六万人の従業員を四三カ国に抱えているという。最近数年間、この会社はペンタゴンから数十億単位の業務を受けている。例えば二〇〇三年会計年度には、アフガニスタンとイラク戦争での業務で三九億ドルの収益をあげた。二〇〇五年には、イラクで補給、装備、保守に総額一三〇億ドルの契約を結んでいる。これは時価に換算して、第一次湾岸戦争での出費の約二倍半にあたり、独立戦争から第一次世界大戦までの間のアメリカ合衆国の戦費総額に相当する。このほか、イギリス政府もイラクでの兵站をすべてKBR社に委託している。

MPRI社同様、KBR社が兵站に特化した民間軍事会社としてのし上がったのは、バルカン戦争がきっかけだった。一九九四年、ユーゴスラヴィア上空の偵察飛行の発着地になったイタリア、アヴィアーノ空軍基地への「補給」というだけで、中身のはっきりしない六三〇万ドルの契約を手にしたのが皮切りとなった[9]。一年後二万人の合衆国軍兵士が、NATO指揮下の国際融和会（IFOR）の軍隊の一部として、平和維持のためにバルカンに移動した。兵站業務は契約額五億四六〇〇万ドルでKBR社に委託された。これは業界最高の記録的な契約額だった。その後も引き続き数百万ドルの契約額で、クロアチアとボスニアでの業務委託を受けた。

この会社に次の飛躍をもたらしたのは、一九九九年三月コソヴォ戦争の勃発だった。コソヴォのアルバニア系住民が難民となってマケドニアとアルバニアへと向かって大量に移動し始めると、そのような事態を予測していなかった人道団体も赤十字社もＮＡＴＯ軍もとても対応できなくなった。そこで合衆国からの委託でここでの輸送・補給問題の解決はすべてＫＢＲ社に任されることになった。五年契約で総額約一〇億ドル（年間一億八〇〇〇万ドル）の業務を請け負った同社は、だが「予期できない出来事のために」一年間で全額を使い果たしてしまった。ただちに追加支出が認められた。人道活動を含め、コソヴォ戦争と一九九九年六月以降始まった平和維持活動は、アメリカ合衆国の側からすると、民間軍事会社抜きではなにひとつできないことが分かったからである。同社の支援なしでは軍事目標への攻撃飛行もできなければ、コソヴォ軍部隊を危険地帯に駐留させることもできない、難民のためにテント村を設営し、ここに食料を送ることもできない。アメリカ軍兵士分だけで、ＫＢＲ社は一〇億食分以上の暖かい食事、二〇〇〇億リットル以上の水、一〇億リットル以上のガソリンを供給し、九万立方メートルのごみを処理した。業務は建設、輸送、技術関係、建物と装備の保守、道路建設、電気・水道・ガソリン・食料の供給そして衣服の洗濯から郵便物の配達まで多岐にわたった。ほとんどすべての分野について、アメリカ軍はこのテキサスの会社の業務に百パーセント依存していた。[10]ＫＢＲ社なしでは、兵士は食べることも眠ることもできない、車両もガソリンもない、武器も弾薬もないという有様だったのである。だからコソヴォでのアメリカ合衆国の使命の成否の鍵はひとえに一民間会社の能力と作業量にあったと言って決して過言ではない。しかし同社が鍵を握っていたのは作戦の成否だけではなかった。難民への救済措置も同社のさじ加減ひとつできまった。一部の難民は五つ星のテント村に入れた。これは金がアラブの石油王から出ていたためで、救援金がほかのもっと貧しい国から来た者たちはみすぼらしいテントで我慢させられた。[11]

コソヴォ問題解決のなかでKBR社がやってのけた「極めつけの傑作」がキャンプ・ボンドスティールだとは、多くの消息通が口をそろえて語るところだ。軍隊駐屯地などというよりはちょっとした町を建てて見せたのだ。コソヴォ南東部のフェリザイという小集落にほど近い、周囲を山に囲まれた丘陵地帯に、それはある。面積三六万平方メートル。周囲を一周して、九カ所にある木造の監視塔を全部見て回ると、行程一一キロメートルほどになる。町は「南町」と「北町」とに分かれている。真中をアルバニア・マケドニア・ブルガリア・オイル（AMBO）社のパイプラインが通っているからだ。このパイプラインは、一九九四年以来合衆国政府がしきりにせっついてようやく二〇〇四年一二月二七日ソフィアで無事操業開始に漕ぎつけたプロジェクトで、アメリカのコンソーシアムが資金を出している。東南アジア様式の木造家屋（周囲にベランダをめぐらし、広々とした部屋がそれぞれ六室、シャワー付き）が二五〇戸立ち並び、その間を広い舗装道路が縫っている。品揃え豊富なレストランが二軒、兵士たちはバーガー・キングであれアンソニーのピザであれなんでも注文できるし、カプチーノ・バーもある。そのほか軽食と飲物なら二四時間営業だ。ショッピングセンターも二カ所にあり、最新のDVDから衣料品、みやげ物までなんでもそろっていて、不自由することがない。余暇を楽しむにはバレーボールとバスケットボール用の体育館、それに大規模なフィットネスセンターもある。ビリヤード、ボーリング、卓球それに無数のビデオゲーム、なんでもできる。インターネットに接続可能なコンピュータ室に映画ソフトウェアを揃えたテレビ室、それにテレビ会議の設備を完備した大会議室まである。ボンドスティールでは、なんでも二個ずつ揃っていて、教会も「北町」と「南町」にそれぞれひとつずつあるのだが、刑務所と病院、それにローラ・ブッシュ教育センター（ジョージ・W・ブッシュ大統領夫人に因んだ施設）はひとつしかない。この教育センターではアルバニア語、セルビア語、ドイツ語の講座などが開かれる。キャンプ・ボンドスティールにないものと言えば酒類だけ。ノン・アルコールのビールならOKだ。[12]

もっともこの会社の成功物語には汚点もついて回る。決算報告の粉飾、不透明な契約の数々（副大統領チェイニーは、彼がここの社長だった当時、正式の入札をごまかして契約をとり、数百万ドルを手にしたと言われている）ペンタゴンへの水増し請求、仕事はしないで金だけはちゃっかり受け取るなどのスキャンダルが何度もマスコミを賑わせた。

有名な世界政策研究所所長のウィリアム・D・ハートゥングは、KBR社とハリバートン社ともども「テロに対する戦争」で甘い汁を吸った最大手で、KBR社の癒着は二〇〇一年以降桁外れな規模になっていると見ている。その営業手口を分析して、彼は二〇〇四年初めに挑発的なタイトルの本を出した、『ねえ、父ちゃんは戦争でいくら儲けているの？　ブッシュ政権のもとで戦争で儲けるための手軽で汚い手口入門』（『ブッシュの戦争株式会社――テロとの戦いでぼろ儲けする悪い奴ら！』杉浦茂樹・池村千秋・小林由香利訳）。アメリカのマスコミでは、今ではKBR社と言えば、「けちん坊」で、仕事に見合わない料金を請求する会社と相場が決まっている。こうした非難の裏付けをした証人のなかには軍関係者もいる。合衆国軍隊補給廠の最高位の会計検査官だったバナティン・グリーンハウス女史で、彼女はペンタゴンと民間軍事会社との契約を検査する責任者でもあったのだが、KBR社の裏工作を暴露した後、辞めさせられた。もうひとりの証人は社内からの告発者マリー・デ・ヤング。兵站関係の専門家のこの女性はクウェートへ派遣されて、イラク作戦のための同社の本部で内部の経理簿と契約の監査を担当していた。彼女の調査をもとにペンタゴンにたいする水増し請求が明るみに出たばかりか、KBR社の支配人たちが子会社から数百万ドルの賄賂をとり、これをスイスの無記名口座に振り込ませていたこと、同社がクウェートで役員用の豪華なホテルの代金に年間七三〇〇万ドルもつかっていたこと、イラク「視察旅行」に使用すると称して、BMWやメルセデスなど高級車を何十台も買いこんでおきながら、たった七ドルの空気濾過フィルターをケチったために、輸送トラックがイラクの砂漠で使い物にならず放置された。これらの証言をもとに民主党のヘンリー・A・ワクスマン議員が調査書をまとめて公表した結果、これらの事実はマスコミを通じて世界中に知られることになった[13]。

エクゼキューティヴ・アウトカムズ（EO）社

この会社はいろいろな意味で民間軍事事業のパイオニアであり、また流行の最先端を行ってもいた。そもそもこの会社は、最古参の民間軍事会社だったのだ。一九九〇年南アフリカで設立され、二年後にはヨハネスバークとロンドンで正式に登録されている。同時にEO社は、関連業種を統合した企業帝国をつくりあげたという点では、革新的な存在でもある。またこの会社は、小規模ながら、自立した完璧な民間軍隊でもあった。完璧なというのは、戦闘部隊から軍事的・戦略的ノウハウ（人材養成と軍事顧問）、さらには兵站にいたるまで、軍事業務のすべてがひと繋がりの鎖のように揃っていたからである。自立したというのは、自前の武器、自前の情報システム、自前の諜報機関、自前の補給基地、自前の輸送システムを所有していたからである。中核部隊は二〇〇〇名の高度に専門化した兵士（歩兵、砲兵、空軍）から成り、平均給与は三〇〇〇ドル（パイロットは最高七五〇〇ドル）だった。「保有車両」には歩兵戦闘車BMP2と水陸両用歩兵戦闘車BTR60も含まれる。会社所属の空軍は、七機の戦闘ヘリコプターと八機の航空機、MiG23型全天候迎撃戦闘機、MiG27戦闘爆撃機とSU25対地攻撃用・対空支援戦闘機から成る。これらの兵器は主として旧ソ連赤軍が所蔵していたものだ。エクゼキューティヴ・アウトカムズ社の企業帝国の内部では、オール・エレクトリック・サービシーズ（AES）社が防諜活動を、サラセン社が武器取引をそれぞれ担当していた。またエル・ヴィキンゴ社は情報システムの、またアドヴァンスド・システム・コミュニケーション（ASC）社は電話・無線・衛星通信の係だった。アイビス・エアー社とカプリコン・エアー社がグループの二本の航空路を運営し、同時に輸送及び偵察飛行に従事していた(14)。

エクゼキューティヴ・アウトカムズ社を雇うと、熟練度最高の小規模新鋭軍隊が安上がりで効率の良い仕事をやってのけてくれるのだった。アフリカ南部――ナミビア、アンゴラ――で最初に出動したときには、第三世界の国々の軍隊では最新式の兵器で武装し、ハイテク装備を備えたこの民間軍事会社にはまるで歯が立たないという評判がすぐに広まった。その後モザンビーク、マラウイ、ザンビアに介入して戦果をあげるようになると、これは今までの古い傭兵部隊とはまるで別物だと相手方も認めるようになった。会社創立以来ほぼ一〇年間に、同社は、南はボツワナからマダガスカル、ザイール、ケニア、ウガンダ、コンゴ、シエラレオネ、そして北はアルジェリアまで、アフリカ大陸で起こったほとんどすべての紛争に関わった。

南アフリカ・イギリス籍のこの会社の成功の理由を探って、その鍵は軍事面での効率性と破壊力にあると見る者が多かったし、今でもそう考えている者がいる。だが少なくともこの軍事力に劣らず重要な要因が、この会社の周りに結集した経済力にあったことを見逃してはならない。この会社の所有者たち（南アフリカ人イーベン・バーロウとニック・ファン・デル・ベルフ、イギリス人アンソニー・バッキンガムとサイモン・マン）が注意を向けたのは、ひとつには鉱物で、もうひとつはエネルギー産業だった。このふたつの主要な分野、「ダイヤモンド」と「石油」を中心として、入り組んだ企業ネットワークが築かれた。地下資源の採掘から原料の取引まで生産行程の各段階ごとに会社がそれぞれ割り当てられていた。鉱物部門にはブランチ・グループの各社が、エネルギー部門にはヘリテージ・グループの各社がそれぞれ当たっていた。このふたつの会社グループを繋ぎ合わせる役目が、バハマ諸島に法人登録されていたブランチ・ヘリテージ・グループ（ＢＨｇ）だった。エクゼキューティヴ・アウトカムズ社を中核とする軍事・警備関連分野全体をカバーする支配持株会社として、やはりバハマに本社をおくストラテジック・リソーシーズ・コーポレーション（ＳＲＣ）があった。企業帝国全体（経済部門と軍事部門を合わせて）を管理し統率するのが、プラザ一〇七株式会社だった。この会社の名前は、ロンドンの高級住宅地チェルシー、キングズ・ロード五三五番地のプラザ・ビルのユニット一〇七に事務所を構えていたことからきている。

エクゼキューティヴ・アウトカムズ社が関わった一連の出来事を振り返ってみると、この会社の活動の原動力が経済的な思惑にあったのか、それとも軍事的な面から来ていたのか、今でもしかとは見極めが付きにくい。ダイヤモンドと金と石油に目がくらんだのさ、と言う者もいれば、いやあれは「傭兵根性」のなせる業で、ダイヤや金などはその報酬として受け取っただけだと見る者もいる。ブ

社（EO）の企業帝国

Ⓐ ダイヤモンド・ワークス・ヴァンクーヴァー社	—— ダイヤモンド取引
Ⓑ ブランチ・エナージー社	—— ダイヤモンド採掘
Ⓒ ブランチ・ミネラルズ社	—— 鉱物採掘
Ⓓ アフロ・ミネロ社	—— アンゴラでのダイヤモンド採掘
Ⓔ インディゴ・スカイ・ジェムズ社	—— ダイヤモンド取引
Ⓕ スチュアート・ミルズ社	—— 警備保障・地雷除去
Ⓖ ストラテジック・リソーシーズ・コーポレーション（SRC）	—— 持株親会社
Ⓗ サラセン社	—— 武器取引
Ⓘ ライフガード社	—— 施設警備
Ⓙ アルファ5	—— 警備保障
Ⓚ NFD社	—— 石油設備警備
Ⓛ カプリコン・エアー社	—— 航空輸送
Ⓜ アイビス・エアー社	—— 航空業
Ⓝ エル・ヴィキンゴ社	—— 情報システム・通信業務・暗号
Ⓞ アドヴァンスド・システム・コミュニケーション社	—— 電話・無線・衛星通信
Ⓟ アプライド・エレクトロニック・サービシーズ社	—— 防諜技術
Ⓠ トランス・アフリカ・ロジスティック社	—— 関税組織・輸出入業
Ⓡ ダブル・デザイン社	—— 土木関係
Ⓢ メチェム社	—— 地雷除去
Ⓣ ブリッジ・インタナショナル社	—— 社会基盤・兵站
Ⓤ ファルコン・システムズ社	—— NGO支援事業
Ⓥ オープン・サポート・システム社	—— 投資および設備アドヴァイス
Ⓦ ランガル・メディカル社	—— 医療補佐・野戦病院
Ⓧ ジェミニ社	—— 広告業・PR映画
Ⓨ ジィ・エクスプローラ社	—— 観光業
Ⓩ シバタ・セキュリティ社	—— 国連業務警備
ⓐ ヘリテージ・オイル＆ガス社	—— 石油・天然ガス探査・採掘
ⓑ レインジャー・オイル社	—— 石油採掘
ⓒ アクアノヴァ社	—— 地質・水文地質調査・ボーリング

エクゼキューティヴ・アウトカムズ

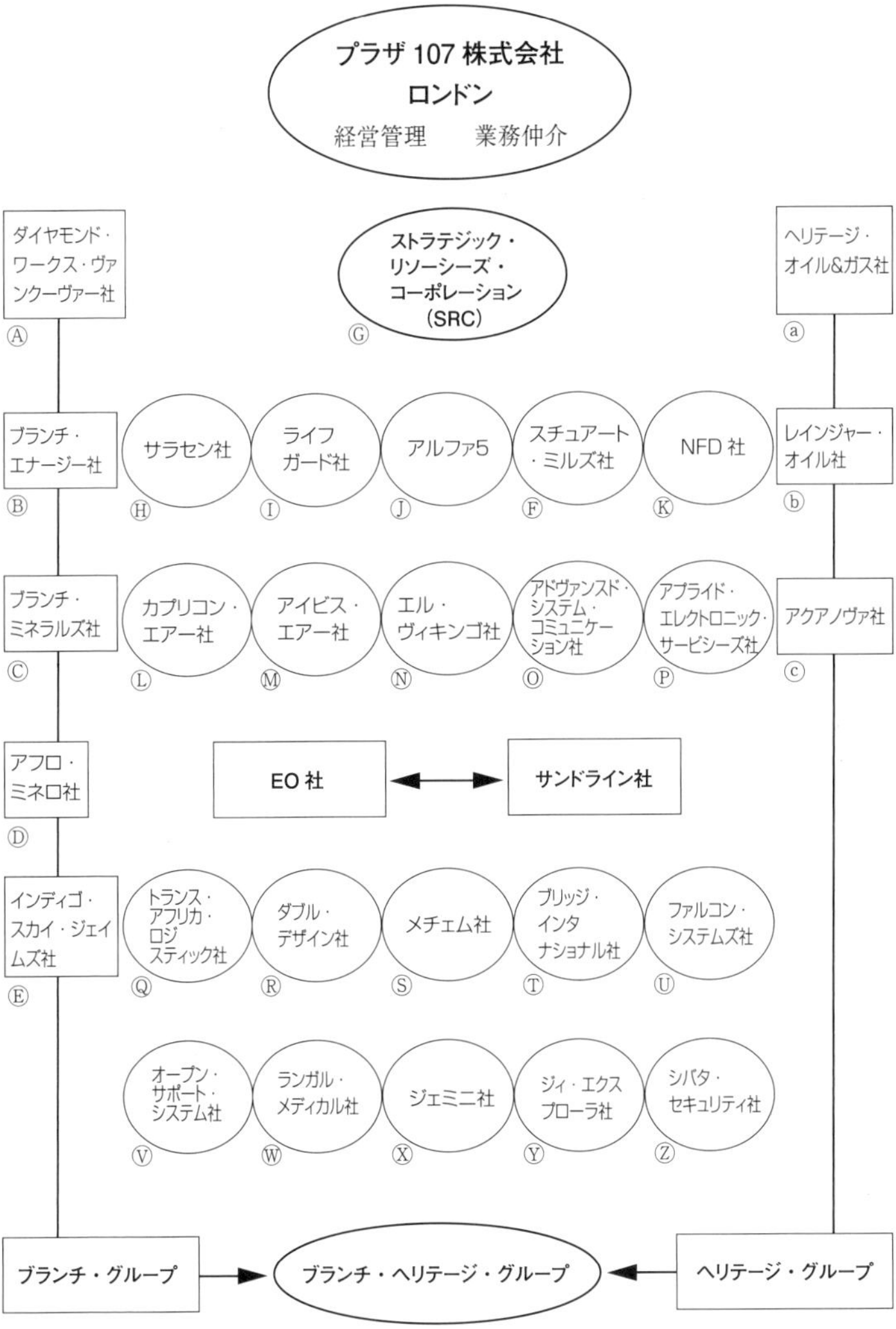
プラザ 107 株式会社
ロンドン
経営管理　業務仲介
ダイヤモンド・ワークス・ヴァンクーヴァー社 Ⓐ
ストラテジック・リソーシーズ・コーポレーション（SRC） Ⓖ
ヘリテージ・オイル&ガス社 ⓐ
ブランチ・エナージー社 Ⓑ
サラセン社 Ⓗ
ライフガード社 Ⓘ
アルファ5 Ⓙ
スチュアート・ミルズ社 Ⓕ
NFD 社 Ⓚ
レインジャー・オイル社 ⓑ
ブランチ・ミネラルズ社 Ⓒ
カプリコン・エアー社 Ⓛ
アイビス・エアー社 Ⓜ
エル・ヴィキンゴ社 Ⓝ
アドヴァンスド・システム・コミュニケーション社 Ⓞ
アプライド・エレクトロニック・サービシーズ社 Ⓟ
アクアノヴァ社 ⓒ
アフロ・ミネロ社 Ⓓ
EO 社
サンドライン社
インディゴ・スカイ・ジェイムズ社 Ⓔ
トランス・アフリカ・ロジスティック社 Ⓠ
ダブル・デザイン社 Ⓡ
メチエム社 Ⓢ
ブリッジ・インタナショナル社 Ⓣ
ファルコン・システムズ社 Ⓤ
オープン・サポート・システム社 Ⓥ
ランガル・メディカル社 Ⓦ
ジェミニ社 Ⓧ
ジィ・エクスプローラ社 Ⓨ
シバタ・セキュリティ社 Ⓩ
ブランチ・グループ
ブランチ・ヘリテージ・グループ
ヘリテージ・グループ

ランチ・ヘリテージ・グループの会社が例えば石油利権なりダイヤの採掘許可なりをとったのが、その時々の国で紛争が起こる前だったのか、それともＥＯ社が紛争に介入したあとで業務への見返りに許可をもらったのか、これに関する記録が残っていない以上、これはなんとも結論を出しかねるところである。オーナーのバーロウもバッキンガムもこの点について明言したことは一度もない。なにが原因でなにが結果だったのかは、結末はいずれにせよ同じなので、その限りでこれはどうでもいいことだ。つまり、利権供与があったからＥＯ社が介入したのか、介入したから供与されたのかは、当事者にとっても甘い汁を吸った者にとっても、結局は大した違いではないのだ。実際のところ事情ははるかに複雑だったのだから、なおのことである。ＥＯ社が乗り出すとその見返りが直接間接に原料資源だったケースはたしかに多い(15)。だがそれも大抵は、その国の権力者がまずストラテジック・リソーシーズ・コーポレーション（ＳＲＣ）やブランチ・ヘリテージ・グループ（ＢＨｇ）の出資証券を手に入れ、地下資源採掘の持分を確保したあとでの話だった。ここではふたつだけ例をあげよう。ケニアの元大統領モイとその家族は、アイビス・エアー社の出資者となるなど、ＥＯ社とは二重三重の結び付きがある。ウガンダでは元大統領サレー将軍の親違いの兄弟はサラセン・ウガンダ社の四五％、ブランチ・エナージー社の二五％（両社ともＳＲＣまたはＢＨｇの子会社）の持分を所有して、自国の金採掘で直接の利益を得ていた。彼の関与していたブランチ・エナージー社は金の採掘を、またサラセン社は金鉱山の警備を担当していた。

エクゼキューティヴ・アウトカムズ社の歴史に終止符が打たれたのは、南アフリカがネルソン・マンデラ大統領の提案で一九九九年、厳しい内容の傭兵禁止法を採択して、同社の各種の活動があらゆる点でこの法律に抵触することが明らかになったときである。刑法上の訴追を逃れるために、ＥＯ社はその後間もなく公式に解散した。一部の活動領域は、同じオーナー・グループに属するティム・スパイサーのサンドライン社が引き継ぎ、他の一部はＳＲＣの後継会社に譲渡された。会社名を変更したものもある。ここ数年間で、ひとつには民間軍事事業の最新の傾向に沿うため、また同時に経済力と軍事力との癒着に対する社会の批判をかわすため、持株会社を中心とした企業帝国の支配構造を見直し、組織上でも金融面でも根本的な編成替えが行われた。その後多岐多様になったオーナー・グループではあるが、彼らの関心は大本のところではなにひとつ変わっていない。国際ジャーナリスト調査協会（ＩＣＩＪ）の調査によれば、オーナーの顔ぶれは、銀行家、取引所仲買人、情報部員、エリート将校、出版業者、保険会社重役と、まるでロンドン・シティの有力者層の断面図を見るようだとのこと[16]。ベストセラー作家で、傭兵を主人公にした小説『戦争の犬』や『ジャッカル』で有名なフレデリック・フォーサイスもそのひとりだという。

世界を股にかけるブラックウォーター社

とくにアメリカ合衆国がほぼ全面的に民間軍事会社に業務を委託してしまった分野のひとつに、人、物、設備の武装警備がある。警備サービスと呼ばれるこの仕事は戦闘行為が終わった後のアフガニスタン、イラクで民間軍事会社の独壇場になった。

このような武装警備の業務にかけては世界中で並ぶものがない地位を占める企業のひとつがブラックウォーター社だ[17]。それは同社が同業のほかの会社に比べて新聞種になる事件を何度も起こしているからにほかならない。

業務の外部委託は、警備というこの分野ではとくに問題がないように見える。民間軍事会社はこれまでにも非軍事部門で、人、施設の警備については「ボディ・ガード」というかたちで十分過ぎるほど実績を積んできているからだ。だが高度に工業化された安定した国々でのこれらの経験がじつは、戦争の混乱からまだ脱しておらず、武力衝突の絶えない不安定な「戦後」社会でそのまま通用するものではないことが、やがてはっきりする。民間人に対する嫌がらせ、一般住民への威嚇、法律の無視、越権行為、不当な武器使用が民間警備部隊の代名詞になった。

この種の出来事はブラックウォーター社の業務報告に毎日のように載っているし、銃器の使用は最低でも週に一度は起っている。民間軍事会社社要員が射殺した市民の数ははっきりとは分かっていない。イラク内務省の調査の結果だけでも、少なくとも二〇〇件以上記録されている。だがこれは氷山の一角にすぎず、実際ははるかに多いものと思われる。殺害された民間人に対して補償金が支払われることはめったになく、あってもその額は五〇〇〇ドルから一万五〇〇〇ドル程度にとどまる。

ブラックウォーター社がイラクで政府からの業務委託を受けた最初は二〇〇三年のことで、総額二一〇〇万ドルにのぼる業務の中身は暫定統治機構主席ポール・ブレマーの警備だった。そのために投入されたのは、白兵戦専門家三八名、警察犬二チームと三機の戦闘ヘリコプター。以来同社は、イラクで三億四〇〇〇万ドル以上の業務を受注し、世界各地での総売上（二〇〇六年末までに）は一〇億ドル以上にのぼる。イラクでの最大の顧客は、この手の施設としては世界最大級の在バグダッド・アメリカ大使館の警備、またバグダッドおよびヒッラ周辺における「外交上の保安」任務などを委託している合衆国国務省だ。クルクーク州、アルビル州の保安はダインコープ社に、またタリル、バスラ地区はトリプル・キャノピー社にそれぞれ割り当てられている。

一九九七年にブラックウォーター社を立ち上げたのは元合衆国海軍特殊部隊シールズ隊員エリック・プリンス。二八歳のこの実業家の御曹司はガチガチのキリスト教原理主義者で、ジョージ・W・ブッシュ大統領を崇拝してやまない青年だった。親から譲り受けた財産で、彼はモイコック近郊、ノース・カロライナ州とヴァージニア州の境界に沿った辺りに七〇〇〇エーカー（約二八平方キロメートル）の土地を買い込み、瞬く間にここに合衆国最大級の軍事演習場をつくりあげた。ブラックウォーターつまり「黒い水」の社名は、この辺りがほとんど湿地帯ばかりであることから来ている。

一〇年後にはもう世界九カ国で業務を展開していたというのが同社の謳い文句で、最も得意とするのが四分野、「養成、兵站・機動性、技術革新および人的・物的資源」だという[18]。

最新鋭の設備を備えた射撃訓練場、人口湖（ハイジャックされた貨物船奪還の訓練用）、建物内部での反テロ戦闘の訓練施設、軍用犬約二〇チームが訓練できる演習場、それに金をたっぷりかけたサーキット（独自に開発された保安仕様完備の車の走行テスト用）では、年間四万人以上の人員が訓練を受けている。その多くは警察、軍隊、税関、検察関係の公務員で、支払いの方は心配ない。遠隔の作戦地域への人員と物資の輸送は、同社独自の航空会社アヴィエーション・ワールドワイド・サービシーズ（AWS）社が担当する。このAWS社の傘下には、STIアヴィエーション社、エアー・クエスト社、プレジデンシャル・エアーウェイ社の三社があり、その施設と機材は多くはフロリダ州におかれている。そこには各種戦闘ヘリコプター（ヒューズH－6など）のほかに、ボーイング767一機、エンブラエル社のスーパー・トゥッカーノ戦闘ジェット機、ツェッペリン飛行船まである。

同社が世界九カ国以上で日々活動させている要員は、総数約二五〇〇名。各種任務に適合する人材を選抜して派遣するために、同社には待機中の戦闘員二万四〇〇〇人以上分のデータが完備されている。やはり元シールズ隊員の社長ゲアリ・ジャクソンによれば、同社が徴募し契約している傭兵のかなりの割合がいわゆる第三世界の出身者だという。なかにはピノチェト軍事独裁政権下の特殊工作員もいるとのこと。フィリピンには同社自前のリクルート窓口まであって、たまりかねたマニラの新聞がその手口を報道し、民間会社に傭兵として雇われてアメリカ合衆国の戦争に駆り出されている同胞が増えている実情を訴えたほどだ。二〇〇七年、ブラックウォーター社がイラクで雇用していた平均九〇〇〇人の特殊要員の三〇％近くが第三世界の出身だった。

ブラックウォーター社で、エリック・プリンス、ゲアリ・ジャクソンと並んでその中枢を占める人物に、合衆国国防総省で監察長官を務めたことのあるジョゼフ・シュミッツ（かつてはブッシュ政権下で反テロ専門家のボス、一九九九年から二〇〇二年までCIA局長だったこともある「作戦主任参謀」格）、コファー・ブラック（永年CIAで中東担当部長を務め、アブドゥッラー・ヨルダン国王の腹心だった）、それにロバート・リッチャーとリック・プラドー（ラテンアメリカでCIA局員として活動）がいる。プラドーが特殊プログラムを担当し、他方ブラックとリッチャーは同社自前の情報部門を永年にわたり率いてきた。この部門は二〇〇七年秋、受注増を目指して、同社から分離されトータル・インテリジェンス・ソリューションズ（ＴＩＳ）社の名で独立した。同社にはエリック・プリンス自身が持っていたテロリズム・リサーチ・センターと、コファー・ブラックのザ・ブラック・グループ、それにテクニカル・ディフェンス社が加わっている。こうしてブラックウォーター社は、ブームになっている情報活動の分野に切り込もうと目論んでいるのだ。

ブラックウォーター社の総売上高の八〇〜九〇％は、日本、アゼルバイジャンを含む各国政府からの業務委託で、残りが民間企業からの仕事になっている。例えば、二〇〇五年ハリケーン・カトリーナに見舞われた後のニューオーリンズ州の災害地域に、同社は国土安全保障省と民間企業、保険会社の委託で一六四人の職員と約五〇名の武装要員を派遣した。このとき物議を醸したのが同社要員による手荒な警備活動で、これがはたしてどこまで契約に基づく行動だったのか、結局真相は不明のままに終わっている。

だがブラックウォーター社が悪名を轟かせたのは、なによりもイラクでの活動で、とくに一般市民にたいする情け容赦ない振舞いのせいである。民間人との衝突が続き、イラク人が殺害されるケースが度重なった結果、二〇〇七年秋にはバグダッド政府はブラックウォーター社を国外に追放しようとして、アメリカ国務省と深刻な対立が生まれることにもなった。ライス国務長官まで乗り出して斡旋してようやく決着がついたのだった。事の発端は、同年九月一六日バグダッドのニスール広場でブラックウォーター社の要員が、目撃者の証言によれば、なんの理由もなく一七人の市民を射殺した事件にあった。同社側は襲撃を受けたのだと申し立てている。この事件をきっかけに合衆国下院で、「アメリカ合衆国ブラックウォーター社　イラクおよびアフガニスタンにおける民間軍事会社の活動」をブラックウォーター社の関与した「事件」

	同社職員が発砲した事件	同社職員が最初に発砲したケース	イラク人死者確定数	物的損害を伴ったケース
2005年	77	71	7	71
2006年	61	53	3	52
2007年	57	39	6	39
総　計	195	163	16	162

注：ただし2007年は１月１日から９月12日まで。

テーマに聴聞会が開かれた。

二〇〇五年一月から二〇〇七年一二月一二日までの間に、判明している限りで、ブラックウォーター社の関与した「事件」を見ると、かなりはっきりした傾向のあることが分かる。保安要員は、防御の目的、例えば外交官に生命の危険が及ぶ恐れがあるときなどに限り武力を行使できることが、法律でもまた契約でも定められているのに、ブラックウォーター社の職員は、圧倒的に多くのケースで自分の方から発砲している。国務省委託による業務の二年半の数字は上のようである。ここにはいま述べたニスール広場での死者一七人は含まれていない。

資料から明らかになる事実として言えることは、こうした明白な過剰防衛行為があったにも拘らず、業務を委託した国務省の側からブラックウォーター社に対してなんらかの制裁措置がとられるどころか、殺害行為に対しても「任務遂行上正当な」武力行使というお墨付きまで出されている。同社自身はと言えば、こうした「事故」が続発した後、ある種の損害限定路線をとるようになる。すなわち一方で、あまりにもひどいケースについてはアメリカ大使館を通じて遺族に賠償金を支払おうと持ちかける。もっとも、大使館側はブラックウォーター社が出した金額を下方修正することが多い。これは「イラク人が殺されて得をする」(19)先例ができては困るという計算からなのだ。他方、同社は「事故」が起きると、大抵の場合関与した職員を解雇して、イラク国外へ追い出している。こうして解雇された職員数は、バグダッドとヒッラに派遣された要員総数の約七分の一にあたる。

ブラックウォーター社自身が公表した解雇理由の分布は次表の通りである。

ブラックウォーター社が公表した解雇理由の分布

武器による事件	28
ドラッグおよびアルコール濫用	25
あるまじき行為ないし非行	16
不服従	11
成績不良	10
攻撃的ないし暴力的行為	10
規律違反	8
報告の怠慢ないし虚偽報告	6
社への公然とした誹謗	4
身上調査ないし資格審査上の問題	3
戦争後遺症による障害	1
総　計	122

House of Representatives: Committee on Oversight and Government Reform. Memorandum October 1, 2007. Washington 2007; www. oversight. house.gov.

ブラックウォーター社は、業務遂行の見返りにアメリカ政府から傭兵一人あたり一日約一二二二ドル、年間にすると四四万五八九一ドルをせしめている。これに対して合衆国陸軍の下士官一人にかかる費用は、階級と勤続年数によって違うが、一日あたり一四〇ドルから一九〇ドル、年間ベースになおして、付随する支出全部を含めても五万一一〇〇ドルから六万九三五〇ドルの計算になる。[20]つまりアメリカの納税者からすると、ブラックウォーター社への業務委託は、正規軍兵士によるより九倍も金がかかっているわけで、しかも正規軍ならば、きちんとした上下関係、規律、陸軍刑法によって効率的に管理できるはずなのだ。

注

1　世界中で暗躍する「新しいタイプの傭兵」

（1）これら一連の問題についてはとくに以下を参照 Gabriella Pagliani: Il mestiere della guerra. Mailand 2004, 一七五～一九八ページ；Abdel-Fatau Musah: A Country under Siege: State Decay and Corporate Military Intervention in Sierra Leone. In: A. Musah / J. Fayemi（Hg.）: Mercenaries. An African Security Dilemma. London 2000, 七六～一一七ページ；Sean Creehan: Soldiers of Fortune. 500 International Mercenaries. In: Harvard International Review, 23（Winter 2002）4.

（2）Ken Silverstein: Private Warriors. New York 2000, 第一章。

（3）これについてはとくに以下を参照 The Center of Public Integrity: Making a Killing. The Business of War. Washington 2004, 第一〇章。

2　民間軍事会社

（1）Associated Press vom 30. 10. 2003; Sanho Tree, 以下により引用 Sheila Mysirekar: Krieger gegen Bezahlung. In: Deutschlandfunk vom 28. 5. 2004.

（2）同社のウェブサイトを参照　www.icioregon.com.

（3）以下を参照 Steffen Leidel: Trainer für den Krieg. In: DW-World, 9. 4. 2003.

（4）以下にさまざまな実例が挙げられている。Esther Schrader: US Companies Hired to Train Foreign Armies. In: Los Angeles Times vom 14. 4. 2002.

（5）例えば以下を参照 J. Chaffin: US Turns to Private Sector for Spies. In: Financial Times vom 17. 5. 2004.

（6）とくに以下を参照 Corporate Watch vom 7. 3. 2005（www.corpwatch.org）.

（7）Leidel: Trainer für den Krieg.

（8）発注と契約に関する調査結果は、英米安全保障情報評議会がさまざまな資料に基いて纏めたものである。その多くは国際ジャーナリスト調査協会（ＩＣＩＪ）の調査によっており、その正確さについてはアメリカ合衆国、イギリス両国の公式筋からはなんの反論も出されていない。

（9）とくに以下を参照 Francesco Vignarca: Mercenari S. p. A. Mailand 2004, 一七ページ以下。

（10）この数字は著者の算出による。一九九四年から二〇〇一年までの間に、民間軍事会社に合計三〇〇〇億ドルが支払われた。二〇〇一年だけで一〇〇〇億から二〇〇億と推定される。その後アメリカ合衆国がアフガニスタンとイラクでテロに対する戦争を宣言して以来、民間軍事会社への支出は激増した。

（11）以下により引用 Ken Silverstein: Mercenary Inc.? In: Washington Business Forward vom 26. 4. 2001.

（12）とくに以下を参照 E. McCarthy: Pension Funds Press CACI on Iraq Prison Role. In: Washington Post vom 11. 6. 2004.

（13）例えば以下を参照 The New Yorker vom 1. 5. 2004; The Boston Globe vom 20. 7. 2005.

（14）以下を参照 Barry Yeoman: Dirty Warriors. In: Mother Jones, November / Dezember 2004.

（15）United States Government Accounting Office: GAO / NSIAD-00-107. Washington 1997; Ann R. Markusen: The Case against Privatizing National Security. In: Governance, 16（Oktober 2003）4, 四七一〜五〇一ページ; Herbert Wulf: Internationalisierung und Privatisierung von Krieg und Frieden. Baden-Baden 2005, 一九一ページ。

3　多彩な発注者

（1）以下により引用 US Department of Defense: Quadriennial Defense Review Report, 30. 9. 2001.

（2）以下を参照、Peter W. Singer: Coporate Warriors. Ithaka / London 2003（山崎淳訳『戦争請負会社』日本放送出版協会、二〇〇四年）邦訳一三七ページ以下。Eugene Smith: The New Condottieri and U. S. Policy. In: Parameters, Winter 2002 / 03, 一一六ページ以下。

（3）国家安全保障局ＮＳＡの二〇〇一年七月三一日付け声明を参照。詳しくはＮＳＡのウェブサイトを見よ（www.nsa.gov）。ＮＳＡのＩＴ技術の一部は、コンピュータ・軍需大企業ＣＳＣ（ダインコープ社）が請け負っている。これについてはとくに以下を参照 Greg Guma: Privatizing War. In: Toward Freedom, 7. 7. 2004.

（4）二〇〇五年一一月三日付けＮＳＡの声明 “Introduction to business” を参照。アドレスは以下の通り www.nsa.gov/business.

（5）以下により引用 Tom Ricks / Greg Schneider: Cheneys Firm Profited from Overused Army. In: Washington Post vom 9. 9. 2000.

（6）例えば以下を見よ Schrader: US Companies Hired to Train Foreign Armies.

（7）James Conachy: Private Military Companies Contributing as Much as 20 Percent of the Total US-led Occupation. In: World Socialist Website vom 3. 5. 2004.

（8）採掘地、パイプライン、軍事基地を含め「石油環状帯」に関する全容は、ルツ・クレーヴマンがそのウェブサイト（www.newgreatgame.com）と著書 *The New Great Game: Blood and Oil in Central Asia*（New York / London 2003）で明らかにしている。また以下を参照 Heather Timmons: Kazakhstan: Oil Majors Agree to Develop Field. In: The New York Times vom 26. 2. 2004.

（9）Pratap Chatterjee: Halliburton Makes a Killing on Irak War. In: Special CorpWatch vom 20. 3. 2003; Special Investigation Division of US Senat and US House of Representatives: Joint Report »Contractors Overseeing Contractors« vom 18. 5. 2004（www.reform.house.gov/min).

（10）このプログラム、さらに以下に述べるプログラムについては以下のアメリカ合衆国国務省出版物を参照（Bureau of Political-Military Affairs: Foreign Military Training and DoD Engagement Activities of Interest: Joint Report to Congress, unter www.fas.org/asmp/campains/training/FMTR2002, März 2002).

（11）シンガー前掲書四〇三ページ。

（12）Hernando Ospina: Suchtgefahr. Die Kolumbien-Lektion. In: Le monde diplomatique, November 2004, 二一ページ。

（13）第二次クリントン政権の下ではこの救済計画はＡＣＲＩアフリカ危機対応イニシアチブと呼ばれ、ブッシュ政権になってそれがＡＣＯＴＡアフリカ救急作戦支援計画として拡大された。

（14）以下についてはドイツ連邦軍（www.bundeswehr.de）とｇ・ｅ・ｂ・ｂ・のウェブサイトを参照（www.gebb.

de)。以下に掲げる数字はすべてこれらのサイトによる。

(15) これら一連の問題については以下のサイトと著書に詳細な叙述がある。Ulrich Petersohn: Die Nutzung privater Militärfirmen durch US-Streitkräfte und Bundeswehr. Berlin 2006（SWP-Studie 三六ページ）。

(16) 以下を参照 Greg Guma: Outsourcing Defense. In: Toward Freedom, 6 / 2004.

(17) 以下の国連文書を参照 »Norms on the responsibilities of transnational corporations and other business enterprises with regard to human rights«, approved 13. 8. 2003（UN Doc. E/CN.4/Sub.2/2003）.

(18) これについては以下のサイト所載の数多くの報告を参照 »Centre Europe — Tiers Monde«（www.cetim.ch）, »Global Labour Inspectors Network — GLIN« in Dänemark（www.labour-inspection.org）, »The National Labor Committee« in den USA（www.nlcnet.org）, »European Initiative on Monitoring and Verification« von fünf europäischen Ländern — England, Frankreich, Niederlande, Schweden, Schweiz —（www.somo.nl）または »Asia Monitor Resource Center — Asia Labour Home« in Hongkong（www.amrc.org.hk）.

(19) 以下を参照 www.earthrights.org/news/codeconduct.

(20) これらのパーセントテージは、過去六年間に独自に開発されたプログラムＥＵＤＯＳにより著者が算定したものである。また以下を参照、シンガー前掲書一六九～一七〇ページおよび Peter W. Singer: Peacekeepers Inc. In: Policy Review, Juni 2003.

(21) 以下を参照 »Risk Returns: Doing Business in Chaotic and Violent Countries«（The Economist vom 20. 10.1999）および »Risky Returns«（The Economist vom 18. 5. 2000）.

(22) このテーマについては例えば »Maquiladoras at a Glance«（Corp Watch, Juni 1999）。またマキラドーラ連帯委員会（www.maquilasolidarity.org）および、アメリカ労働組合連合ＡＦＬ－ＣＩＯと密接に協力し合う組織である合衆国連帯センター（www.solidaritycenter.org）の数多くの記事を参照。

(23) 以下のインタービューを参照 Denis Coutu（Vogue）. In: Toronto Star, 12. 3. 2000.

(24) Comite fronterizo de obreras vom 19. 9. 2005（www.cfomaquiladoras. org）; International Labor Rights Fund vom 13. 9. 2005（www.laborrights. org）.

（25）　例えば以下のサイトでのキャンペーンを参照（www.laborrights.org）.

（26）　Doug Brooks: Private Military Service Providers. Africas Welcome Pariahs. In: Nouveaux Mondes, 10/2002, 七一ページ。

（27）　ザイール・コンゴ民主共和国に関する問題全体については以下の叙述を参照 Gabriella Pagliani（Il mestiere della guerra, 一二二〜一五〇ページ）および Khareen Pech（The Hand of War: Mercenaries in the Former Zaire 1996-97. In: Musah / Fayemi: Mercenaries, 一一七〜一五四ページ）。

（28）　国連報告 UN Doc. E/CN.4/1999-2003を参照。

（29）　これについてはとくに以下を参照 Stephen Fidler / Thomas Catan: Private Military Companies Pursue the Peace Dividend. In: Financial Times vom 24. 6. 2003.

（30）　以下により引用 Joshua Kurlantzick: Outsourcing the Dirty Work. In: American Prospect vom 5. 1. 2003.

（31）　Damian Lilly: The Privatisation of Peacekeeping. Prospects and Realities. In: United Nations Institute for Disarmament Research: Disarmament Forum, 3 /2000.

（32）　国際赤十字社のクロード・ヴォアラは二〇〇三年四月ドイッチェ・ヴェレ放送局とのインタビューでこのように語っている。

（33）　九〇年代に世界中で亡くなった赤十字ヘルパーの数は作戦中に倒れたアメリカ合衆国軍兵士の数を上回る。以下を参照 Singer: Peacekeepers Inc.

（34）　Koenraad van Brabant: Operational Security Management in Violent Environments. In: Good Practice Review, London, 8 /2000; また以下を参照 Dieter Reinhardt: Privatisierung der Sicherheit. In: Entwicklungspolitik 16-17/2003.

（35）　シュテフェン・ライデルのドイッチェ・ヴェレ局との二〇〇三年六月六日のインタビュー。

（36）　以下を参照 Volker Eick: Policing for Profit. In: Dario Azzellini / Boris Kanzleiter（Hg.）: Das Unternehmen Krieg. Paramilitärs, Warlords und Privatarmeen als Akteure der neuen Kriegsordnung. Berlin 2003, 二〇一〜二一五ページ。

4　武力の世界市場で暗躍する民間軍事会社

（1）これら専門家としてはメアリ・カルドア、ピーター・ロック、ヘルフリート・ミュンクラーらの社会学者、政治学者のほか中国の職業軍人喬良と王湘穂らが挙げられる。東西紛争の終結後ますますはっきりとした姿を現すようになった「新しい戦争」の特徴は、この概念をドイツに初めて導入したミュンクラーによれば、国家が今では戦争を独占する地位を奪われ、その歴史的な調整機能が空洞化しつつあることだという。その上、文民と戦闘員、職業生活とあからさまな武力行使との峻別が次第に曖昧になり、掘り崩されつつある。

（2）Elke Krahmann: The Privatisation of Security Governance: Developments, Problems, Solutions. Köln 2003 (Arbeitspapiere zur Internationalen Politik und Außenpolitik, AIPA 1/ 2003).

（3）Juan C. Zarate: The Emergence of a New Dog of War: Private International Security Companies, International Law and the New World Order. In: Stanford Journal of International Law, 34 /1998, 七五～一五六ページ。

（4）これについてはシンガー前掲書二五三ページ以下を参照。

（5）同右二五七ページを参照。

（6）とくに以下を参照 Jason Sherman: Arms Length. In: Armed Forces Journal International, September 2000; Leslie Wayne: Americas For-Profit Secret Army. In: The New York Times vom 13. 10. 2002.

（7）同社のウェブサイトを参照 www.mpri.com.

（8）詳しくはＴＲＡＤＯＣのウェブサイトを参照 www-tradoc.army.mil.

（9）アメリカ合衆国会計検査院の該当の報告書を参照。（United States Government Accounting Office: Contingency Operations. Opportunities to Improve the Logistics Civil Augmentation Program, Februar 1997).

（10）さらに詳しくは以下を参照 Donald T. Wynn: Managing the Logistic-Support. Contract in the Balkans Theater. In: Engineer, Juli 2000, und Karen Gullo: Peacekeeping Helped Cheney Company. In: Associated Press vom 28. 8. 2000.

（11）これについては以下を参照 Krahmann: The Privatisation of Security Governance, 一〇ページ（また同書に挙

げられている関連文献を参照)。

(12) 以下のウェブサイトでこのキャンプをバーチャルに見学することもできる。公式にはここにないことになっているものはテロ容疑者を入れる秘密の捕虜収容所だ。二〇〇二年にこのキャンプを視察した欧州会議人権担当委員アルヴァロ・ヒル・ロブレスは「グアンタナモをお手本にした」収容所だと非難した。アメリカ陸軍スポークスマンはこの非難を斥けた。以下を参照 Frankfurter Allgemeine Zeitung vom 28. 11. 2005.

(13) H・A・ワクスマンが二〇〇三年三月二六日から二〇〇五年一〇月一八日までの間に六〇本も出した報告を参照。例えば »Halliburton's Questioned and Unsupported Costs in Iraq Exceed $ 1.4 Billion« vom 27. 7. 2005 (www.democrats. reform.house.gov/investigation またマイケル・シュネイアソンの包括的な叙述を参照 Michael Shnayerson: The Spoils of War. In: Vanity Fair, April 2005.

(14) これについては以下を参照 Pagliani: Il mestiere della guerra, 五七〜六七ページ、一八二〜一八九ページ; Herb Howe: Private Security Forces and African Stability: The Case of Executive Outcomes. In: Journal of Modern African Studies, 36 (Juni 1998) 2, 三〇七〜三三一ページ。

(15) シエラレオネでのダイヤモンド採掘権で、この会社グループは約一〇億ドルを手にしたという。

(16) The Center of Public Integrity: Making a Killing, 第三章。

(17) 以下を参照 Jeremy Scahill: Blackwater. The Rise of the World's Most Powerfull Mercenary Army. New York 2007; auf deutsch: Blackwater. Der Aufstieg der mächstigsten Privatarmee der Welt. München 2008.

(18) www.blackwaterusa.com / company profile (8.12.2007).

(19) House of Representatives: Committee on Oversight and Government Reform. Memorandum October 1, 2007. Washington 2007; www. oversight.house.gov.

(20) 同右。

第2章　グローバル化と「新しい戦争」

1 戦争業、その小史

人間は、プログラミングが逆だと、
真実を見ぬけないものなのだ。
コンラート・ローレンツ

傭兵の存在は文明の歴史そのものとともに古い。傭兵の歴史を書こうとしたら、図書館が満杯になってしまうだろう。六〇〇〇年から八〇〇〇年前に定住して農業と牧畜を始めた社会は、自分たちの生活を守るための戦争によそ者を雇うようになった。つまり報酬を餌によそ者を引き入れ、戦の助っ人に使うようになったのだ。形はさまざまだが、どの時代にも傭兵がいて、どんな類の支配者も彼らを用いて利益を図ろうとした。

以来数千年の間、時代によって同じ傭兵でも大変な違いがある。見かけ、装備はもちろんのこと、性格や機能もさまざまに変わってきた。傭兵を見る人の目がどうだったかを調べてみると、その違いがよく分かる。彼らが(今の時代のように)日陰者だった時代があるかと思えば、効率的で勇敢で頼りになり、しかも自国の兵士よりも安上がりだという時代もあった。現代の「新しいタイプの傭兵」、つまり民間軍事会社の職員を昔の傭兵とそのまま比較するわけにいかないのはもちろんなのだが、歴史を紐解いてみると、傭兵なるものがいつどういうときに生まれてくるのかを知る助けにはなるだろうし、国内外の安全を民間委託することの否定的な面と肯定的な面をじっくりと見極めるのに役立つのではないだろうか。

聖書に出てくる賊とギリシアの重装歩兵

ユダヤ人やギリシア人の歴史書に傭兵について詳しく語られるようになるはるか以前から、メソポタミア、中国やファラオ時代のエジプトでは異国の支配者に雇われて戦う歩兵、射手や戦闘用の車を駈る者の姿があった。旧約聖書サムエル記に語られたダヴィデ（紀元前一〇〇〇年前後）の物語は、低い身分から身を起こし、ついには国王にまでなった男の伝記だ。ペリシテ人ゴリアテを殺して王に召抱えられるが、やがて王の不興を買ったダヴィデは、逃れて「傭兵部隊」を立上げ、これを率いて国中を略奪して回る。勇名を轟かせた彼は、敵の側に寝返り、部下とともにアキシ王の護衛に当たるが、それまでのイスラエル王の一族を皆殺ししたあと、ついにみずからイスラエルの王にまで成り上がる。この種の出世物語は当時ではなにも異常な話ではない。権力を握った傭兵隊長が神に選ばれた者として民衆の歓呼を浴びるのは珍しい出来事ではなかったのである。

男たちは、当時もまたその後も、なにも冒険に憧れ、財宝を手にすることを夢見て傭兵生活に身を投じたわけではなく、なによりもまず生き抜くことに懸命だった。「また、しいたげられている人々、負債のある人々、心に不満のある人々も皆、彼［ダヴィデ］のもとに集まってきて、彼はその長となった。およそ四〇〇人の人々が彼と共にあった」（サムエル記一・二二　口語訳旧約聖書一九五五年版）。彼らの報酬は現物で、金や銀ということもありはしたが、多くは敵から奪った獲物の分配だった。

「ダヴィデはその地を撃って、男も女も生かしおかず、羊と牛とろばとらくだと衣服とを取って、アキシのもとに帰ってきた」（サムエル記一・二七）。みながそれぞれ取り分を主張するものだから、分配をめぐっては争いになることも多かったのだが、これを仲裁するのが隊長の仕事で、そのためにはまた十分な権威が必要だった。「『……戦いに下って行った者の分け前と、荷物のかたわらにとどまっていた者の分け前を同様にしなければならない。彼らはひとしく分け前を受けるべきである』。この日以来、ダヴィデはこれをイスラエルの定めとし、おきてとして今日に及んでいる」（サムエル記一・三〇）。

有名なギリシアの歴史家ヘロドトスは、現在のトルコ西部にいたリュディア人が、「神殿の娼婦」の支払いにあてるために紀元前五六〇年頃に貨幣を発明したと言うのだが、いや、違う、伝説の王クロイソスが最初の貨幣を鋳造させたのは、傭兵の給料とするためだったと言う者もいる。このどちらが正しいか、今となってはなんとも断じかねる。ただこのふたつの生業が人類の歴史で最古の職業だったことは確かで、そのどちらかが貨幣が生まれるきっかけなり、理由なりになったというわけだ。ともかく紀元前五〇〇年前後には、戦士を雇ってその報酬に一定額の貨幣を与えるようになっていた。こうした支払い方法が必要になったのは、傭兵たちが報酬のいわば「互換性」を要求したからだった。というのも、クロイソスが異国の戦士を雇ったのは、自国の富を虎視眈々と狙う周りの国々から守るためで、獲物の分配というわけにはいかなかったのだ。

それから一五〇年ほど後に、ソクラテスの弟子だったクセノフォンが『アナバシス』を著した。そこには兄アルタクセルクセス二世をペルシア王の座から追い落とそうとしたキュロスに傭兵として仕

傭兵を描いた最古の絵画のひとつ。左右に立つ依頼主の命を受けたギリシア人重装歩兵ホプリテスが戦っている。戦士は装備をそれぞれ自費で調達した（紀元前七世紀）。（クリストフ・リンクス出版社提供）

えたギリシア人兵士の生と死が描かれている。バビロニア、クナクサの戦いでキュロスは戦死し、野望は潰える。傭兵のひとりだったクセノフォンは、生き残りのギリシア人「青銅の男たち」を率いて、何週間にもおよぶ行進に疲れ果て、飢えと寒さに苛まれながら、険しい山々を越えて、一万人以上の傭兵を一〇〇〇キロを離れた黒海沿岸のトラペズス（今のトルコ、トラブゾン）まで無事連れ帰った。この生還は「一万人の行進」として記録に残ることになった。クセノフォンはその後も幾多の戦役に加わり、スパルタ王アゲシラオスのもとでも戦った。スパルタ対テーベのこの戦争でアテネはテーベの同盟国だったことから、クセノフォンは「敵の側についた」との理由で故国を追われ、オリュンピアに身を寄せた。

この時代のすべての軍隊にギリシア人傭兵が大量に登場したのにはとりわけ次の二つの理由があった。ひとつはギリシアに生まれた特異な社会構造で、いまひとつはギリシア人が開発した新規の戦闘技術である。アッティカとペロポンネソス半島では、都市国家（ポリス）が互いに激しく競い合って領土を守り、しかもどの勢力も相拮抗して互いに譲ることがなかった。それぞれの国内に形成された農民、手工業者、商人層は自己の利益を守って戦い、またその富を戦争のための装備に費やすことを厭わなかった。同時に、決して地味に恵まれたとは言えない国土だっただけに、住民が豊かさを享受できるためには、異国でいわば「副収入」を稼ぐほかなかった。そこで彼らは、ポリス間の戦いで養った戦闘技術を、時間を限り、報酬を目当てに、ギリシア以外の地の支配者たちに提供したのである。

それまでになかったこの傭兵タイプは重装歩兵（ホプリテス）と呼ばれた。鉄を打ちつけた円形の盾（ホプロン）が彼らの必需品だったからである。さらに兜、胸当て、脛当てに身を固め、二メートルはあろうかという槍を手にした兵は、通常、八列、ときには二五列の密集方陣（ファランクス）を組んで戦う。それまでの歩兵が防御を主にしていたのに対し、彼ら重装歩兵は自分から進んで突進する。戦いの歌（パイアン）を全員で歌いながら、徐々に歩調を速め、最後の百メートルは槍を突き出して突撃する。（古典的なオリンピック競技の大半は、このような戦闘に際して必要になる能力を試すことから来ている）激突は恐ろしいばかりだった。敵の最前列は槍で突き倒され、踏みにじられて圧死する。味方の兵士でさえまごまごしていると、次々に後から全速力で突進してくる陣列に踏み殺されるほどだった。槍をかざし、装具で身を固めた男たちの密集方陣の突進に対抗できるものはなかった。重装歩兵の圧倒的な戦列と初めて向き合った敵兵は、方陣の突撃が始まる前に逃げ出すことも珍しくなかった。

ギリシアの重装歩兵は、インダス川からカルタゴまで、またヌビア砂漠からイタリアまでの支配者たちには絶好の傭兵となった。ペルシアやエジプトなどからの大規模な徴募も舞い込んだ。だが、ひとたび故国の義務に反するとなると、彼らはどれほど魅力的な仕事でも遠慮なく断るのだった。重装歩兵がすっかりトレードマークになってしまったものだから、自国の兵士に格好だけはギリシア兵の真似をさせ、まんまと敵を欺いた支配者もいた。

相対的な人口過剰、有能な兵士の過剰と軍事技術の革命、このふたつが武力衝突の解決方法に革命をもたらしたということになる。

ローマの市民軍対カルタゴの傭兵軍

ローマ帝国は五〇〇年にわたり当時世界最大の版図を誇ることになる。そのローマは全く異なる兵制をもたらした。ローマは、吝嗇とも言えるほど倹約の精神と実利主義で国を築き上げ、生産力に富んだ農民と市民とから成る市民軍を擁した。数世紀以前のギリシア人とは違い、ローマ人は近隣の諸国を同盟者として獲得しながら、勢力圏を次第に拡大し、繁栄する国家を他国の攻撃から守ることに成功した。カルタゴのハンニバルのように大胆で聡明な将軍に率いられた傭兵の大部隊を見事に打ち破り、三度に及ぶポエニ戦争に勝利してついには地中海の覇権を握ることができたのは、これこそ国制の道徳的優位と市民軍のお蔭にほかならないというのがローマ人の誇りだった。例えばローマの歴史家ポリュビオスはこう書いている、「カルタゴは外国人傭兵を用い、これに対してローマ軍はローマに生まれた若者と市民とから成っていた。それだけでも、ローマの国制はカルタゴのそれに勝るものとして賞賛に値する。向こうの国では都市の自由は傭兵たちの勇気に依存していたのに対して、この国では彼ら自身の勇敢さと盟邦の援助がこれを救ったのである。だから最初は敗北を喫するようなことがあっても、その後ローマ人は直ちに全力を挙げて再び戦いを挑んだのだが、カルタゴ人は違った。ローマ人は祖国と自分の子どもたちのために戦ったのだから、その戦意は最後まで衰えることがなかったし、敵を屈服させるまで死に物狂いで戦ったのだ」[1]。

しかしローマが一大帝国へと急速に拡大していくにつれ、国制も変貌を遂げることになる。共和政は崩壊し、帝政が定着した。軍事制度も職業軍人から成る軍隊へ、次には軍団ごとに編成された軍隊へと変化していった。ほぼ五〇〇年にわたる歴史のなかで、ローマの国制は、——あくまで比較の話だが——民主政から権威制国家を経て軍事独裁制へと変わった。辺境の属州からたっぷり富を獲得でき、遠征の度ごとに十分な獲物を持ちかえることができた間は、兵士、のちには傭兵への支払いにも事欠くことはなく、彼らの忠誠を確保するのに問題はなかった。初期の帝政は繁栄し、国勢は新たに花開いた。だが同時に比較的小規模な共和政を維持していた中間層はますます少数化し、これとは裏腹に下層民が増大して、支配層上層を支えることが経済的にますます大きな負担となった。「神殿の屋根は土台で支えられているわけではない」というのが、当時のローマ人の口癖だった。柱がなければ神殿もない道理だ。生産を支える中間層が次第に没落し、これにつれて税金や納付金による国家財政への寄与も減少すると、帝国を支える「柱」もますます細くなっていった。四七六年、ゲルマン人傭兵たちはオドアケルを盾に乗せ、われらが国王ここにありと口々に叫んだ。西ローマ帝国は滅亡した。

中世の傭兵部隊

だが新しい帝国を築く勢力が生まれたのはゲルマニアの地ではなくて、ローマ帝国東端の辺境地帯だった。アラビア半島から起こったこの勢力は、瞬く間にビザンツを除く地中海沿岸全域を支配下におさめた。遊牧民固有の文化をユダヤ教やキリスト教と融合させ、いくつかの分野、とくに社会的な分野ではこれを一歩前に進めたアラブ人の部族は支配し戦う層の中核となって、イスラムという新しい宗教的イデオロギーを掲げながら、急速に広汎な信仰者を獲得していった。しかしムハンマドの死後数十年しか経たないうち、七世紀にはアラブ人はその勢力圏を確保するのに異国人、つまり傭兵に頼らざるをえなくなっていた。

イスラム帝国の外からの脅威に対する安全保障の体制は、ほぼ完全に傭兵部隊に握られていた。おもに征服された中央アジアの遊牧民から徴募されたこれら傭兵の忠誠を確保するためには、多大な利益を与え、権力にも与らせる必要があった。社会不安が増大し、反乱が相次ぐと、国内の治安を維持するためにも傭兵が使われるようになった。強力な軍事力を背景に、政治的な発言権を増した傭兵が、イランのセルジューク朝、エジプトやシリアのマムルーク朝のように、自ら支配の座につくことも珍しくなかった。バルカン、黒海沿岸、コーカサス、小アジアの遊牧諸族から成る色とりどりの混合集団を統合したオスマンに始まるオスマン朝もまた傭兵、少なくとも元傭兵集団で、イスラム帝国とビザンツ帝国にほぼ同時に止めの一撃を加え、広大な領域にオスマン帝国を打ちたてたのは、彼らだった。

軍事力による治安維持という点では、西ローマ帝国崩壊後の西ヨーロッパでも、東方と状況は長らく大して違わなかった。違いがあったとすれば、西の方が東よりかなり貧弱だったというだけだ。カール大帝が後に「ドイツ国民の神聖ローマ帝国」と呼ばれるようになる帝国を建てたのは、傭兵の助けによるものだった。アラブ人をフランスから追い出せたのも、十字軍を送り出せたのも、皇帝バルバロッサが度重なる反乱を鎮圧できたのも、ローマ教皇が異端を追及できたのも、どれも傭兵の助けがあってのことだったし、傭兵がいなければ、ドイツ騎士団がプロイセンの地からバルト海沿岸まで制圧することもなかったことだろう。中世全期を通じて、国王、皇帝、教皇、諸侯、騎士がつねに傭兵の働きに依存していたのは、封建制の軍事システムが恐ろしく非能率的だったからだ。それには三つの理由があった。第一に、限られた数の兵士（大半は徴募された農民）を短期間しか使用できなかったこと。第二に、この兵士たちはまるで訓練が行き届いておらず、まして槍、いしゆみ、弓などの技術に特化した部隊を編成するなど望むべくもなかった。そして第三に、権力者はその家臣である領主に兵を出すよう要請するほかないのだが、領主の側からすると、その兵隊が治安維持の名目でいつこちらに向けられるか知れたものではない。だから領主はなかなか要請に応じようとはしなかった。というわけで、戦争に勝つには傭兵軍を使うのが一番の得策だったのだ。

兵隊仲間クンパーネ、「独立独歩の槍フライエ・ランツェ」そして傭兵隊長コンドッティエーリ

傭兵がますます幅を利かせるようになったのは、故郷を捨て生業ももたずに放浪する兵隊たちが、一二世紀頃から次第に「独立独歩の仲間フライエ・コンパーニエン」に集まるようになってからのことだった。コンパーニエンとは、もともと「パンを分かち合う仲間」のことで、この集団はすべての仲間クンパーネのために職を見つけ、みんなで力を合わせて暮らし、互いに守り合い、助け合うことを目指していた。新しい仕事を求めて、彼らは徒党を組み、鍋釜を積んだ馬車の列を従え、女、子供を引き連れてヨーロッパ中を歩き回った。通常は都市や農村の住民から食料を調達し、依頼があれば、どこの領主でもお構いなしに、「独立独歩の槍フライエ・ランツェ」を小脇に戦いにはせ参じるのだった。「フライエ・ランツェ」というこの言葉はのち英語に入り、フリーランサーという形で定着した。中世ドイツの歌人マイスタージンガーのひとり、ヴュルテンベルク出身のミヒャエル・ベハイムはこう歌っている。

「だれでもいい、一番気前の良い御仁が
いつも奴らのご主人様さ。
天国で神様が悪魔相手に戦争を
お始めになったとさ。
手元不如意の神様が出すべきものを渋ったら
悪魔の陣はあっという間に奴らでいっぱい(2)」

一四世紀初期ルネッサンスの時代に、軍事の分野で根本的な変化が起こると同時に、安全保障体制の整備を求める声が高まった。需要と供給の両面で起こったこの変化がとくに顕著に現れたのが、自治都市の繁栄期を迎えたイタリアだった。ベニス、フィレンツェ、ジェノヴァ、ミラノでは、生産力

中世の傭兵
16世紀初頭　ハンス・ブルクマイヤの木版画（クリストフ・リンクス出版社提供）。

に富んだ中間層がすばらしい発展を遂げ、手工業、商業、農業、金融、保健衛生が都市社会の際立った顔になった。その富を背景にして、上層階級は支配を固め拡大することができたのだが、そのためには経済活動を守る確実な保障の体制が必要だった。だが騎士に依存した貴族の安全保障体制はほころび始めていて（セルヴァンテスが『ドンキホーテ』で見事に描いて見せたように、お笑い種とも言える部分もあった）、非能率なことおびただしかった。そこで進取の気性に富む商人や手工業者の団体であるギルドは、軍制を一新し、職業的な軍事集団を雇用するよう貴族に迫った。彼らからすればこの要求は当然の話だったし、それに貴族というものはそもそも市民の安全を保障するためにいるのだから、軍事体制の近代化をこの上級貴族に任せるのが経済面からも得策というものだ。経済全体が軍隊の動員に巻き込まれ、自分自身や自分らの働き手が兵役という儲けにならない仕事に駆り出されるのはご免蒙りたい。それよりもなによりも、傭兵隊長（コンドッティエーリ）に率いられた職業集団が売りこみに現れているではないか。

新しい安全保障の体制を求める需要の側の動向をいち早く察知して、傭兵の方もこれに応えようとしていた。封建制の特権ネットワークからこぼれ落ち、職を失った下級貴族は、雇用主を探す「独立独歩の仲間」を取り込み、これを私的な戦闘集団に編成替えして、自分の指揮下においたのだ。彼らの協力関係を支えたのは、これまでのように獲物を手に入れる目算ではなくて、固定された給与だった。コンドッタと呼ばれる一種の賃貸契約で給与を決めようというのだ。契約書には一定額の給与が提示され、これに見合う業務の内容が箇条書きで記されている。のちには契約違反や契約不履行に対する制裁措置もここに盛り込まれるようになる。傭兵もこれと似た業務契約書を依頼者との間に締結する。傭兵を代表して交渉にあたり、最後に責任者としてこのコンドッタに署名するのが、コンドッティエーリだった。契約書の内容が次第に複雑になるにつれ、文書を取りまとめる専門家が必要になった。売買契約などの商取引の契約と合わせて、こうした契約を扱う新しい専門職が生まれる。それが弁護士だった。初期のコンドッティエーリには、ドイツ人のコンラート・フォン・ランダウ、ヴェルナー・フォン・ウルスリンゲン（またの名をグアルニエリ公爵）、イギリス人のジョン・ホークウッドなどがいた。ホークウッドは、ジョヴァンニ・アクートと名乗ってフィレンツェのために戦い、ミラノ、ピサ、ボローニャを破った。その勇姿は今もフィレンツェの大聖堂で拝むことができる。イタリア人のエラスモ・ダ・ナルニ、ジャコポ・ダ・トディ、ブラッチョ・ダ・モントネ、フェデリコ・ダ・モンテフェルトロも同様で、この稼業でひと財産を稼いだモンテフェルトロは、公爵にまで成り上がり、芸術家のパトロンとして世界に令名を轟かせることになる。ムツィオ・アッテンドロは、彼の雇い主だった諸都市で次第に勢力を得て、彼の息子フランチェスコはついにはミラノの支配者になった。

スイス人護衛兵とドイツ人傭兵

コンドッティエーリには、やがて北方からライバルが現れた。まずはスイス人護衛兵、次がドイツ人傭兵である。山がちの小国スイスにとっては、戦闘術が売れ行きナンバーワンの輸出品になった。スイスの州カントンはこの商売にひとつだけ決まりをつくった。スイス人同士が殺し合ってはならないという決まりだった。戦い合う羽目になりそうなときには、契約を結んだのが早い方が優先権をもち、もう一方は契約を解消して戦場を去り、報酬を断念するというものだった。スイス護衛兵は結束が非常に固く、しかも並々ならぬ破壊力を発揮した。部隊はそれぞれ同じ村か同じ谷の出身の若者から成り、槍を手に、ギリシアのファランクスにとてもよく似た戦法をとる重装歩兵だった。この部隊は騎兵連隊に対しても遅れをとることがなかったことから、安上がりになるとばかり、大いにもてはやされたのだった。ヨーロッパ各地で戦って見事な戦績をあげたものだから、スイス護衛兵といえば、後のスイス時計と同じようなトレードマークになった。各国の王や諸侯が競って彼らを雇い、教皇ユリウス二世は一五〇六年、教皇庁の軍隊に彼らを大量に採用した。これは今に続くバチカンの伝統になっている。

ドイツ人傭兵は、最初は本物のスイス護衛兵のお粗末なコピーでしかなく、力量も数段劣っていた。一五二二年ビコッカの戦いでやっとのことでお手本に勝てたのは、特別な戦闘行為専門の特殊部隊を編成したり、大砲など新型兵器を使い、またそれに特化した新しい部隊を投入したりした結果だった。それからというもの、北の果てから南はボスポラス海峡やポルトガルのテージョ川まで、ヨーロッパのいたるところでその姿を見るようになった。

東回りはインド、東南アジア、また西回りではアメリカ大陸への航路が発見されて以来、ドイツ人傭兵の活躍の場も次第に世界中に広がっていった。コルテスがメキシコを征服したとき、この遠征には兵器担当下士官ヨーハンのほか四人のドイツ人傭兵が加わっていた。ピサロがインカ帝国を滅ぼした際にも、ニュルンベルク出身の傭兵ヨスト・ハンマーとバルテル・ブリュームラインが彼に付き従っていた。カジミール・ニュルンベルガーはベネズエラで傭兵隊長として活躍したし、伝説の町エルドラドを捜し求める男たちの群れのなかには、何組ものドイツ人傭兵の姿があった。カリブ海の島々にも彼らはうようよいたし、シュタウビング都市貴族の末裔ウルリヒ・シュミーデルはラ・プラタ川まで足を伸ばし、ほかの傭兵仲間とともにブエノスアイレスを建てたのだった。アムステルダムやリスボンで傭兵に雇われて海を渡り、「東インドの妖しげな魅力」の虜になったドイツ人は多い。

国家組織の形成がすすみ、またアメリカ大陸やアジアから金銀が流れ込んだお蔭で、これまでより規模の大きい常設の軍隊をもうけ、そのための費用を支払って、これを国家主権の監視下におくことが経済的に可能となり、また意味のあることとなった。一四四五年、商人からそのための特別税を徴収することに成功した最初の支配者が、フランスのシャルル七世だった。これまで独立独歩だった傭兵部隊は次第に常備軍に編成替えされていった。ドイツ人傭兵、スイス護衛兵、イタリア人騎兵、イギリス人歩兵、スペイン人砲兵は、給料と食事、住居を保証され、生涯雇用の約束をもらって、ありとあらゆる国々の軍隊に勤務するようになった。イギリス、スウェーデン、フランスなどの軍隊は、大規模な「外人部隊」になった。ただハプスブルク帝国でだけは、独立した傭兵屋が一七世紀になるまで存続した。その最後のひとりがアルプレヒト・フォン・ヴァレンシュタインだった。彼はボヘミアにそれまでなかったほど大規模な私的な軍事組織（軍団プラス武器生産）を築き上げ、ドイツ皇帝フェルディナント二世に取り入って甘い汁を吸い、ヨーロッパ最大の富豪になった。三十年戦争でもヴァレンシュタインは稼ぎまくり、最後に殺されてしまうのだが、この戦争が終わると、この軍事サービス部門での自由経営も最後の時を迎えた。一六四八年ミュンスターとオスナブリュックで結ばれたウェストファリア条約で、国家による武力の独占が揺るぎないものになったのである。これ以後、国家の明確な同意なしに私人が勝手に武器を持って戦う業務につくことは許されなくなった。そしてこの点は、現在もなんら変わりはない。

東インド会社

例外となっていたのは、アメリカ、アフリカ、アジア、オセアニアの植民地での状況だった。植民地本国は武力を国家の手に集中しようとしたのだが、プランテーション経営者や商人の力は強く、彼らは自分たちの利益を守るためには武器を使うことを辞さなかった。奴隷という安い労働力の輸入も武器独占を名目だけのことにするのに一役買った。

オランダの西インド会社と東インド会社、イギリスの東インド会社とハドソン湾会社という大会社の場合は、また違ったケースになる。イギリスの東インド会社は一六〇〇年に設立されて一八五八年まで存続した。オランダの東インド会社が世界最初の株式会社として生まれたのは一六〇二年のこと、そして破産を宣告した直後一七九八年に解散した。これらの企業は永年にわたり傭兵を雇う最大の発注者だった。一七八〇年当時のイギリス・東インド会社の軍隊は、のちの大英帝国時代の女王の軍隊よりもさらに強力だったのだ。

オランダに今もその痕跡をとどめる東インド会社が、当時最強の軍隊を擁する最大の会社にまでのし上がれたのは、ひとつには香料の独占のお蔭だったが、いまひとつは残忍な暴力支配によるものでもあった。経済と武力の数世紀にわたる合体がこの会社の実態だったのだ。歴代総督のなかでも傑出した手腕を発揮したのがヤン・ピーテルスゾーン・クーンで、彼はジャワ島にバタヴィア（現在のジャカルタ）を建設し、インドネシアのほとんど全土をその支配下におさめ、さらに北方の日本にまで影響力をのばした。交易基地は砦と守備隊で固められていた。反乱や蜂起に備えて、いつでも直ちに出動できる機動部隊が待機していた。この軍隊の主力となったのがドイツ人傭兵だった。彼らはアムステルダムの「人買い」に五年の約束で身を売り、テセル島から商船に乗りこんで、「御伽噺の国東インド」へと旅立ったのだった。

モルッカ諸島でクーンは、現地の支配者の抵抗を容赦なく粉砕して、ヨーロッパで渇望の的だったナツメグの独占栽培をはじめた。彼は一五歳以上の男全員の首を刎ねさせ、その首を長い竿に吊るして見せしめにした。バンダ海の島々でも同じようなやり方がとられ、一五年のうちに人口は五％にまで激減した。補充に連れてこられたのは安い労働力で、その大半は奴隷だった。会社は土地を接収して大規模な農園をつくり、やがて原住民に香料の栽培、収穫を全面的に禁止するようになった。違反すると厳しい罰、拷問、死が待っていた。農園外にあったナツメグ、クローヴなどの木は伐採され、焼き捨てられた。こうしたやり方でオランダ東インド会社は、一六七〇年にはもう最も豊かな企業になっていた。株主への配当は四一％にまでのぼった。従業員五万人、それにほぼ同数の傭兵、さらに二〇〇隻の武装商船がこの会社の旗を掲げていた。遠く離れた本国ではこの成功と富をもたらした「謎」としか見えなかったが、その種明かしは単純明解、本国での高い需要に応えるための軍事力で守られ暴力で管理された供給があったということだ。この会社は要するに、軍事力を二重のやり方で使った、一方では支配領域内の会社従業員、三〇の支店、商品、農園を守るために使い、同時に植民地化された地域の住民に対する抑圧の道具としても利用したのだ。

現地民が、この仮借ない、また時には暴虐極まりない体制に対して抵抗を強めてくると、軍事支出も増大した。その結果、配当率は下がる一方で、一八世紀半ばには平均一二％にまで下落した。安全保障コストが収入の七〇％まで食うようになると、終わりは近かった。それに加えてフランスが、東インドからひそかに持ち出した木をザンジバルとセイシェル諸島に植えて、大々的な栽培を始め、グローヴの独占を破っていた。一七九八年に会社は閉鎖されるのだが、オランダ国が東インド会社の後継者となったので、継続性は確保されたのだった[3]。

歴史的に見てここで何が重要かと言えば、オランダ東インド会社にしてもイギリスの東インド会社にしても、二〇〇年近くもの間、私的な資本が、遠く本国を離れた地でのこととはいえ、強大な軍事力を擁して戦争か平和かを決定し、個人の生死を左右し、法律や規則をさだめた、つまり勢力圏内ではこれらの会社が絶対の権力者で、国家をふくめ他の一切の権力を従属させていたということだ。

フランス革命と傭兵の没落

ウエストファリア条約はヨーロッパにそれまでの私的な傭兵組織の終焉をもたらしたが、それで傭兵そのものが消えてしまったわけではなかった。武力独占の主体となった国家がそれぞれの軍隊を自国の家臣で編成しようが、傭兵で埋めようが、それは国家の勝手だったからだ。常備軍のために兵士への需要が高まるにつれ、傭兵は予想もされなかったほどのブーム期を迎えさえした。プロイセンの歴代国王も、他のヨーロッパ強国と同様、軍隊にしきりに傭兵を採用した。もっともフリードリヒ二世（大王とも呼ばれる）などは、傭兵には勇気もなければ、連帯心も誇りもないし、犠牲的精神にも忠誠心にも欠けると、けなしているのだが。一七世紀半ばから一八世紀末にかけて、「戦争」はヨーロッパ大陸最大の産業になり、これを今や国家が牛耳って、この産業を育成し指導して、その儲けを懐に溜め込むことになる。傭兵を買う国家があるかと思えば、少しでも気前の良い買い手に傭兵を売りつける国家(大抵は小国)もあり、例えばヘッセンはこの流行りの商売に精をだし、せっせと自国の若者を売りさばいた。最大のお得意様はイギリスで、一七七五年にはアメリカ独立運動を抑圧するために一度に三万人の傭兵をヘッセンから買いこんだほどだ。小公国シャウムブルク・リッペは、売ろうにも売るだけの人数がいないものだから、国際的な軍事アカデミーを設立し、あらゆる国々の士官候補生を名だたる軍事専門家のもとで学ばせたものだ。

絶対主義国家は戦争産業と戦争で稼ぎまくった。対外的な安全保障は強力な常備軍のお蔭で、それぞれ勝ったり負けたりしながらも、まずまずなんとかなったのだが、国内の治安ということになると、次第に怪しくなる国家も出てきた。なかでも中間層は、下層民も同じだったが、彼らの活動を守る枠組みの維持と支配層の特権に金がかかりすぎ、咽喉から手が出るほど欲しい資本が浪費されていると、不満をもつようになった。「上から」だと契約が勝手に解消されるなど、取決めや約束事が守られる保証がまるでないことへの不安、それに決して快適とは言えない暮し向きも手伝って、不満が一気に膨れ上がり、衝突が避けられなくなった。

一七八九年フランス革命は絶対王政の時代の幕を閉じただけでなく、傭兵の存在にも終止符を打った。一七九〇年二月二八日憲法制定国民議会は、フランスの国土内で傭兵を雇うことを禁止した。もっともナポレオンは、そんなことにお構いなくタタール人やマムルーク人の傭兵を近衛兵団に採用し、

ヘッセン傭兵の歌

さあ、兄弟たちよ、銃をとれ、
行く先はアメリカだ！
わが軍勢は勢ぞろい、
勝利万歳！
輝く金が、輝く金が
じゃらじゃら降ってくる、
それだけじゃない、それだけじゃない、給料だっていいんだぞ！
……
あばよ、故郷ヘッセン、あばよ！
さあ、今度はアメリカだ。
いよいよ運が向いてきた、
行く先々が金の山！
それだけじゃない、それだけじゃない、そこは敵地だ、
欲しけりゃなんでも
取ればいい、
それこそ、それこそ身分違いというものさ！

出典：放浪の戦士たち、第五章　絶対主義　兵士売買　2ページ
（www.Kriegsreisende.de）

傭兵の大部隊を率いてヨーロッパ狭しと遠征して回ったものだ。ワーテルローの戦いではナポレオン軍三五万の傭兵にウェリントン軍四万が相対したのだった。だがこれも最後の名残で、その後数十年のうちに他のヨーロッパ諸国も、フランスに見習って、徴兵制を導入し国民軍に乗り換えた。その方が安上がりだったからだし、それに数々の解放戦争で自国の兵士の方が、安い給料の傭兵よりも、「民族と祖国のために」なら敢然と死地に赴くことが知れたからだった。つい先ほどまでどこでもちやほやされたいた傭兵が、途端に「祖国を知らぬやから」扱いされることになった。大半の国が、こ

の頃から、自国民が外国の軍隊に雇われて戦うことを禁止するようになった。数多くの法律や国際協定が傭兵制度をめぐって制定され締結された。二〇世紀末になるまで、傭兵はほんの端役しか演じない存在に成り下がったのだった。

というわけで、過去二〇〇年、傭兵稼業に身をやつした者の行く先は、国際的な爪弾きを避けて、大抵は地の果てだった。ドイツ人傭兵にしても同じことで、ドイツ帝国成立後の彼らの活動の場はまず中国、次にトルコ相手かトルコの側かで、あとは南アフリカというのが相場だった。第一次世界大戦後になると、志願してか無理やりにかソ連赤軍に加わる者、白衛軍で戦う者と、ミンスクからウラジオストクまでロシアのいたるところにその姿があった。黄海で海賊を働く者さえいた。第二次世界大戦後だと、ナチス武装親衛隊数百人がフランス外人部隊に入ってインドシナで戦った。ドイツ国防軍アフリカ軍団の生き残りはアラブ諸国に逃れて、武器製造や軍事顧問業に手を染めた。アメリカ合衆国に雇われて、中央情報局（CIA）の庇護のもと武器の取引を手広く営んだ者もいた。ドイツ占領下のフランス、リヨンで国家秘密警察のボスだったクラウス・バルビーは、多くの「戦友仲間」と同様、南アメリカへ逃れ、ヨーロッパのネオファシストから成る傭兵部隊を使って「死を誓った者」の騎兵隊を立上げ、軍事クーデターを仕掛けた。かと思えば、サハラ以南のアフリカで悪名を馳せた鉄十字章受賞者ジークフリート・ミュラー（「コンゴ・ミュラー」）とか、右翼テロリスト、ホルスト・クレンツ（「プレトリアの傭兵ボス」）などのような者もいた。九〇年代には何百人ものドイツ人傭兵がバルカンでユーゴスラビア分割戦争に参加した。

駆け足で傭兵の歴史を振り返ってみた。どうしても断片的な話になるのは仕方のないところなのだが、ここから分かることと言えば、民間軍事業の発展には、量的にも質的にも、その始めから現代にいたるまで一直線につながる歴史の流れなどというものはないということだ。このことはとくに「国家による軍事部門経営」との関係にあてはまる。例えば対外的な安全保障（および軍事力）を左右するのは、動員される軍を構成するのが自国兵士か傭兵かの違いではない。もっと重要なのは、軍事力を投入し統制する権力の強さである。傭兵軍隊を擁する強国もあり、国民軍をもつ弱国もあり、またその逆もあった。だがひとつ確かなのは、傭兵に対しては、とくに組織だった部隊なり、「会社」なりの形で登場してくる場合には、自国の市民からなる軍隊よりももっと厳しい統制が必要だということである。つまり統制する権力は相対的に広汎で、また統制する機関もそれだけ費用が嵩んだということだ。統制する権力（貴族集団を率いる君主だったり、国家機関だったりしたわけだが）が弱体化すると、傭兵隊長が権力を奪い取るとか、社会が軍事独裁に落ち込んでしまうとかいう結果になるのも珍しくなかった。特徴的な点は、傭兵の供給が飛躍的に増加し、それにつれて需要が増えるのは、どんな理由からであれ、兵隊が大量に失業するようなとき、生活状態が一定の水準以下に悪化するとき（例えば飢饉など）、あるいは逆に、巨大な富を獲得できる見込みが生まれたようなときである（外国船への国家公認の海賊行為、エルドラドの探索など）。

傭兵を徴募するとどんな結果が生じるかは、対外・対内の安全確保のためのシステムがどういう構造と構成になっているか、またどういう運営方法がとられているかによる。システムがその時々の社会に適合していたか。それは生産される富とのバランスが取れていたか、つまり高価すぎもせず、かといって、隣国が楽な獲物だとばかりにすぐに手を出しそうなほど貧弱でもない程度だったか。そのシステムは効果的だったか、それとも封建制度の軍事体制に見たように非効率的だったか。またそれは適切に統制され運営されていたか。それが自立化して「国家のなかの国家」になる恐れはなかったか。傭兵がそれぞれの社会にどんな結果をもたらしたかについて、一般化できるような結論は、歴史を振り返ってみても、出すことはできない。ただひとつ言えることは、国内に傭兵がいるというだけでもその社会にとっては特別の危険がつねにあるという事実である。

2　東西紛争の終結――軍事サービス業の枠組みの変化

新しい国際秩序、それは西欧では平和、
それ以外の世界では戦争、ということ。
出典不明

第二次世界大戦後、一匹狼や小グループの男たちが旧植民地、とくにアフリカで冒険と幸福と金を目当てにうろついていただけだったのに、冷戦終結後は傭兵が商法上の企業に集まり始めた。民間軍事会社の時代の始まりである。ほぼ二百年間ならず者の烙印を押され、社会の片隅に追いやられていた傭兵が、いま再び脚光を浴びようとしている。

アメリカ合衆国軍用達の下請企業を除いて、民間軍事サービス業を最初に始めたのは南アフリカ人とイギリス人だった。南アフリカ人はアフリカ大陸で、イギリス人はそのほかにアラビア半島とアジアで、それぞれ傭兵としての経験を積んできたが、アパルトヘイト体制が終わり、東西紛争が終焉を迎えると、失業してしまった。なかに目先の利く者がいて、大国が勢力圏から引き上げると安全保障上の穴が開くに違いない、この空白を埋める仕事はきっと金になるはずだと読んだのだ。

南アフリカ人イーベン・バーロウとニック・ファン・デル・ベルフやイギリス人アンソニー・バッキンガムとサイモン・マン、つまりあのエクゼキューティヴ・アウトカムズ社の創始者でオーナーだった連中は、傭兵稼業、つまり軍事サービス業の提供を、商法上の法的立場もあり営業許可証もある堅気の事業として立ち上げることにした。友人で戦友だったサイモン・マンに誘われて少し後から仲間に加わったティム・スパイサーが、ロンドンのマーケティング専門家のある女性のアドバイスもあって、この新しいサービス業の企業の名称に「民間軍事会社（プライヴェート・ミリタリー・カンパニー、PMC）」を考案した。この名称は瞬く間にこの業界のトレードマークになった。これで従来の傭兵イメージを払拭できたし、建物や現金輸送の警備を担当する古いタイプの警備会社との違いを際立たせることにもなった。

経済・政治の状況は彼らの見通し通りにすすんだ。需要は膨大、受注は好調で、だれもが目を見張るほどの成功だった。軍事サービス業は息つく間もないほどのスピードで成長した。やり手のマネージャーや利にさとい仲買人のお蔭で、あっという間に苦もなく金融市場にも入りこめた。成長間違いなし、しかもニューヨークでもロンドンでも配当率最高のこの企業の株は、引く手あまたで買い取られた。

傭兵、つまり軍事作戦に特化した警備会社の要員が人目をはばかるように行動する時代は終わった。民間軍事会社は、国家、政府機関、人道支援団体、平和組織、それどころか国際連合とさえ正規の契約を結ぶようになった。傭兵部隊が――少なくとも外目には――適正な経理を重んじる堅気の企業に様変わりしたのだ。一〇年もしないうちに、世間一般からはあまり注目もされないまま、数百社ものこの手の会社が生まれたのだった。

この事態をどう考えるかは、見る者の立場でいろいろだろう。第三世界にいて、自国内で民間軍事会社が活動するのを目の当たりにしている者と、軍事任務が民間委託されると経費削減になりその分、教育、福祉に回す予算が浮くと見るか、自国軍隊の活動範囲に余裕が生まれると考える者とでは、おのずと結論が違ってくる。一般論としては、部分的には互いに絡み合ったいくつかの要因を抉り出し、民間軍事会社の隆盛に弾みをつけたというか、およその活動が可能になった枠組みを提示することにしたい。それは以下の四つの大きな前提条件と、ここから出てくるまた四つの条件である。第一の要因が東西紛争の終焉、第二が世界経済のグローバル化、第三が（二〇〇一年以降）アメリカ合衆国とその同盟諸国の「国家エネルギー政策」、第四が電子技術革命である。そしてここから出てくる四つの条件とは、防衛予算の全世界的な規模での削減、安全保障概念が単なる国防という枠を越えて拡大したこと、国際的、国内的、地域的な紛争地帯・地域、紛争主体の飛躍的な増加、最後にとくに先進工業国の平和維持活動への関与の意欲が次第に低下しつつあることである。

冷戦の終結とグローバル化

冷戦が終結して超大国で残ったのはアメリカ合衆国一国だけになり、その結果、国際的な力のバランスが崩れてしまった。それまで二極のどちらかに利害を合わせてきた国々だったが、一九八九年以降次第に遠心力が強まり、自立化の傾向が著しくなった。こうして生まれたのが勢力圏の分散だった。とくにかつての東欧圏の諸国と、それまでソ連の援助に頼っていた第三世界の国々は、新しいパートナー、新しい友邦を求めるようになった。

「敵国」が突然消滅したことで直接の脅威から解放されたという気分が市民の間に広がった結果、

政府に対して軍事予算削減を要求する圧力が強まった。もとのワルシャワ条約機構やNATOの諸国だけでなく、ほとんどすべての国々で防衛予算が大幅に削減された。こうして正規軍と武器保有は劇的に縮小され、対外的な安全保障に関わるすべての分野（駐屯地、演習場など）の見直しがすすむことになった。全世界的な軍隊削減によって、ほぼ七百万人の兵士が失業し、国境を越えて職を求めるこれらの元兵士が労働市場に溢れた。この運命に見舞われたのはなにも「ただの兵隊」ばかりではなかった。空軍パイロット、兵器保守・管理の専門家、通信、諜報分野のスペシャリストも同様だった。人員の供給過剰は価格の低下を招き、その結果、軍閥（例えばスーダンのアディド将軍）から、組織犯罪のネットワーク（旧ソ連の国々の各種マフィア、例えば「オデッサ・マフィア」）、さらにはテロリスト集団（例えばアルカイダ）まで、さまざまな国家以外の武力行使者が、だれにでも開かれたグローバルな市場で軍事専門家を買いつけることができるようになった。人員削減と並行して、ほぼ同時期に東西の軍隊は武器庫の縮小も実施した。友好国に引き取って貰えなかった武器類は自由市場で競売にかけられ、最高値を付けた者の手に渡った。例えば旧東ドイツ人民軍の武器庫の在庫で手に入らないものはほとんどなかったし、旧ソ連の軍用機、中国製やベルギー製の短機関銃、フランスの戦車、合衆国の戦闘ヘリコプターとなんでも揃っていた。それどころか、兵器システムをそっくりまとめて買い込むことだってできた。要するに、九〇年代世界の市場はまさに武器で溢れ返っていたのだ。

これに加えて、とくに西欧先進工業国で安全保障概念が新たに練り直され、これが国内でもまたNATOや欧州連合、国際連合などの国際機関でも定着することになった。その中心は、国家主権の捉え方の変化、人道・環境への責任、これと連動して干渉戦略の拡大に伴う任務領域の拡張だった。この新しい安全保障概念は途方もなく広い任務項目を提起することになったため、削減された人員でこれらの任務をこなしていくには、これまで正規軍（および他の安全保障・治安機関）の担当とされていた任務の一部を切り離し、これを民間に委託するのが、一番手っ取り早い解決だし、実行しやすい方法だった。新しい任務と旧来の任務の残った部分――例えば国土防衛、国境警備など――は、編成替えされた正規軍と新たに設けられた安全保障・治安機関が担当することになった。

「鉄のカーテン」が破壊されて地球全体が再びひとつの世界になり、同時に国境はますます隙間だらけになっていった。「グローバル化」が九〇年代最重要のテーマにすえられた。世界市場が思うさま威力を発揮して、すべてのものをその配下に従え、国民国家の力を一部削ぎ取った。大半の国家にとっては、これは「抜け出そうにも抜け出すことのできないプロセス(1)」だった。すべての市場の開放、商品の自由な流通、金融の無制限の流動化、つまり、あらゆる経済分野の自由化と規制撤廃は、良いことづくめだったわけではない。情け容赦ない競争のなかで最も弱い立場の者は押しのけられ、犠牲者は忘れ去られ、無一文になった。とくに第三世界の国々では住民全体が最低の生活水準ぎりぎりのところにまで追い詰められた。

そのうえ、両超大国対峙の構図がなくなった途端、両ブロックによる庇護が消滅しただけでなく、資金援助あるいは勢力圏への資源移転の一部が突如なくなってしまった。これは「弱い国家」の住民にとってばかりか、世界経済のグローバル化が進むなかで西欧の大企業にとっても手痛い打撃だった。とくに国外からの原料または半製品に依存している業種にはことのほか響いた。これらの原料の生産地や加工工場の大半は第三世界の国々にあり、それだけに紛争地域にあることが多い。貧困化が進み、武力による抗争が増加し、しかも大国による庇護がないという現状では、安全リスクが急速に増大する結果になった。というわけで、それまで国家が保障していた庇護を民間軍事会社に肩代わりさせることを始めたもののなかには、これらの大企業もいたのだった。

第三世界での新しい紛争

超大国による安全保障の傘がなくなり、国際経済のグローバル化が進むなかで、新たに生じた「世界安全保障の混乱」は、とくにアフリカで、だがまたアジア、ラテンアメリカでも、解決しようもない内部の分配摩擦、それに種族間、宗教間の衝突を生み出した。かつて東側諸国も西側も、それぞれの勢力圏できちんと整った法秩序を土台にした民主的な国家が発展することにはまるで無関心だった。「正しい立場」、つまりそれぞれのブロックに対する忠誠心の方が重視されたのだった。第三世界の多くの国々は、安全保障が危うくなり、財政への援助も乏しくなったいま、次第に破局へ向かって滑り落ちつつある。

そのうえ、第一世界、第二世界の諸国は、平和維持活動によって紛争を和らげたり、秩序回復のために手を差し伸べたりする政治的な意欲をますます失ってきている(2)。すでにクリントン大統領は、一九九四年ソマリアでの「希望回復」作戦が失敗に終わったとき、次のように言明した、ワシントンは今後は条件付でしか国際連合の平和維持活動を支援しない、条件とはその活動が国際的な安全保障にプラスである場合、または合衆国の国益に沿う場合であると。南アフリカの軍事専門家フィリップ・ファン・ニーケルクの見るところはこうだ、「九〇年代以降、西側諸国は第三世界の紛争地域に軍隊を派遣するのを控えるようになった。とくに国内で不人気の政府はそうだ。こんな国のためにアメリカ人、イギリス人、フランス人の血を流してなんになる、というのが一般的な風潮になったのだ」[3]。この態度に拍車をかけたのが、富んだ国々の国内世論が理解を示さないこと[4]、国際連合の懐具合が財政面でも人の面でもますます窮屈になっていること、勢力圏をめぐる大国間の思惑に食い違いが生じたことだった。

こうして国際的な支援も国民国家による安全保障もないままに第三世界の多くの住民が放置される結果になった。その真空地帯に自称他称さまざまな庇護者が現れることになる。それは反乱軍だったり、蜂起部隊だったり、さらにはテロリストのネットワークだったりする。とくに激しいのが、グローバル化の影響で経済面でも社会面でもひどい状態に陥った地域だった。その結果、社会内部で紛争が増大し、それがエスカレートして武力抗争に発展し、ときには大規模な内乱にまでなった。多くの場合、悪循環が始まった。民間人が戦闘に動員され、金が武器購入に費やされるために経済活動が阻害され、戦争が激化する。戦争が激化すれば、国土や財産は破壊され、住民は殺され傷つけられて、貧困化がますます進む。そして貧困化、生活状態の悪化がまたしても武装紛争を煽るのだ。多くの国々では本格的な「戦争業」がしっかり出来あがってしまった。地方の軍事指導者が戦争を旨味のある商売にしたのだ。収入源は多様で、とくにドラッグの非合法栽培と密売、強奪に略奪、脅迫、紛争地域へ輸送される国際援助物資の保護料、人道支援団体員や多国籍企業従業員の誘拐、国際的な人身売買。そして収入はあらゆる種類の武器、兵器の購入に充てられた。

「ひとつの世界」になったお蔭でもうひとつ可能になったことがある。紛争を外から（ほかの国家とは限らない）煽りたてることが、それまでにはなかったほど簡単にできるようになり、とくに金融面で支援することができるようになったのだ。「考え方はグローバルに、行動はローカルに」というモットーにならって、世界中にロビー・グループ、支援団体、支持者や戦闘員の外部組織をおき、手広く活動させるのは、なにもテロリストのグループだけではなく、ありとあらゆる経済、政治の利益団体が同じように活動している。二四時間いつでもアクセスでき、世界中にネットワークをもつ金融システムを利用して、地球上のある場所で資金を調達して、別の場所にこれを預託し、その運用はまた別の第三の場所で、また例えば武器の購入は第四、第五の地域ですませ、第六の国へこれを輸送し、最後に目的地の紛争地域で使用するというはこびになる。仕組みが広く分散し細分されていることから、この形態を「ネットワーク戦争」と呼ぶようになった。(5)

新「国家エネルギー政策」（ＮＥＰ）

民間軍事会社の急成長をもたらした最重要の前提条件のひとつが、アメリカ合衆国ないし西欧諸国の新「国家エネルギー政策」である。副大統領リチャード・チェイニーを座長とする国家エネルギー政策策定委員会は、二〇〇一年一月、大部の報告書をまとめた。二〇二〇年から二〇二五年までのエネルギー分野での展開を大筋で示し、アメリカ合衆国とその同盟国がこれに対してどのように対応すべきかを提言した、この報告書は、ほとんどそのままの形で、二〇〇一年五月一七日ブッシュ大統領によって「国家エネルギー政策」（ＮＥＰ）として公表された。(6) そこに盛り込まれた分析は、やや芝居がかった調子で、向こう二〇年間にエネルギーとくに石油需要は拡大が見込まれ、たとえ石油・天然ガス資源が新たに発見、開発されたとしても、史上初めて需要が供給を上回る事態が生じるであろうと警告した。ピーク・ポイントは恐らく二〇〇八年となろうが、この需給バランスの崩れをきっかけに、全世界で「石油争奪戦」が始まる。とくに爆発的な経済成長をとげて「石油への渇望」を強める中国とインドが強力なライバルとして世界市場に登場してくることになるからだ、と予測する。一七〇ページにおよぶこの報告書はさらに次のように展望している。合衆国内の石油生産が今後二〇年間絶対的にも相対的にも減少するため、将来消費量の五〇％を輸入しなければならなくなるが、この需要はアメリカ大陸の従来の主要な供給国（カナダ、メキシコ、ベネズエラ、コロンビア）だけでは賄いきれないため、アラビア半島の石油のほか、カスピ海とアフリカの石油の戦略的重要度が増すであろう。[7]

NEP構想で、石油、天然ガスの供給と並んで重要視されているのが、補給ラインの安全確保の問題である。パイプラインはもちろん、消費地への海上輸送も分析されている。そのほかとくにアフリカ、アジアの開発予定の資源の確保も問題で、北アメリカとヨーロッパ以外の採掘地、補給ライン、資源は総じて「弱い国家」または不安定な地域にあることが指摘されている。

二〇〇一年現在で最も深刻な問題点とされたのは、アフガニスタンがタリバン政権の支配下にあり、イラクがフセイン独裁のもとにおかれていることだった。アフガニスタンはカスピ海東部の石油をインド洋に運ぶラインを断つかもしれないし、イラクは豊富な石油資源にものを言わせて西欧諸国を脅迫し、また隣国サウジアラビアを脅かしかねない。もしこれに成功したら、イラクはアラブ世界の覇権を握ることになる。これは当時アメリカ合衆国とその同盟国にとってはまさしく恐怖の筋書きだった。

以上のような分析に基づいてNEPは、結論として、石油採掘地、補給ライン、将来の資源の確保をアメリカ合衆国の国としての安全保障と直接結び付けた。もしエネルギー供給が不足すれば、アメリカ経済にとっても合衆国市民の生活にとってもとんでもない結果が生じかねないのだから、緊急時にはエネルギー補給を軍事力によってでも確保する態勢を整えておく必要がある、[8]というわけだ。

新「国家エネルギー政策」をもとに、ブッシュ政権は二〇〇一年初夏にはもう安全保障上必要とされた措置をとり始めた。石油地帯への軍の配備を強化し、これらの国々での軍事訓練を拡大した。この任務の多くは民間軍事会社に委託された。この頃すでにNEPの批判者の口からこんな言葉が聞かれた、「この政策で合衆国軍隊は、次第に『石油警備サービス業』に成り下がるに違いない」。この批判は、二〇〇一年九月一一日のテロの後、アフガニスタン戦争が始まり、二〇〇三年春イラク戦争に拡大すると、やや違うかたちではあるが、ますます強まった。以来、否応なしにNEPの石油確保政策と「テロリズムに対するグローバルな戦争」とが絡み合ってしまったのだ。この戦争が起こらなくても、新「国家エネルギー政策」だけで民間軍事会社の受注簿は満杯になっていたはずだが、「反テロリズム戦争」のお蔭でこの業界は問題なく完全雇用を謳歌することになった。

二〇〇一年以降、アメリカ合衆国の働きかけで、大半の同盟国、関連する条約機構や国際組織もこの石油確保政策を目標として掲げるようになった。ドイツまでもが（フランス同様）この目標設定に同調した。ドイツ連邦共和国政府はアメリカ合衆国とは力点の置き所が違っていたし、イラク戦争にも直接参加はしなかったのだが、それでも連邦軍は例えば「不朽の自由作戦」の一環として喜望峰で石油補給ラインを守っている。またＮＡＴＯも、「戦略構想」のなかで生活必需資源の供給の中断は同盟の安全にとっての危険を意味すると述べて、この政策と同じ立場を表明している。少なくとも「不朽の自由作戦」以来、石油とエネルギー確保の政策は自明の行動基準になっている。

この構想の拡大は、二〇〇五年一〇月プラハでのＮＡＴＯ部内の会議で話し合われた。司令長官の合衆国将軍ジェームス・ジョーンズは、この同盟機構が冷戦終結とともに「純粋な軍事機構」から脱皮して、「平和維持と予防的および人道的作戦」のための新たな要請に応えるものとなったのであり、今後の安全保障上の任務は民間経済との協力によって遂行されなければならないと強調したあと、三つの優先任務を提示した。第一はロシアから西ヨーロッパへの石油と天然ガス補給ラインをテロリストの襲撃から守ること、第二は加盟国の港湾と国際的な船舶の航行の安全確保、第三が石油の豊富なギニア湾の安全確保だった。この地域は、西欧の「石油企業が年間一〇億ドル以上を安全確保のために支出しているところであり」「海賊、強奪、政治的不安定、キリスト教徒とイスラム教徒との緊張によりＮＡＴＯ諸国にとって重大な安全保障上の問題となっている」(9)と、ジョーンズは締めくくっている。こうして見てくると、民間軍事会社の業績が思わぬ落とし穴にはまりそうな気配はまるでないのである。

電子技術革命

民間軍事会社のブームを助けた要因に、これまで見てきたのとはまるで違う性質の現象がある。それは、軍事革命RMAとかネットワーク中心の戦闘(NCW)とか言われるように、戦争のやり方がさま変わりしたことだ[10]。その中心にあるのは、電子工学と情報通信技術(IT)の活用によって始まった兵器および戦争遂行技術の革新である。軍需工業で開発が進んだ結果、今では軽火器を除いて、電子システムとITとの連動なしに使用できる兵器はないほどまでになっている。コンピュータで電子的に連結されたこれら最新の兵器システム(精密兵器と言われるもので、「付随的損傷」を伴うことなしに「外科的措置」が可能となった)の取り扱い、操作・保守は、高度に専門化した技術者にしかできないのだ。

これに必要な技師、エンジニア、コンピュータ専門家などの大部隊は、これまでのところ、合衆国軍隊にはない。始めのうちは兵士を訓練して技能を習得させようとしたのだが、次第に自前の専門家を養成するのは費用がかかりすぎてだめだということになった。ペンタゴンは、それはやめて、兵器システムと抱き合わせで企業から操作要員を買い取ることにした。そこでノースロップ・グラマン社とかロッキード・マーチン社とか、多くの軍需企業が新しい部門を設け、ヴィネル社やMPRI社などの民間軍事会社を買収して、操作要員をこれらの新しい子会社に貼り付けたのだった。

戦争の方法については技術革新を象徴する二つのキーワードがある。ひとつは情報戦(IW)、もうひとつが指揮統制戦(C2W)。情報戦とは、敵のコンピュータ・ベースのネットワーク、電子的情報処理システム、データベースを盗み取りし、利用し、混乱させ、機能停止に追い込んだり破壊したりするために、情報および情報システムを攻撃的に、また防衛的に利用することをいう。指揮統制戦とは、敵の指揮中枢を情報の面で麻痺させ、肉体的に破壊するために、電子的、肉体的、心理的、諜報的手段を結合して投入し、敵の統制機関と統制メカニズムに影響を及ぼし、これを混乱させ、弱体化させることである。この戦い方を実際にやって見せたのが、前にも説明したように、民間軍事会社MPRI社で、クロアチアでの「嵐作戦」ではみごとに成功している。もっと大規模にC2Wを実際に適用したのがアフガン戦争とイラク戦争だったことは言うまでもない。二度とも相手の軍隊をこんなに早く無力化できたひとつの要因は、この新しい戦争遂行の考え方にあったのだ。だがこれを実現するためには、どちらの場合にも、民間軍事会社と民間企業の専門家の大量投入が不可欠だった。「プレデター無人航空機」、「グローバル・ホーク」、B2ステルス爆撃機また洋上の合衆国海軍軍艦から操作された「イージス防衛システム」のようなハイテク兵器は、民間軍事会社の職員が操作し保守していた[11]。情報システムも同じように多くは民間の専門家が操っていたのだ。

アメリカの軍艦からバグダッドへ向けて発射されるこの巡航ミサイルのような精密兵器は、メーカー企業自身が保守点検し、操作する。
（ゲッティ　イメージズ）

あるアメリカ人軍事専門家の分析によると、合衆国軍隊はどうやら契約職員自身を直接戦闘行為に関与させることにしたようだ。だから情報通信技術をベースにした戦争（情報戦）では、今後、「新しいタイプの傭兵」が主役となることが予想できるというのだ[12]。軍がハイテク兵器システムに依存する結果、民間軍事会社の助けなしには軍隊は機能しないことになる。ひとつの部隊を戦闘可能の状態にするには複数の民間軍事会社が必要というような場合さえ少なくない。こうして民間人——技師、プログラマー、システム・アナリスト、シミュレーター専門家など——で「戦場」に加わる者の数は急増する。これらの要員は軍事作戦そのものの不可分の構成部分になる。作戦基地にいて「デジタル化された戦争」を現実化するために働く数千人の「民間人」がじつは兵士なのだ。国際法ではこれらの人々は依然として非戦闘員だし、文民扱いされる。だが相手側からするとそうはいかない。彼らもまた立派な戦闘員なのだ。戦争に民間人兵士を関わらせることで、法的にははっきりしない立場の人間がうようよいるグレーゾーンが生まれることになった。

諜報機関の分野での技術革新

軍産複合体で見たのと同じような変化が、情報・諜報機関でも起こった。高度の機密を要するこの分野では電子革命の影響がはるかにはっきりと現れた。ひとつは諜報手段・方法のデジタル化で、この結果、仕事のやり方が一変した。もうひとつは、諜報機関の情報通信技術と民間企業のノウハウへの依存度が高まったことだ。第三には、国家機関と民間との癒着が生じ、軍事部門を上回るほどになった事実だ。

こうなったことについては、いくつかの要因がある。とくにインターネットの拡大で起こった情報の氾濫は、民間とくに企業とメディアしかこれを制御できないほどになった。データの電子的処理をベースにしたシステムによる合理化が銀行、保険会社、エネルギー関連企業などで始まり、情報通信技術への依存度は飛躍的に増大した。膨大な量のデータの整理システムとデータの電子的処理装置のセキュリティ・システムを最初に必要に迫られて開発したのも民間企業だった。ますます加速する新世代コンピュータの開発というハードウェアの面でも、千差万別の需要に応えるための「より知能の高い」プログラムの開発というソフトウェアの面でも、目まぐるしいほどの発展があった。「サイバースペース」、デジタル化されたバーチャルな世界の知能が発展したのも企業と民間部門だった。その優位は、やがて圧倒的なものになった。警察、軍、諜報機関の管理部門の担当官は、この「サイバー・インテリジェンス」には太刀打ちできなかった。ハッカーがホワイトハウスのセキュリティを破ってシステムに侵入したとか、コンピュータ・ウイルスが発電所、輸送機関などを麻痺させたとか、マスコミが報じて世間一般に知られるのはそのほんの一端でしかない。治安当局はハード面でもソフトウェア面でも強化をはかり、この弱点を克服しようとしたのだが、目立った成果はあがらなかった。結局、民間の知識を買い取るか、一時借用しておいて仕事に組み込むのが一番安上がりで賢い解決ということになった。民間からの援助を求める傾向に拍車をかけたのは、治安を脅かしかねない組織犯罪集団やテロリストがハイテク機器やハイテク専門家をいつでも問題なく手に入れることができるのに、治安当局の方は装備の点ではるかに遅れをとっているという事実だった。このギャップを早急に埋めるため、IT関連企業、民間のシステム・アナリスト、システム・エンジニア、プログラマーらデジタル化問題の専門家に国家の治安機構に参画することを認めたのだった。

民間企業と治安・情報機関との癒着の度合いとそのことのもつ意味を知るには、ドイツの情報・諜報機関の活動と任務を多少立ち入って見るとよい。これらの機関の任務とは、治安維持に関わるあらゆる秘匿情報を行政府と警察、関税当局、検事局などの国家機関に伝達することである。その任務範囲は、国内では、スパイ活動（経済スパイを含む）、妨害工作、テロリズム、政治・宗教・民族関連の過激な運動、組織犯罪、ドラッグ生産と密売、武器の非合法取引・密輸出入、貨幣偽造、資金洗浄、非合法出入国、人身売買、あらゆる種類の「サイバー」攻撃などに対する防御である。対外的には、国家危険罪にあたる行為なり組織犯罪なりが国外から発するか、国外から操られる場合に、同様の任務が生じる。このほか連邦情報局には、外務省、開発省、経済省、国防省のように対外的な活動を行う省庁に治安関連の情報を伝える任務がある。連邦軍と国防省は、これ以外にも軍防諜部から軍事上の安全を脅かす国外からの計画なり活動なりについて情報を得る。[13]

データの入手、情報の解読と圧縮また分析による情報の獲得は、とくにここ一五年間、どの情報機関も最新のIT技術によるほかなくなってきた。データ収集は普通、HUMINT（人的情報）、SIGINT[14]（信号情報）、IMINT（画像情報）の三部門で行われる。HUMINTは例えば外交官、経済人、メディア関係者、情報員など人間による情報収集である。SIGINTは、電話、無線、インターネット、レーザー、レーダー、衛星などを通じて電子磁気信号として送られるあらゆる種類のデータを途中で捕捉、盗聴などして情報を入手する。IMINTは、アナログ、デジタル、赤外線、紫外線その他の撮影技術による映像情報で、衛星、「プレデター」、「グローバル・ホーク」など無人航空機、航空機、船舶、地上ステーションから発信された情報を探索してデータを得る。

HUMINTも大いに進化をとげはしたのだが、本当に質的な飛躍があったと言えるのはあとの二部門だった。そしてこれも民間企業とその職員の能力によるところが大きい。輸送・運輸業界が衛星によるナビゲーション・システムを採用してからというもの、この分野の基準が一新したし（GPSベースのナビゲーション・システムなど）、そのうえ運送会社は、国境をまたぐ商品流通に関して公的機関よりも豊富なデータを持っている。こういうデータは、関税当局からすると武器やドラッグの密輸の摘発にはのどから手の出るほど欲しい情報だ。この地球上のどんな地点の衛星写真でもだれもが入手できるのも、民間会社が自前の衛星まで運用して商売に使うようになってからのことだ。今では衛星写真情報をどんな目的にでも利用できるまでになっている。組織犯罪は人身売買やドラッグの密輸に、鉱業は原料の発見に、企業スパイ会社は株式市場での思惑にとそれぞれ用途がある。地上にあるもの、移動するものに関する空中偵察も民間会社の得意分野になった。電信電話業界の大手企業は軍隊よりもはるかに効率がよくて廉価なデータ伝達方法を運用するようになっている。だからペンタゴンなどは電信電話通信ネットワーク全体の運用を、セキュリティの面では当然問題があることには目をつぶって、民間会社に委託してしまった。

課報活動の第二段階はデータの圧縮と、必要に応じて解読ということになるのだが、このプロセスもまたまるで一変している。データを整理し圧縮するための自動化されデジタル化された手順も、諜報機関より民間の方がはるかに進んでしまった。データの解読も暗号化もとっくの昔に軍諜報機関の独壇場ではなくなっている。民間企業がこの砦を数年前から掘り崩してしまった。SIGINT、IMINT、暗号化の分野では世界最大、かつ最も有能な情報機関であるアメリカ合衆国の国家安全保障局（NSA）は、独自の研究・開発に大金を注ぎ込んだのだが、専門の民間会社について行けなくなった。今ではNSAは特定の任務を契約会社に委託し、研究・開発業務の一部をコンピュータ・サイエンシーズ・コーポレーション(CSC)社(ダインコープ社)やサイエンス・アプリケーションズ・インタナショナル・コーポレーション(SAIC)社に任せてしまった。

そして第三段階、つまり得られた情報を加工して知識とするプロセスにも民間企業が食い込んできた。知識こそが生産過程における最も貴重な資源のひとつであることを企業が認識するようになってからというもの、知識管理が一変してしまった。それはきわめて創造的で洗練された無数のソフトウエア・プログラムにも反映されている。複雑な問題の解決、状況の多元基準による評価、弾力的な戦略の開発などのための「インテリジェント・ツール」は、いまではシェル社とかメルセデス社とか世界中に展開して活動している企業やマッキンジーのような安全保障顧問会社では、スタンダード・プログラムに近いものになっている。企業は莫大な資本を抱えているだけに、知識創造のためのツールと方法では大抵の情報機関のいつも数歩先を行っている。そこでこれらの機関も、NSA同様、買取りと業務委託の両方でこのギャップを埋めようとしている。こうした事情につけ込んだのが民間軍事会社だ。どの会社も大枚をはたいて情報活動部門を拡充し、たえずオファーを拡大している。いまでは多少とも規模の大きな民間軍事会社のほとんどが、独自の情報活動部門を抱えていて、なかにはこれを専門業務としている会社も現れた。ほぼ三分の一の会社はほとんど情報活動だけで営業している。そのうち最有力の会社は、CACI社、コントロール・リスクス・グループ、ロジコン社、マン・テック・インタナショナル社、CSC社(ダインコープ社)、ディリジェンスLLC社、SAIC社、エアースキャン社それにクロル・セキュリティ・インタナショナル社だ。

3 パトロン・クライアント体制と闇経済
――安全保障を求める新しい需要の展開

ブッシュでは象の後について行けば、
露に濡れずにすむ。

アフリカの諺

前節で述べた安全保障政策の枠組みの変化は、西欧工業化社会の状況に重大な作用を及ぼしただけではない。いわゆる弱い国家はこれにもっと深刻な影響を受けた。かつての植民地の多くは五〇年代末に独立した後、六〇年代初めにそれぞれ安全保障の体制を補強することができた。ナイジェリア、コートジボワールなどの諸国は旧宗主国に保護を求め、ソマリア、ザイールなどはいずれかの超大国の傘の下に逃げ込んだ。これらの国々は東西対立が終わると、孤立無援になり、しかも主権国家としての体制は整っていない現状で、ここ一五年の間に安全保障体制の弱さが剥き出しになってしまった。そのうえ、経済、社会、政治、文化、民族、宗教にからむ未解決の問題が噴出しても、これを暴力以外の手段で平和裏に処理するだけの能力もないことがはっきりした。武力抗争の増加はこうした弱さの端的な表れなのだ。

このところ地球上で、外からの脅威に対してもまた国内についても自国の安全を保障できなくなったり、辛うじてなんとかなるという程度だったりする国が非常に多くなってきている。コロンビア、ハイチ、リベリア、スーダン、アフガニスタン、スリランカのようにもともと弱かった国のほかに、一九八九年以降旧ソ連邦の国々がこれに加わり、またインドネシア、フィリピン、ブラジル、ペルーその他サハラ以南のアフリカの大半の国で、グローバル化の結果、状況は悪化しつづけている。

なかには、さまざまな理由から保健衛生制度を維持できないため、兵士の戦闘能力を最低限保証することもできない国も少なくない。例えばアンゴラとコンゴでは軍隊内のエイズ感染者が約五〇%、ウガンダでは六六%、マラウイでは七五%、ジンバブエでは八〇%にも達している。(1) 銀行と自国内外の金融の流れを管理する機関がまるでない国もあれば、商業取引と商品の流れを監視する手立てのない国もある。人手不足で国境の警備が放置されている国さえある。マリ、ニジェール、ブルキナファソなどサハラ以南の国々では、国境を越えても役人にも兵士にもだれにも出くわさないなど、珍しいことではない。アフガニスタンやスーダンなどではおよそこれまで国家による正規の管理そのものがないのだ。

「暴力市場」の成立

国民国家が急速に衰え、武力独占が崩壊し、国家主権が縮小し、共同社会が次第に解体して小社会集団が生まれてくる——こうした現象は、過去一〇年間に第三世界の多くの国々ではっきりとした形をとって現れてきた傾向を忠実に反映している。こうなると不可避とは言えないまでも、十分に考えられる結末が「暴力市場」の発展で、実際これらの国々では武器取引が盛んになった。国家機関が公共財の安全を保障できず、法と秩序が個別集団の利害次第で好きなように操られ、国民の富の分配になんの原則もなくなり、生産物の社会的再配分の基準が勝手気ままに決められるようになってしまうと、大抵の場合、国家に代わる別の主体が出現する。東南アジア、ラテンアメリカ、アフリカの紛争地帯を調べていくと、個々のケースで暴力市場が生まれるのにいったいなにが原因でなにが結果だったのか、見極めるのは、不可能とまでは言わないまでも、なかなか厄介なことは確かだ。

この現象を説明するのに、世界銀行チーフエコノミストのポール・コリアーの挙げる四つの指標で足りるかと言えば、そうはいきそうにない。コリアーは、世界的に注目を浴びた調査報告で、二つの経済的指標と二つの社会的指標を示した。(2) その四つとは、「一次産品の輸出全体に占める割合」、「国民経済の著しい衰退」、「教育水準の低さ」、「全人口中青年男子の占める割合が異常に高いこと」だ。暴力市場の成立している国々では、この四つの指標が、ほかの（暴力市場のない）国と比べて異常に顕著だったことから、コリアーは、ほとんどの反乱グループの動機は経済的な「貪欲」であって、政治的な「憤懣」ではないという。

だが現実ははるかに複雑だ。例えば、政治・金融ネットワークを周りに張り巡らせた組織犯罪集団がかつて「社会主義国」と呼ばれたいくつかの国に生まれたのは、国家機関が弱体だったからなのか、それとも国家が組織犯罪のために次第に弱体化したからなのか、それは決定的な問題ではない。簡単に因果関係を言いたてるよりもっと大切なのは、二つの現象が互いに原因になり、結果になっていることを認めることだ。原因と結果との絡み合いがあって初めて錯雑した実態が生まれるので、これを単純に割り切ってしまうわけにはいかない。経済的な富を求める「貪欲」か、それとも腐敗した政治体制なり国家のエリート層なりに対する「憤懣」か、そのどちらが私的な暴力主体の行動の主な動機なのか、それは彼らが目標を達成するためにとる措置が成功するかどうか次第なのだ。「貪欲」が前面に出てくることもあれば、「憤懣」が強く働くこともある。こうして見てくると、世界の舞台に登場するさまざまな私的な暴力主体――まず第一に軍閥、叛徒、蜂起グループ、組織犯罪、テロリスト集団――はたえず入り乱れ癒着し合って、区別はますますつかなくなっている。例えばチェチェンでは、叛徒であれテロリストであれ軍閥であれ犯罪集団であれ、暴力主体がどんな役割を演じているのか、まるで見分けがつかない。シエラレオネやリベリアの内乱では、昼間は兵士《ソルジャー》で夜は叛徒《レベル》、(「ソルジャー」と「レベル」を合体させて)「ソ・レ」あるいは「ソベル」とかいうタイプまで出てきた。そのうえ、私的な暴力主体と法の側に立つ相手方である国家機関、民間企業、金融機関、商事会社などとの区別も曖昧になってきている。両者の間に微妙な協力のグレーゾーンが生まれて、なにが合法でなにが非合法なのか、はっきりとは区別できない有様になっている[3]。

パトロン・クライアント体制の孕む問題

第三世界、とくにサハラ以南のアフリカ諸国の構造上の特徴に、家父長制的なパトロン・クライアント体制があった。これは一種の同族支配で、階層が上から下へと組み立てられていて、開発援助金や国内資源の販売を資金源にしていた。一九八九年以降、富んだ国や所属するブロックの国からの財政援助も政治的支援もなくなると、この体制はたちまち危機に陥ってしまい、それが政治支配の分散化と暴力の国家統制からの逸脱を招く要因にもなっている。

パトロン・クライアント体制のもとでは、人々が報酬をもらう代わりに政治指導者として仰ぎ忠誠を誓った対象は国家の指導部だったわけだが、それが結局は大統領個人に集約されることが多かった。形の上では西欧民主主義国家を手本にした国家組織があって、省庁やら監督機関やら規則やらも全部そろってはいるのだが、実際には機能していないか、でなければ紙の上だけの話でしかないか、そのどちらかで、実体のある国家組織というより政治家とメディアのための舞台装置みたいなものだった。ザイールの元大統領モブツやコートジボワールのウフエ・ボワニのふたりは、この体制をほぼ完璧に仕立て上げた人物だ(4)。

この体制を貫く原理は、ヨーロッパの封建制、絶対主義にも似て、支配者その人かその一族郎党の意志と恣意への従属で、それが社会生活全般を覆っていた。だから人々はたえず不安に怯えることになる。経済、文化の面でも日常の政治・社会生活でもそうだった。どの取決めや決まりが有効なのか、今日役人にやった賄賂が明日もきいているだろうか、国家と交わした売買契約や取引が来月になっても生きているだろうか、メディアは現行の検閲規則をあてにしていていいのか、ひょっとして変更されてしまったのではないか、野党は今後もまだ活動を認められるか、それとも弾圧を覚悟しなければならないか――なにひとつ確かなことはない。市民が法的にはどんな立場にあり、どこまで当然の権利として要求することができるのか、これもいつまで待ってもはっきりしない。大統領なりトップの権力者なりの「寵臣」である中間の政治家、官僚にしたところで、その地位に安閑としているわけにはいかない。有能であればあるほど、危険人物としていつなんどき首をすげ代えられるか知れたものではない。こうなると下層、中間層の市民があてにする人物もたえず入れ代わることになる。経済と

地方軍閥がおこなう子ども兵士の養成には、大抵依頼をうけた民間軍事会社の指導員があたる。この写真はスーダンの少年兵。

（Tyler Hicks／ゲッティ　イメージズ）

いわずどんな分野でも、多少とも先を見据えた計画など、とてもではないがたてられるわけがない。

このパトロン・クライアント体制は、維持のための資金が途絶え始めると、次第に崩れ落ちていき、あとには真空が残った。政治団体、経済集団、文化・社会グループなどが、それぞれ勝手なやり方でこの真空を埋め、羽を伸ばそうとした。専横支配だったとはいっても、曲がりなりにも「秩序を維持していた手」がなくなってしまったものだから、互いに衝突し合い、分散しようとする利害を調停できるだけの権限と権力をもつ機関はもうどこにもなくなった。それどころか、それぞれが被害は最小、利益は最大をモットーに、目の前のこの混沌状態からなんとか抜け出そうとした。こういう状況が生まれたのはアフリカだけのことではなく、同様の傾向は中央・

東南アジアでもラテンアメリカでもまた中東でも見られる。

石油産出国の場合は、原油取引で得られる巨額の収入のお蔭で国家が資金面で支えるパトロン・クライアント体制を（少なくともこれまでのところ）どうにか維持することができるため、それほど深刻な影響を蒙ってはいない。しかしここでも批判の声をあげる者は出てきているし、政治エリートと軍が巨大な利潤を懐に入れるのを指をくわえてみているのはもう沢山だという機運が生まれている。インドネシア、ナイジェリア、コロンビア、サウジアラビア(5)などの諸国は、それでもまだ財政に余裕があるので、反対派を買収したり、買収の利かない者は力ずくで押さえ込んだり、粉砕したりできる。しかし国内の反対派を押さえ込み、油田の安全を確保するためにかかる手間がこれまでの能力を上回るため、軍事的な手段まで含めて安全確保のための措置をとらざるをえない事態がますます頻繁に起こっている。それまで自国の地下資源の輸出収入を、クライアントを養い、その口をふさぐ資金にあてていたほかの弱い国々では、グローバル化で世界市場での原料価格が下落して財政収入が激減したため、この手が使えなくなっている。

個別共同体の展開

パトロン・クライアント体制が崩壊した結果、社会対立が表面化しただけでなく、資源が枯渇するにつれて対立が激化し、ついには武力衝突にいたるケースが多くなった。社会文化の面では、互いに連動し合うふたつの傾向が現れてきた。ひとつは伝統的な価値、種族的または宗教的帰属を基礎とする個別共同体、分配をめぐる社会的葛藤をどうにか調停しながらある程度の保護を約束する共同体の成立である。いまひとつは、イデオロギー的にどこまで過激なかたちをとるかは別にして、「物質主義的」社会体制なり西欧の近代化モデルなりの粉砕をめざす集団や、可能な限りあらゆる手段を用いて物質的目標を直接達成しようとするグループの出現である。(6)

最初のケースは、社会的な困窮がすすみ、先行きの見通しがなくなり、自分の拠り所を見失うという経験を嘗めた人々が、伝統的な価値に目覚め、自分の種族や宗教団体に立ち返る場合だ。個別共同体のなかで生きていた秩序構造と紛争解決のモデル、共通の帰属意識、集団の連帯感に、人々は安らぎを覚え安心するのだ。共同社会は教育、保健衛生、社会福祉を自力でおこなうことで、弱くて腐敗したり、もうすでに消滅したりした国家の後釜に座った。その吸引力の強さはこれに従う人々の数の増加に示され、こうした個別共同体が複数集まって実際に機能する大きな組織をつくり、政治権力を求める例もあった。アルジェリア、ソマリア、スマトラ、スリランカ、アフガニスタンがそうである。成功によって内部の結束力はさらに強まるが、同時にまたそれは他の共同社会や残った国家機構との軋轢を生むことになった。結果はじつにさまざまだった。アフガニスタンではタリバンと名乗る種族・宗教集団が権力を奪い取り、暴力を独占した（のちにこの権力は外部からの干渉で破壊され、氏族構造が復活した）。スリランカでは今日なお続く内戦にまで発展し、ソマリアでは中央国家権力が個別共同体に支配権を譲った。アルジェリアではイスラム救国戦線（ＦＩＳ）は非合法化されてしまったが、スマトラではアチェ州自治運動と政府との間でさしあたり妥協が成立した。どの場合も変動にともなって流血沙汰の武力衝突が起こり、最大の犠牲者は一般市民だった。死者の八〇％はふつうの市民が占めている。

生活の物質面での確保を直接的な手法で実現しようとするもうひとつの傾向では、個別共同体を主として三つのタイプに分けることができる。第一は、政治的・イデオロギー的または宗教的・イデオロギー的反乱ないし蜂起運動で、コロンビア、シエラレオネ、フィリピンなどのさまざまな「解放戦線」がそれである。第二のタイプは軍閥である。諸侯や国王に身を売った中世末期のイタリアや三十年戦争当時のドイツの傭兵隊長とは違って、彼らは自身独自の領域を占拠して、地域的に限られた支配を行っている。崩壊してしまったかつての国家の領土の一部をわが物にして軍事支配を行使している場合もあれば、領土全体を奪取して独裁者に収まった場合もある。西アフリカ、中部アフリカの大半の国家がそうだし、コーカサス地方の諸共和国、イエメン、パキスタン（の一部）、ミャンマーにもそうした軍閥支配が見られる。ヨーロッパのかつての傭兵仲間と同様、これら軍閥のもとにいる兵士の間にも一種の仲間意識、連帯感が生まれ、ある種の安心感が広がる。伝統的な価値観を基盤にする個別共同体とは違って、独自のイデオロギーや種族意識で自分たちの行動を意味付けする代わりに、ここではその埋め合わせに、支配者は人々に物質的な欲望の満足と生命の保証を与えている。収入源は、領土内の原料資源を採取する企業への課金、（例えば人道団体の支援物資の輸送に対する）通行税の徴収や保護への見返りの要求、非合法の物資の生産と売買を行う者からの上納金などなどだ。

だれにも予想できなかったほどの広がりをみせているのが、第三のタイプの組織犯罪だ。もっともこれも種族・民族ごとにまとまる場合が多い。組織として必要な構成員同士の信頼度が高まるためだろう。軍閥の下の集団よりも構成員の結束は固く、互いに保護し助け合う、まさに「血盟の共同体」

だと言える。国家の追及を逃れるためにも、それは必要なのだ。彼らを結び付ける価値観は、軍閥の下の兵士よりもさらに希薄である。組織犯罪は、徹頭徹尾、目的共同体だからだ。彼らの収入源は、まず非合法の商品の取引や業務（ドラッグ、有害廃棄物、人身売買、資金洗浄）、つぎに合法的な商品の非合法取引（武器やダイヤモンド）、そして第三に合法的な業務の非合法決済（金融・技術のトランスファー、特許や商標の取引）だ。あれやこれやの形で法の網の目を掻い潜って行われる経済活動の総額――組織犯罪の売上をさらに上回るわけだが――は、各種研究機関の推算では、二〇〇五年には二兆ユーロにのぼるという。国際連合の推定では、組織犯罪による経済活動の国民総生産に占める割合は、各国で平均二％とされる。

テロリストは、国家以外の私的暴力主体のもうひとつのタイプではあるが、これは個別共同体から出てきたものではない。「イスラム・テロリズム」の現在主要な形態は、個々人（大半は社会的に恵まれた立場にある人々）のゆるやかな連合体で、彼らは必要に応じ、また行動ごとに機能的な集団に招集されるか、自分たちで集団に集まるかして、必要がなくなれば大抵はまたすぐに解散する。現在のテロリスト・ネットワークの多くは、イデオロギーの面では宗教的な色彩を帯びているが、その中身は、じつは、一九七〇年代、八〇年代ヨーロッパでひろく見られた（極左、極右、「赤」、「黒」）テロリスト・グループが唱えた「近代批判」をアラブ風に読み代えたものと言える。かつてのテロリストと違う特徴は、言葉や表現以外では、暴力行使の形態だ。暴力の矛先が民間人に向けられる点は変わりないが、「イスラム・テロリズム」の場合、かつてよりも、損害の最大限化の原則をさらに徹底して（二〇〇一年九月一一日の攻撃を見よ）いて、戦争の論理が前面に出てきている。

グローバルな非合法ネットワーク

さまざま私的暴力主体の間に、相互の利益をまもるために密接な結び付きが生まれた。蜂起グループと宗教を土台にした個別共同体、テロリストと組織犯罪集団、軍閥と反乱軍、種族集団とテロリストと組織犯罪、これらの間に最初はばらばらの接触があっただけなのだが、それが次第に恒常的で密接な協力関係に変わってきた。今では世界中いたるところで互いの利益に即した行動を繰り広げる全世界的な非合法ネットワークが存在すると言ってよい。テロリスト、ゲリラ、軍閥は、例えばドラッグやダイヤモンドを売って武器を購入し[7]、武器を売りつけた組織犯罪集団は入手したドラッグを市場に流す。テロリストは、軍閥なり宗教共同体なりから安全な退避場所を提供してもらう。ダイヤモンドの採掘現場を押さえている反乱軍は、ダイヤの流通を組織犯罪に任せる[8]。そして組織犯罪の方は、武器取引を行ったり、非合法の貨物を運ぶ航空機を発着させたりするための補給基地を、「国家主権の及ばない地域」、つまり反乱軍の支配地域内におかせてもらうという具合だ。

しかし国家以外の暴力主体からなるこの非合法ネットワークは、同時にまた、金融機関、原料加工業、税関その他の政府機関、商社など、法の側に立つ協力者の存在なしには機能しない。例えば武器の密売買はありとあらゆる合法主体の協力がなければまず不可能だ。また資金洗浄という非常に旨味のある業務にしても、なにも人里はなれた島でこっそりと行われるわけではない。それには合法的な金融機関の協力が必要だし、大々的にやるとなると、政治的なバックアップも不可欠だ。ハンガリー、エジプト、ウクライナ、イスラエル、ロシア、インドネシアなどの国々では、これまでとくにカリブ海諸国に根城をおいていた洗浄業と並んで、近年この業務がしっかりと根を下ろしている。

総じて、社会の合法部分が組織犯罪に侵食されるという事態は、地球上のあらゆる国に広がってしまった。ただその割合は国によって大いに違う。例えばスカンジナビア諸国では非常に低いのに対して、他の先進工業国ではその割合が次第に増大しているし（日本やイタリアなどが先頭を切っている）、トルコ、バルト海沿岸諸国、ブラジル、インドなど中位の工業国では急激に増加しているところもあり、組織犯罪が国家と社会の本格的な構成部分になってしまった国もある。例えばアルバニア、ザンビアなどの国家では、合法と非合法との癒着がすすんだ結果、政府の一部が組織犯罪に占拠されてしまったのか、組織犯罪の一部が政府の構成部分になってしまったのか、経済の大きな部分が組織犯罪のネットワークなのか、それとも組織犯罪の経済活動が合法的な経済の一部になっているのか、なんとも判別つかないほどなのだ。

この割合に大きなばらつきがあることを説明するには、さまざまな指標を参考にしなければならないが、大づかみに言って、国家、社会全体、社会集団による監視と管理のメカニズム、管理装置が最も完備し、透明性が確保されている場合に、浸透度が最も低く、管理体制が弱く、透明度が低いほど浸透度も高まる。

合法経済と犯罪部分をつなぐ環としての闇経済

反乱軍、軍閥、テロリスト、組織犯罪が国家の合法部分に浸透できたのは、一九八九年以降に現れたもうひとつ別の傾向と関係があり、これが民間軍事業への需要の動向にも如実に現れている。それはいわゆる非公式経済、陰の、または闇の経済の急速な拡大である。これはすべての国に見られる現象なのだが、国家が弱ければ弱いほど急激に増加する。闇経済はこれまでもどの国にもあり、先進工業国も例外ではなかった。だが「弱い国家」ではグローバル化の進展とともにその割合が急増した。現在では世界人口の半分以上が、闇経済に頼って生活していると言うより、なんとか糊口を凌いでいる有様で、しかもこれらの人々は法的にも不安定ならば身体の危険にも脅かされている。国連開発計画（UNDP）の発表によれば、例えばサハラ以南のアフリカ諸国の国民一人当たりの収入は一九九〇年から二〇〇二年までの間に年々〇・四％減少し、貧困者の数はこの間毎年七四〇万人ずつ増えたという。同時に教育、保健衛生、社会福祉の分野への財政支出は激減している(9)。

国境の開放、輸出入規制の大幅撤廃、外国為替規制の廃止、国営企業の民営化、資本移動の自由、経済部門全体の広汎な自由化の結果、一方では、第三世界の多くの国々で国家が経済を制御できなくなり、財政収入が激減した。同時にグローバル化によって無理やりに市場が開放されたため、合法的な経済部門の多くの企業が、生産性の高い多国籍企業に対抗できずに倒産した。

その結果、失業者が爆発的に増加し、ただでさえ弱かった社会組織は破壊されて、経済のかなりの部分が半ば非合法の状態に追いこまれた。なんとかやりくりして生き延びるために、企業は法の許す範囲ぎりぎりのところまで経費を削る、例えば税金や賦課金を払わないか少しでも減らす、労働法規、社会福祉関係の法律は無視する、融資や決済は非公式の場ですませるなど。国営企業や地場の大企業は外国企業のために儲けの大きい部門から駆逐され、代わって無数の零細企業が現れた。その大半が半ば非合法の立場にいるため、法的にも物理的にも国家の保護をほとんど受けることができない。契約違反や売り掛け金の不払い、脅し、強要が日常茶飯事になる。「非公式経済」部門は第二級の安全保障地域に格下げされたのだ。

国家の正統の暴力装置に真空が生じると、そこには次第に暴力集団（ここから組織犯罪が生まれてくる）または腐敗した治安当局者が入りこんできて、公共財の安全保障がこうしていわば「下から」なし崩しに民営化されることになった。収入源は、保護の代償に組織犯罪集団に支払われるみかじめ料だったり、警官に支払われる礼金だったりする。これらの企業は他方では国家の業務に依存しているので――営業許可、建築確認、道路使用許可など――国家の関係省庁とも非公式の接触が生じるのは避けられない。そこでまた担当役人には非公式の業務に対する謝金を包まなければならなくなる。こうして一方では組織犯罪の非合法経済循環と、同時に他方で経済と国家の合法領域と一部密接に絡み合って、闇経済という一種独特の経済過程が生まれた。非合法に調達された原料や半製品を――安いので重宝がられる――闇経済の企業が加工し、合法の経済が――やはり安上がりなので――製品を引き取り流通に乗せる。つまり世界の広い範囲で「非公式の経済」が、いつのまにか非合法と合法の両方の経済を繋ぎ合わせる環として出来あがっているのだ。

この結果どんな深刻な事態が生じているかは、ラテンアメリカのいくつかの国に見ることができる。闇経済のために税収入が減少し、国家はやむを得ず国内の治安維持のための予算を削減する。地域ごとに安全度が違ってきて、比較的安全な地域と安全ではない地域とが生じる。この差は収入分布と強い相関関係があり、富裕層は貧困層より国家による保護と安全をより多く期待できる。国家による暴力の独占は、形の上では問題にはなっていないが、事実上限定されるようになっている。都市の人口密集地域――例えばブラジルでファヴェーラスと呼ばれる貧民街――では、国家の治安機関はまるで機能しないほどで、実際の力の行使は私的な暴力主体に委ねられてしまっている。この貧困層の分離政策によって、仕事のない青少年は暴力以外に生き延びる術を知らない人間に育て上げられ、組織犯罪（それだけではなく、一部は国境を越えて蜂起グループ、軍閥、テロリスト集団）の予備軍がたえず生み出されてくる。他方、分離された富裕層の間では、国家の統制を脱した暴力主体に対する恐怖が育まれる。貧困層と富裕層というふたつの「個別共同体」が正面から衝突するのを避けるため、富裕で社会的に安定している層の側は自分たちの安全を確保するための準備を整えるのだが、これを引き受けるのが民間会社なのだ。ということは、国家は収入上位の側でも権力を失っているわけで、国家の暴力独占はここでも穴の開いた状態になっていると言わなければならない。「安全の空洞化」がすすみ、国家の安全構造はたえず土台を掘り崩されつつあるのだ。

暴力独占が次第に失われ、社会の細分化がすすみ、私的暴力主体の潜在力が強まるにつれ、国家と国家機関はますます不安定になる。非合法経済、闇経済、合法経済が混在し、貧困化に拍車がかかる。文化的疎外がすすんで、人々は社会で自分の拠り所を見失ってしまう。権威主義的権力構造が抑圧的な体制にまでいたる。これが多くの「弱い国家」の現状なのだ。国連開発計画や世界銀行の調査から読み取れる個々の指標の特徴は、国それぞれで異なっているし、また個々の指標の組み合わせも同じように異なる。例えば八〇年代末まで、第三世界の国々の厚生、教育向けの財政支出は防衛支出のほぼ倍だった。一九九〇年から二〇〇二年までの間に、この割合が次第に逆転しつつあり、今では軍事支出が教育・保健衛生支出の平均一三〇％にも達している。[10]

ある国で個々の指標が同時にマイナスの方向で出てくる――つまり組織犯罪と闇経済の割合が大きく、貧困度が高く、社会心理も不安定である――ような場合は、暴力的対決の噴出、暴力経済、戦争経済出現の可能性は非常に高くなる。「弱い国家」は、国内治安の面では、いわば時限爆弾を抱え込んだ状態にあるわけで、安全保障のサービス業務をつねに待ちわびていると言える。

これは国家機関だけの問題ではない。治安の基本的条件が不安定だと、合法経済の不安定にもつながり、組織犯罪が怖いとかいうこととはまた別に、安全を求める声が高くなる。国家にこれ以上期待しても無駄ということになれば、結局は民間のチャンネルを通じて警備会社に話をもっていくほかなくなる。「弱い国家」で創業する多国籍企業がまさにこのケースで、とくに「外国人」でしかも「上位にいる」お偉いさん方は並々ならぬリスクを背負うことになる。

注

1　戦争業、その小史

（1）以下により引用 Augusto Camera: Elementi di storia antica. Documenti. Bologna 1969, 三九六ページ以下。

（2）以下により引用 *Kriegsreisende*, 第三章 Mittelalter. Die schwarze Legion, 三ページ（www.kriegsreisende.de).

（3）『ブル島四部作　人間の大地』などで知られるインドネシアの作家プラムディア・アナンタ・トゥールは、その作品のなかでオランダ支配下の故国の人々の生活、権力関係を切々と描き出している。

2　東西紛争の終結

（1）Hans-Peter Martin / Harald Schumann: Die Globalisierungsfalle. Reinbek bei Hamburg 1996, 二九六ページ。

(2) 八〇年代末に出動中の国連軍総数はほぼ一〇万だったのが、九〇年代半ばには一万弱にまで減少した。二〇〇一年以後再び増加に転じ、二〇〇四年には世界一七カ所で三万四〇〇〇人の国連軍兵士が活動についた。これら国連軍に、ＥＵ諸国からは四〇〇〇人足らず、アメリカ合衆国からは僅か数十人しか派遣されていない。

(3) Inter Press Service vom 18. 11. 2003; またウルフの叙述を参照 Internationalisierung und Privatisierung von Krieg und Frieden, 三三～四八ページ、七九～九五ページ。

(4) 以下を参照 Deborah Avant: Privatizing Military Training. In: Foreign Policy, 7（Mai 2002）6.

(5) 以下を参照 Mark Duffield: Global Governance and New Wars. The Merging of Development and Security. London 2001.

(6) これら文書はともにワシントン、ホワイトハウス（www.whitehouse.gov/energy）とエネルギー省のウェブサイト（www.energy.gov）で見ることができる。

(7) 二〇〇五年エネルギー省の委嘱により元同省高官で現在は民間軍事会社ＳＡＩＣ社トップのエネルギー問題専門家であるロバート・ハーシュがまとめた「ピーク・オイル」に関する調査書はこの分析を裏付けている。これについてはとくに Adam Porter »US Report Acknowledges Peakoil Threat« vom 14. 3. 2005（www.countercurrents.org/po-porter）および合衆国政府の情報を参照（www.usinfo.state.gov）.

(8) ＮＥＰに関連する問題とそこでの分析と結論に対する批判的な評価についてはとくに以下を参照。Michael T. Klare（Blood and Oil. New York 2005; »The Intensifying Global Struggle for Energy« vom 9. 5. 2005, www.tomdispatch.com; »Mapping the Oil Motive«, in: tompaine vom 18. 3. 2005, www.tompaine.com）; Aziz Choudry: Blood, Oil, Guns and Bullets. In: Znet vom 28. 11. 2003; William Engdahl: The Oil Factor in Bush's War on Tyranny. In: Asia Times vom 3. 3. 2005.

(9) これについては以下を参照 »NATO means business to protect pipelines«. In: United Press International vom 26.10. 2005.

(10) ＲＭＡは元来（一九九一年に始まる）冷戦終結後ペンタゴンによってアメリカ合衆国の基本方針として開発された。その最重要部分のひとつとなっているのがＮＣＷ、すなわちある作戦地域のすべての部隊をネット化することで情報の流れを迅速化し、よって戦闘能力を向上させようとするものである。（ドイツ連邦軍ではこれはネット化された作戦指導と呼ばれる）。このＮＣＷ戦略の最初の実験場となったのが二〇〇三年イラク戦争だった。

(11) シンガー前掲書一三八ページを参照。彼はアメリカ国内のメディア、例えば『ＵＳＡトゥデー』などの報告に依拠している。

(12) 以下を参照 Thomas Adams: The New Mercenaries and the Privatization of Conflict. In: Parameters, Sommer 1999, 一〇三～一一六ページ。

(13) 詳しくは以下を参照 DCAF: Intelligence. Practice and Democratic Oversight—A Practitioner's View. Genf 2003; またアメリカ合衆国については Gregory F. Treverton: Reshaping National Intelligence for an Age of Information. New York 2001.

(14) この分野はとくに重要で、また近年急速に技術が進歩してきていることから、さらにＥＭＩＮＴ（電子情報収集）、ＣＯＭＩＮＴ（通信情報収集）、ＴＥＬＩＮＴ（テレメトリー信号収集）に分けられている。

3 パトロン・クライアント体制と闇経済

(1) シンガー前掲書一二六ページを参照。

(2) Paul Collier / Anke Hoeffler: Greed and Grievance in Civil War. Washington 2001.

(3) この問題については例えば以下を参照 Rolf Uesseler: Herausforderung Mafia. Strategien gegen Organisierte Kriminalität. Bonn 1993.

(4) ノーベル文学賞作家ナイポールは、小説『暗い河』一九七九年（小野寺健訳、ＴＢＳブリタニカ、一九八一年）のなかでザイールでのこのシステムの機能を生き生きと描き出している。コートジボワール生まれの著名なアフリカ人作家アマドゥ・クルマは、小説『野獣の投票を待ちながら』で自分の故国および隣接する西アフリカ諸国の実情を皮肉たっぷりに描いている。

(5) サウジアラビアの安定が崩壊する可能性は、その「封建的な支配体制」のためなのだが、それ以上にこの国の人口の爆発的増加のためでもある（一九五〇年：三二〇万人、二〇〇二年：二三〇〇万人）。しかも総人口の七五%が三〇歳以下、五〇%が一八歳以下。その結果、一人当たり収入は激減した（一九八一年：二八六〇〇米ドル、二〇〇一年：六八〇〇米ドル）。とくにサウジの若年層に広がる不満は、オサマ・ビン・ラディンとそのテロリスト・ネットワークであるアルカイダが利用しようと狙うところであり、それはイラクの不安定にもつながりかねない。

（6） これらの問題については以下を参照 Stefan Mair: Die Globalisierung privater Gewalt. Berlin 2002（SWP-Studie S10 / April 2002）; Sabine Kurtenbach / Peter Lock（Hg.）: Kriege als（Über）Lebenswelten. Bonn 2004.

（7） 例えばＮＧＯ「グローバル・ウイットネス」の調査報告を参照 For a Few Dollars More. How Al Quaeda Moved into the Diamond Trade. Washington 2003（Global Witness Report）.

（8） 例えば第1章で紹介したレオニート・ミニンの物語を参照。

（9） ＵＮＤＰ年次報告とくに UNDP: Human Development Report. Millennium Development Goals: A Compact among Nations to End Human Poverty. New York 2003を参照。

（10） これについては毎年発表される UNDP »development reports«（www.undp.org）中の統計を参照。ドイツ語では以下の形で発表されている »Bericht über die menschliche Entwicklung« von der Deutschen Gesellschaft für die Vereinten Nationen in Bonn（www.dgvn.de）.

第3章　危険な結果

1　戦闘的な協力関係——経済と民間軍事会社

神ならしてもいいことでも、
牛がやってはならないことがあるものだ。
ローマの慣用句

一〇年以上も前から民間軍事会社は世界のいたるところで活動しているが、その存在が知られることはほとんどなかったし、問題として取り上げられることも滅多になかった。何度かスキャンダルがあり、イラク戦争が起こって、世論は時々思い出したようにこの現象に気付き、あれこれ議論することもあった。だが議会やメディアで突然話題になったかと思ったら、すぐまたあっけなく消えて行く。これはどうにも腑に落ちない話ではある。みんなが口を揃えて、民間軍事会社というのは深刻な問題で、影響するところも大きいから、ただちにこれを取り上げ法制化しなければならないと言い立てるのに、すぐにまた忘れられてしまう。

例えばドイツでは、二〇〇四年秋しばらくの間、議会で議論された。その年の夏にメディアが「新しいタイプの傭兵」の活動について散々書き立てたからだった。連邦議会のキリスト教民主同盟・社会民主同盟の議院団は次のような内容の決議案を提出した。「民営化は長期的に見て、軍事と国民国家との関係に根本的な変化をもたらしかねない。国家の武力独占が危うくなるか、場合によっては完全にこれを放棄することにもなり得る……戦争法規は数世紀にわたり営々築き上げられてきたものであるのに、それが今や民間警備会社のために有名無実化しようとしている……したがって国際的にも国内においても明確な法的処置が必要である」(1)。当時は、民間軍事会社が国家を脅かしかねない現象だという点で、党派を越えて意見の一致が見られた。ところが、なんとかしなければならないとみんな口先では言ったものの、問題は委員会に付託されて、実際にはほとんど手付かずのままだ。他の国でも――フランスだけが例外で、ここでは二〇〇三年四月反傭兵法が可決された――大したことはしないか、まるでなにもしないか、そのどちらかだ。手をこまぬいてやり過ごし、みんなが忘れるのを待つ戦法で、それはある程度成功した。

法的解決が一向にすすまないのは、問題になっている事柄自体があまりにも複雑すぎることにも一因がある。それになによりもまず西欧諸国がジレンマに陥っていて、ここを抜け出すのは並み大抵なことではない。ストックホルム平和研究所その他の研究機関が指摘するように、根本的な「目標の葛藤」があるのだ。安全保障関連予算を減らし、軍隊を削減しようとしているその一方で、軍に課せられる任務は増大し、国外での軍事介入もたえず拡大される。このように矛盾する目標を追う結果、人の面でも物の面でも抜け出すのが困難な局面に陥ってしまった。最も手っ取り早い解決が――どんな厄介なことになるかはさておいて――任務の一部を外注にまわし、民間軍事会社に任せてしまうことだと考える政府が出てきた。例えばアメリカ合衆国は軍隊を三分の一削減して兵力を一五〇万人としたが、その後一〇〇万近くもの民間人兵士を雇用して、結局兵力は削減以前を上回ることになった。だが民この民間委託がどんな変化をもたらし、どんな結果を招くかは、まだだれも見極めていない。だが民間軍事サービス業務部門が活動を始めて一〇年経つ今日、問題の多くはすでに指摘され議論されてきたと言える。この章では、民間軍事会社が民間経済、とくに多国籍企業と協力して行なってきた活動からどんな結果が生じてきているかを検討したい。以下では、「強い国家」、「弱い国家」、次に人道支援団体または平和維持活動との関連で状況を見ていく。

民間産業の企業にとっては、これまで軍事サービス業と提携する上で全くなんの問題もなかった。それどころか、普通、民間軍事会社なら注文にぴったりの誂えたような保護策を提供してもらうことができる。こちらの方が、国家による条件や規制に縛られるより好都合ということが多い。それに双方とも民間部門にいて、同じように利潤追求を旨とし、契約でことを片付けるのに慣れているので、提携するのに厄介事が起こることは滅多にない。多くの場合、一方が儲ければ、もう一方の利益にもなるというのが普通だ。だが経済パワーと軍事パワーとの提携がうまく行くのは、それが双方の利益に合致する場合に限られる。その行動の結果が社会内部の他の利益集団の抵抗に遭うようなとき、つまり例えば企業が生産された富を住民の生活状態に応じて分配しないような場合、または労働条件があまりにも厳しいため労働者がこれを非人間的と受け取るような場合には、提携が成立しない。なにが正当な分配か、どこまでが我慢できる労働条件か、それは国によっても、また文化によっても異なる。いずれにせよ深刻な衝突が生じるのは、企業がその社会のなかで非常に強い支配権を握っていて、例えば労働組合などと妥協せずに、一方的に労働条件なり分配方式なりを決定できるような場合である。第三世界の諸国で政党、軍隊、警察または準軍事団体が大企業による利潤追求に組み込まれると、状況は必ず先鋭化する。

アンデスの国コロンビアへの介入

コロンビアは、相反する利害がぶつかり合うなか、企業の側が民間軍事会社や他の関連した勢力と協力してこうした葛藤にどのように対処していくかを見るためには、またとない実例になっている。

この国はコカインの密売——国民総生産の「たったの」六％を占めるにすぎないのだが——と高価なコーヒーで有名になった。だがこの国の富はコカインとコーヒーだけというわけではない。はるかに重要なのが豊富な石油、石炭、金、プラチナの産出で、世界中のエメラルドの九〇％はコロンビア産なのだ。さらに農業も盛んで、輸出もバナナと木綿だけではない。世界中の大企業がこの国に進出しているし、アメリカ合衆国のトップ五〇〇社のうち四〇〇社がここに相当の額を投資している。それでいてコロンビアは中程度の工業国でも富んだ国でもない。国際連合の開発担当機関の順位表で見ると、やっと七三位でキューバやセイシェルよりも下なのだ。その主な理由は数十年来続く内戦だ。一方には国家権力機関の大部分（軍と警察）を従える政治と経済の寡頭制支配層と、これに対して、コロンビア革命軍（ＦＡＲＣ）と称する反乱軍と民族解放軍を筆頭に、次いで左翼政党、労働組合、知識人、農民、インディオの諸種族が対峙している。

この紛争は、ここ一九年来、外国の大企業の活動が活発化するにつれ激しさを増している。とくに一九九九年合衆国政府が前にも触れた「プラン・コロンビア」を導入して、アメリカの企業とコロンビア政府に政治と金融両面のバックアップを始めて以来、国内での妥協は不可能に近くなってしまった。フランスの新聞『ル・モンド・ディプロマティク』の書き方はもっとあけすけだ、「準軍事団体による自国製のテロだけでは、ますます強力になるゲリラを封じ込めることができなくなったものだから、ワシントンは数十億ドルに及ぶプラン・コロンビアを決定した[2]」。国連統計によれば、現在四〇〇〇万人口のうち約二五〇万人が国内難民になっていて、政治的動機による殺人だけで年間四五〇〇件を数える。その主な犠牲者は労働組合員と労働者、そして犯人の大半は軍や警察と密接に協力する準軍事団体の構成員で、この種の団体の数は一四〇にものぼる。「『準軍事』という婉曲な言い方をするのは、まずなによりも、世論の目を絶滅政策の張本人である軍や関係する政治家から逸らすのが狙いなのだ。『準軍事団体』が汚い仕事を引き受け、軍と政界は、どれほど人権侵害の非難が出されようが、そ知らぬ顔でアメリカの援助を要求することができるというわけだ[3]」。コロンビアで活動する大企業、とくに石油、軍需産業と民間軍事会社のロビー団体は、六〇〇〇万ドルものキャンペーン費用を注ぎこんで、アメリカ議会が「プラン・コロンビア」を可決するよう働きかけた。内戦に揺り動かされるこの国を救済するためだとの触れ込みで実現したこの計画だったが、当初承認された一三億ドルのうちコロンビア政府に治安回復のために回されたのは僅か一三％、残りの八七％はアメリカ企業の懐に流れ込んだ。

この金の大部分は「治安問題」解決のためと称して、とくにアメリカ、イギリス、それにイスラエルの民間軍事会社がせしめた。総計三〇社ほどのこの手の会社がコロンビアで活動している。例えばカリフォルニア・マイクロウェーブ・インコーポレーション――ヴィネル社同様、軍需企業ノースロップ・グラマン社の子会社――が担当しているのは合衆国政府のための高感度偵察・探索活動で、これをサポートするのが空中偵察とリンクした七基の高性能レーダー装置だ。マン・テック社、トンプソ

数十年来内戦の続くコロンビアでは、右翼準軍事団体が民間軍事会社から武器弾薬その他の補給を受けている。写真は2004年秋のパレード。外国企業は民間軍事会社に警備されている。　（クリストフ・リンクス出版社提供）

ン・ラモ・ウールドリッジ・オートモーティヴ（TRW）社、マットコム社、アライオン社は、高解像度の衛星カメラでコロンビア領土内の反乱軍の支配地域を撮影し、デジタル通信を傍受してこれを分析し、アメリカ軍南部コマンドとCIAにこれを伝える。シコルスキー・エアクラフト・コーポレーション社とロッキード・マーチン社は戦闘へリコプターと軍用飛行機を提供している。同社の子会社であるMPRI社は、コロンビア軍と警察がこれらの航空機を使いこなせるよう訓練する。アライン社は滑走路に航空機用の給油施設を建設する。アライド・コンピユータ・ソリユーションズ・インコーポレーション・ディフェンス社は兵站補給を担当する。イギリスのコントロール・リスクス・グループとグローバル・リスク社は、とくにリスクについて助言し、誘拐にあたって交渉をリードし、人質解放のための訓練や多国籍企業の生産設備の武装警備に当たっている。(4)

ダインコープ社はとくに「麻薬戦争」で大活躍している。アメリカ政府の委託で、同社はパイロットと整備員を派遣し、パイロットの養成、監視飛行、コカイン栽培地と精製所を破壊するための物資と兵員の輸送を行なうことになっているが、実際にやっていることは、T－65機によるコカイン栽培地へのモンサント社製の枯葉剤ラウンドアップの空中散布とコロンビア警察を特殊部隊のヘリコプターで援護することだ。コロンビア革命軍が、小農民にコカインを栽培させてこれを武器購入にあてていることから、この枯葉剤散布を実力で阻止しようとするため、武力衝突が絶えない。「コカイン農園への枯葉剤散布は戦闘行為と境目をつけるのが難しい。安全確保のためにまず辺り一帯をヘリコプターから機関銃で撃ちまくり、これに続いて兵士を乗せた自走砲が投入される(5)」。『ニューヨーク・タイムズ』紙その他のアメリカのメディアは、この種の枯葉剤散布で農民が死ぬなどの深刻な健康被害が起こっていて、また辺り一帯が何年にもわたって不毛の地になると報じている。ほかの民間軍事会社は警察、軍隊に反ゲリラ、反テロの訓練を実施しているが、準軍事団体にも同じような仕事をしていると、国連傭兵問題特別調査官エンリケ・バレステロスは指摘している(6)。イスラエルのスピアヘッド社とジル株式会社に対しては、準軍事団体の訓練と武器・弾薬の補給をしたとの非難が上がっている(7)。

大企業の安全戦略

以上がコロンビアでの大企業の活動の背景である。企業の側からすると、経済活動の円滑な進行をさまたげる要因は、企業内では労働組合や反抗的な労働者だし、外ではコロンビア革命軍や国民解放軍だ。コロンビアの警察、軍隊では思うように保護することができないというわけで、合衆国は顧問や訓練担当者（大半は民間軍事会社の職員）を派遣して、改善を図ろうとした。それでも万全とは言えないので、企業はそのほかに民間軍事会社を直接雇っている。これらのさまざまな保安要員、武力行使者は大抵分業で任務を担当しながら、密接に協力し合っている。衛星や偵察飛行でゲリラ部隊の移動に関する情報を集めて、軍に連絡する会社もあれば、労働運動や農村住民のなかに情報提供者を潜り込ませて、得た情報を警察や準軍事団体に流す会社もある。工場内の警備に当たる会社は労働者のストライキに対する戦術や対処法を警察、準軍事団体と綿密に打ち合わせている。

コロンビアの労働組合は、九〇年代に、世界最大手の食品会社スイスのネスレ社が、賃金協定交渉の最中に準軍事団体を使って組合代表を殺害させたと告発した。バナナ業界の多国籍企業は、九〇年代に、武力行使者の手を借りてウラバ地方の組合活動家四〇〇人を殺害し、農業労働者の組合を粉砕した。アメリカ合衆国石炭大手のドラモンド・コール社に対しては、労働組合を押さえ込むために準軍事団体に作戦拠点を提供し、資金、食料、燃料、装備を供与したとの非難が向けられている。コカ・コーラ・コロンビア社では、「警備要員」の働きで、一〇年足らずの間に賃金を平均七〇〇ドルから現在一五〇ドルにまで切り下げ、常勤職員を一万人から五〇〇〇人に削減して七五〇〇人を下請け雇用に回し、組合加入率を二五％以上から五％以下に押し下げた。そのほかコカ・コーラ社には組合幹部抹殺をめぐる共謀の疑いがかけられている。同じ告発や同様の非難はコロナ・ゴールドフィールズ社ほかの多国籍企業にも向けられている。[8] 最近、コロンビアの労働組合は、法律相談を専門にするNGOの援助で、いくつかのケースについてこれらの企業が本拠をおく国で訴訟を起こしている。これまでのところ判決はまだ出ていない。[9]

外国企業の援助または了承で「保安要員」が労働者、組合員に対して加えた犯罪行為や人権侵害行為の数々の例は、コロンビア革命軍と国民解放軍という「安全リスク」の排除にもやはり当てはまるのだが、その規模ははるかに大きい。コロンビア革命軍は約二万、国民解放軍は一万二〇〇〇の武装兵力を擁している。彼らの攻撃目標は、多国籍企業に関する限り主に石油産業に向けられている。反乱軍の言い分だと、この産業で上げられる利益のうちコロンビア国内に留まる分はコロンビア寡頭制支配者層、政府閣僚、高級軍人の懐に入るばかりだから、ということになる。ゲリラ討伐では、コロンビア軍、石油会社の雇った傭兵、合衆国政府が派遣した民間軍事会社が協力し合っている。工場内の労働者、組合に対しては、民間軍事会社と警察それに準軍事団体が手を組んで対抗する。これを以下に二つの例で示すことにしよう。

良心の痛みを知らぬ石油多国籍企業

コロンビア北東部の平原、アラウカ市近郊に国内の主要な油田のひとつがある。コロンビアで採れる原油の二〇%が、ここから一〇〇〇キロメートル近く離れたカリブ海に面するコヴェニャス港までパイプラインで運ばれ、そのうち半分が船でアメリカ合衆国へ送られる。採掘施設とパイプランは、コロンビアのエコペトロール社とアメリカの石油大手オクシデンタル（オクシー）社が合同で運用している。パイプラインに対して、コロンビア革命軍と国民解放軍が年間数十回もの襲撃・妨害行為を仕掛けている。警備のためにアメリカ政府は数億ドルの支出を認めた（オクシー石油は一バレル当たり約三ドルの補助金をもらっている計算になる）。採掘施設とパイプラインの安全確保はエアースキャン社が現場で担当している。油田の近くに飛行場があり、そこからエアースキャン社のパイロットが、ビデオカメラと赤外線カメラを積んだスカイマスター機を飛ばして監視する。ゲリラの基地、部隊の動きは軍に逐一伝達される。飛行場は同社所有の戦闘ヘリコプターの発着にも、またコロンビア正規軍部隊の出動にも使われる。オクシー社は計画立案を助け、採掘現場での部隊の移動を認め、燃料を提供して、民間軍事会社と正規軍の反ゲリラ作戦を支援している。『サンフランシスコ・クロニクル』紙や『ロスアンゼルス・タイムズ』紙などアメリカのメディアによれば、エアースキャン社の要員がコロンビア正規軍に攻撃目標を指示したり、また「空軍パイロットがゲリラ部隊をみごとに空に吹き飛ばす」と、反乱軍撃滅を祝ってドンチャン騒ぎをしたりしたという。一九九八年一二月一八日、エアースキャン社とコロンビア空軍のヘリコプターがパイプラインから五〇キロメートル離れた村サント・ドミンゴで、革命軍部隊と思われる一団を攻撃した。機関銃射撃と爆弾の雨のなか子ども六人を含む村民一八人が命を落とした[10]。のちにアメリカ合衆国とコロンビアで裁判が行われたが、証拠書類が紛失するなどして、関係したパイロットで有罪になった者はひとりもいなかった。

やはりコロンビア東部にある油田クシアナは、ブリティッシュ石油社が採掘に当たっている。ここからもコヴェニャス港までパイプラインが通じていて、これは同社がコロンビア共和国法人ＯＣＥＮＳＡと共同で運用している。採掘設備とパイプラインを警備しているのは、ブリティッシュ石油の依頼を受けたディフェンス・システム・コロンビア（DSC）社で、これはアーマー・グループの子会社だ。元イギリス諜報機関将校ロジャー・ブラウンをキャップにすえて、盛沢山な安全保障対策が練り上げられた。監視活動、スパイ活動のほか、警察・軍隊にゲリラ対応戦術、蜂起鎮圧技術さらに心理作戦戦略の訓練を実施することも盛り込まれていた。ブラウンが、イスラエルの軍事会社シルヴァー・シャドウ社との大量の武器取引――戦闘へリコプターとゲリラ撲滅作戦用の特殊兵器など――に絡んで辞職を余儀なくされたあと、代わって後任に収まったのがコロンビア軍の将軍エルナン・ロドリゲスで、複数の人権擁護団体から一四九件の殺人に関与していると非難されている人物だった。[11]エアースキャン社同様、DSC社も反乱軍の動きに関する情報を集めては、これをコロンビア軍に流しているのだが、このコロンビア軍というのが、国連人権高等弁務官から重大な人権侵害事件の長いリストを何度となく突き付けられているいわく付きの軍隊なのだ。

DSC社は金で釣った情報員も使っている。アムネスティ・インタナショナルの報告によると、これら情報員の任務は「パイプライン沿いの地域住民の活動に関する情報をひそかに収集し、破壊活動容疑者を探り出すこと」だ。情報が「コロンビア軍に流されると、軍は準軍事団体を使って破壊活動分子と目された人物をリンチにかけ、消してしまうなど違法行為の目標にすることも多いという」。[12]DSC社、軍、準軍事団体の活動の結果、数えきれないほどの犯罪が犯されてきた。これらの行為がブリティッシュ石油社の同意と援助のもとで行われてきたことから、一九九八年一〇月欧州議会は決議を採択して、同社が殺人者集団に資金援助を行っていることを厳しく糾弾した。[13]だがその後も実情はほとんど変わっていないというのが、ヒューマン・ライツ・ウォッチ、アムネスティ・インタナシヨナル（コロンビア）、コロンビア労働組合中央同盟（ＣＵＴ）などが繰り返し訴えるところだ。例えば二〇〇四年一月七日、アラウカ教員組合議長のフランシスコ・ロハスの携帯電話に次のようなメールが届いた、「お前の父親は殺された。お前の兄もやられた。お前はなにを待っているんだ。あと八時間やる。その間に町を出なければ、お前は死体のように匂うことになるぞ」。これはただの脅しとは思えなかった。彼の前任者だったハイメ・カリーヨはその一年ほど前にやはりこんなメールを受け取った、「子どもたちの心配をしろ。さもないとお前は二度と子どもに会えないぞ」。その後彼は行方知れずになった。ほかにも組合員、アラウカ農民組合幹部、人権擁護活動家が数十人も「破壊活動分子」にされて、さまざまな治安勢力の標的にされた。二〇〇三年だけでコロンビア全土で七〇人の組合員が殺害され、二〇〇四年には一四〇〇人の市民が治安勢力の手にかかって命を落とした[14]。ＮＧＯレーバーネットの調査によれば、二〇〇五年一月から一一月までの間に、毎週少なくとも組合員ひとりが殺されたという。例をひとつ。食品業労働組合の幹部で、その身辺に危険があるということでインターアメリカン・ヒューマン・ライツ委員会の保護の下におかれていたルシアーノ・エンリケ・ロメロ・モリーナは、二〇〇四年九月一〇日夜を最後に消息を絶った。翌朝発見された死体は、縛り上げられ、拷問され、四〇カ所もナイフで滅多切りにされていた[15]。

人権侵害事件が跡を絶たないことに業を煮やした人権団体は、国際連合、コロンビアで操業中の大企業の政府、石油会社に宛ててアピールを出した。人権団体ヒューマン・ライツ・ウォッチが石油会社に宛てた勧告を見ると、私企業と武力行使者との関係が現状ではどうなのか、また関係者全員が合法的な枠内で活動するとするならば、その関係はどうでなければならないかがよく分かる。

コロンビアは特別のケースではない。「強い国家」がそれ自身と多国籍大企業の利益を守るために、民間軍事会社と協力して、アフリカ、アジアの多くの国々に干渉する、そのやり方は、コロンビアの場合と基本的には変りない。ナイジェリアでのシェル社に対する苦情は、国連人権擁護高等弁務官の年次報告に、何年も前から毎年のように出てくるし、アゼルバイジャンとインドネシアでのブリティッシュ石油社の手口についても同じなのだ[16]。エクソン・モービル社のアチェ（インドネシア）[17]や、チャド・カメルーン・パイプラインでの活動は何度も調査の対象になった。法を無視して土地を収用する、補償金を払わない、農民を追いたてる、現地住民を水汲み場に近寄せないなどの苦情が出されている[18]。ガーナではアシャンティ・ゴールド・フィールズ社のような多国籍企業に対して、同国のNGO「鉱山業で影響を受けた地域団体のワッサ協会」は、同社の金鉱山で拷問、殺人も含む非人間的な

人権団体ヒューマン・ライツ・ウォッチがコロンビアで操業する石油各社に対して出した人権侵害防止のための勧告書

各社は政府ないしいずれかの国家機関と締結する保安に関する協定のなかに、契約の条件として次の一文を挿入してほしい。すなわち会社敷地内で行動する国家保安部隊は、政府が市民的及び政治的権利に関する国際規約、米州人権条約ならびに人権と人道の国際的な基準に即して義務として負っている人権保護の要請に従うこと。

・各社が国家機関と締結する保安協定を公表してほしい。ただし個人の生命を危険に曝すような行動の詳細は除外する。
・各社は警備要員に指定された兵士と、警官の審査を行なうよう強く要請してほしい。国防省および人権侵害の調査を担当する政府機関（検察庁、国民弁護団および法務局）ならびに非政府人権団体との協議により、各社は人権侵害への関与が証明された兵士ないし警官が警備担当にあてられることのないよう確認を求めてほしい。
・契約社員または警備会社要員として働く元軍人または警官が人権侵害や準軍事団体所属の経歴がないことを、念入りな背景調査で確認してほしい。
・各社は警備に当たる警官、軍人ならびに社内スタッフや下請け要員に対して、人権侵害が行われた場合、会社が先頭に立って調査と追及を行なうことを誤解の余地なく明らかにしなければならない。
・人権侵害の信じるに足る告発があった場合には、各社は関与した兵士、将校を直ちに停職処分にして、適切な内部調査と刑事捜査を始めてほしい。
・各社は調査の進行状況を積極的に把握し、問題解決に圧力をかけてほしい……
・調査の結果は公表してほしい……

出典：ヒューマン・ライツ・ウォッチ、コロンビア、Human Rights Concerns Raised by the Security Agreement of Transnational Oil Companies, Londn. 一九九八年四月。

営業政策がとられていると非難している。[19] また調査委員会は、業界最大手のアジア・パルプ&ペーパー社が、とくにインドネシア、リアウ州で重大な人権侵害（肉体的な虐待、脅迫、強要など）を犯しているとの告発を繰り返している。[20]

基本的な枠組と現地の権力者との関係は、国によって違ってはいるが、「弱い国家」で、住民を中心にすえた構造的な安定と永続的な平和維持をめざす政策をとっているケースはどこにも見当らない。

2　管理不可能――西欧諸国での武力の民営化

だが人間というのはさしあたり得になることに、
後先を考えずに飛びついて、これと結び付いている
危険には気が付かないものだ。

ニコロ・マキャヴェッリ

軍事的課題を民間軍事会社に委託することで、「強い国家」では一連の問題が生じている。契約の担保から民主的な管理、さらには報告義務にいたるまで問題は山ほどあるのだが、奥の深いこれらの問題のどれひとつをとっても、解決済みのものはない。本来そうあってしかるべき立場（例えばアメリカ合衆国やイギリスの政府）の側からは、民間軍事サービス部門に仕事を発注してきた経験を踏まえた報告書の類は出されていない。だから民間軍事会社の行動パターンから生じる問題点を整理し、検討するためには、ジャーナリスト、研究者、批判的に見ている軍人、NGOや国際連合の傭兵問題調査官のような関係者が収集した資料を頼りにするほかない。

イラクで起こっていることは、民間軍事会社に関わる問題のさまざまな側面に光を当てるにはとくに好都合だ。イラクではこれまでにないほどこの種の会社が投入されていて、資料が十分にあるからだ。

イラクでの民間人兵士

二〇〇四年三月三一日、民間軍事会社ブラックウォーター社の四人の職員がファルージャで射殺され、その死体は見せしめに橋にぶら下げられたまま発見された。そのうちのひとりスティーヴン・スコット・ヘルヴェンストン三八歳は、元アメリカ海軍特殊部隊シールズの隊員で、長身、ブロンド、日に焼け、肩幅広く、まさにハリウッド映画に出てくるアメリカ軍精鋭部隊の兵士そのものだった。実際、数多くの映画、テレビのシリーズ物に端役やスタントマンで出ていた彼の顔は、アメリカ中に知られていた。映画に出る合間にロスアンゼルスでフィットネス・ビデオの販売店を経営していた彼は、またブラックウォーター社に治安問題顧問として雇われてもいた。やはり特殊部隊出身のほかの三人とともに彼が、二〇〇四年三月危険度最高とされたこの町で、武装警備隊の同行もなしに、いったいなにをしていたのかは謎である。まったく相反する説明がされている。ブラックウォーター社、イラク暫定政府、それにアメリカのメディアの多くは言う[1]、四人の「民間人」は待ち伏せに遭い、無残にも虐殺され、遺体までもがさんざんに傷つけられたのだと。対するイラク反政府勢力側はこう主張する、彼らは「民間人」どころか重武装の「特殊戦闘員」で、テロリスト探索を口実に夜な夜な襲撃しては、女子供に暴行を加え、男たちを残忍極まりない拷問にかけ殺していたのだと[2]。『ザ・スター』紙、『ケープ・タイムズ』紙、『プレトリア・リコード』紙など南アフリカ各紙は、二〇〇四年一月二八日バグダッドで爆弾テロのために死亡したフランソワ・ストリドムについてさまざまに報じた。民間軍事会社エリニュス社の仕事していたこの男は、またの名を「水兵」と呼ばれるアルベルトゥス・

ファン・スカルクウィクと同様、悪名高いクヴート（「かなてこ」）に所属していたことがある。クヴートはアパルトヘイト政権の下で数多くあった南アフリカ軍特殊部隊のひとつで、アフリカ国民会議に対する犯罪に関与していた。[3]またイギリスでは、北アイルランドでテロ活動のかどで有罪判決をうけたデレク・W・アドジーが、アーマー・グループに雇われてイラクにいることが報じられて問題になった。[4]チリ、アルゼンチン、コロンビア、エルサルバドルの新聞を読むと、軍事独裁政権のもとで掃討部隊や準軍事団体にいて数々の人権侵害事件を起こした特殊部隊の連中が、たっぷり金をもらってアメリカの民間軍事会社に雇われていることが分かる。ブラックウォーター社のマネージャー、ゲリー・ジャクソンなどは、ピノチェト政権の軍経験者を雇ったと平気で喋る始末だ。[5]どうしてこんなことがまかり通るのか、とメディアは問題にする。だが法律家に言わせれば、これは当然の結果なのであって、民間軍事会社については責任性も監督も報告義務も透明性もなにひとつ法律で決められたものはないし、だから情報請求権もないのだ。

契約の秘密と発注の混乱

実際これらの例は氷山の一角でしかない。民間軍事会社職員が犯した拷問とか殺害とかの犯罪行為は、事実上野放しなのだ。これまで少なくとも公表された限りでは、民間人兵士が裁判にかけられ有罪判決をうけたことはない。その理由のひとつは、例えばヘルヴェンストンら四人のブラックウォーター社職員がいったいどんな「出動命令」を帯びてファルージャへ行ったのか、彼らは自分たちで勝手に出かけたのか、それとも任務を遂行中だったのか、そういうことは一切明らかにされないし、また契約の性質上本来明らかにされることはない。在イラク・アメリカ合衆国軍司令部は、民間軍事会社がなにをやっているか、なにをやらされているのか、なにをしてよく、なにをしてはいけないのか、公式にはなにひとつ知らない。民間会社は軍の指揮系統には属していない。ペンタゴンから直接任務を与えられているわけだが、そこに問い合わせてみてもなにも教えてはもらえないし、会社の本社に尋ねても同じことだ。たらい回しにされるだけ、最後は契約上の秘密ということで門前払いだ。

民主党議員がアメリカ合衆国上院で、また下院で、民間軍事会社との契約件数、契約の内容、任務について何度も質問したのだが、透明性が高まったとは到底言えない。民主党のジャック・リードをはじめ一二人の上院議員がイラクでの民間軍事会社に対して出された文書による指針などの提示を要求したが、国防長官ドナルド・ラムズフェルドからは返事ひとつもらえなかった。『ニューヨーク・タイムズ』紙によれば、ペンタゴンはそっと耳打ちしたのだそうだ、イラクに民間軍事会社が何社いて、アメリカ市民の税金を使ってなにをしているのか、じつはペンタゴンにも分かっていないのだと。ペンタゴンのある役人が、名前は伏せておいてくれと前置きして『ワシントン・ポスト』紙に話したところでは、イラク暫定政府は「なんでもかんでも手当たり次第、誰彼なしに発注して」、合衆国には公式にはまるで報告しないという。事実、合衆国政府は、議会に契約の詳細を開示する義務を負っていないのだ。政府からはほとんどなにひとつ情報を引き出せないので、数人の議員は会計検査院に対しイラクでの民間軍事会社の役割について調査するよう要請した。(6)

堂堂巡りで、最後まで行っても情報量は法律上の手がかりがないため結局のところ一向に変わりない。今日にいたるまで、二〇〇三年イラク暫定統治機構の時代から二〇〇五年まで民間軍事会社が何社イラクで業務を行なったか、また現在のイラク政府の下で何社が行動中か、公式にも非公式にも分からないのだ。当初、暫定統治機構に、その後イラク内務省に登録されている会社の数は実数を大きく下回る。[7] もっと分からないのが、これらの会社がどんな任務を受けて活動しているかで、ましてこれらの任務がどこまで遂行され、成果を挙げているかどうかなどは知る術もない。

法的混乱は発注業務から始まる。多少とも探り出せた範囲で言うと、当初の委任状には詳細の項目別記載などはまず滅多になく、発注者の側からなんらかの法的な請求権が発生するような文面にはなっていない。契約違反や契約不履行に対する制裁も普通文書化されることはないらしい。つまり武力の使用という細心の注意を求められる案件で、国家は、簡単な売買契約でも当然あるはずの項目を無視していることになる。また通常、依頼用件をどのように、どんな手段で実行するか、またどんな手段を用いてはならないかなども特定されることはない。名前は出さないでくれと言う複数の民間軍事会社職員の証言では、彼らは、イラクでいちいち許可を取り付けないでも、人を逮捕し、道路を封鎖し、身分証明書を没収するなどの権限をもっているという。彼らが主権行使にあたるこのような行為を行なう権限をペンタゴンの了解で得ているのかどうか、突き止めることができなかった。[8]

ダインコープ社は、アメリカ国務省と五〇〇〇万ドルの契約で、イラクの刑事訴追制度を立ち上げることになった。同社職員四人は、二〇〇四年六月、重装備で戦闘服に身を固め、イラク人警察官を率いて、以前アメリカに亡命していたイラクの指導者アハムド・シャラビを襲った。[9] 国務省が委託契約を出す際にはたしてこのような行動を予定していたのかどうか、はなはだ怪しい。だがダインコープ社が警告をうけたという話も聞かないので、契約の作成の仕方がいかにも杜撰だったため、このような処置もカバーしていたのだろう。他の多くの例を見ても分かるように、契約に盛り込まれた任務をどのように実行するかは、大幅に民間軍事会社の裁量に任されているのだ。

ロンドンのハート・グループは、契約によると、イラク暫定政府のために安全確保の限定された（という以上には特化されていない）一部を「受身のやり方」で担当することになっていた。ハート社職員は、イラク反政府勢力の攻撃を受けた際には連合軍正規部隊の出動を要請するよう指示されていた。だが同社の責任ある立場にいる部長がBBCラジオで証言したところによると、同社の保安要員は何度となく銃をとって戦ったことがあるとのこと。それは兵士が戦闘の現場に到着するのが遅れたか、まるで姿を見せなかったからだという。これは例外ではない。コントロール・リスクス・グループ、トリプル・キャノピー社などほかの会社も同じような目に遭ったことを報告している。イラク暫定統治機構のナッシリジャ本部が、反政府勢力から機関銃と迫撃砲で攻撃をうけた際、イタリア軍政府要員とふたりのジャーナリストを見殺しにした。[10] クートでは、この地域を担当するウクライナ軍は、シーア派指導者ムクタダ・アルサドルの「マハディ軍」の攻撃に際して、暫定統治機構の要員とトリプル・キャノピー社の職員を見捨てて撤退した。同社職員は三日間にわたりマハディ軍と砲火を交え、弾薬が底をつきそうになって命からがら脱出した。[11]

一方では「戦闘行為には加わらない任務」とされながら、他方では銃器の使用を「やむをえない状況」では認めるという。だがそれがどんな状況かは詳しく規定していないとなると、こういう契約でいったいどういうことが起こるか。アメリカの会社に雇われてイラクで仕事をしたことのあるドイツ人傭兵の話では、いつどのように自動小銃なり短機関銃なりを使用するか決めるのは彼ら自身だという。[12] どんな状況が「やむをえない状況」にランク付けされるのか、そのような状況でなにをやったらよいのか、手段が状況に適合しているかどうか、これらを決定するのはいったい誰なのか。今のところ――これはイラクだけのことではない――具体的な基準がないため、これらの疑問にどう答えるかは、主として任務を請け負った側の任意に委ねられているのだ。[13]

管理と責任制の欠如

民間軍事会社の活動の管理は最初からほとんど放棄されている。発注する役所は（例えばワシントンにあるのだから）管理などできるわけはないし、できるとすれば軍当局だが、彼らからすると、子守女じゃあるまいし、命令系統に属してもいない民間人兵士の面倒を見るなどご免だというのが本音だろう。もっとも、管理しようにも、なにを管理すべきか明文化されてさえいないのが大半のケースなので、所詮無理な話だとも言える。正規の軍隊の場合には、縦に何重にも積み重ねられ、横に何本にも枝分かれした管理の仕組みが出来あがっている。これはそれなりの理由があって、何年もかけてつくられてきた仕組みなのだが、それに比べると、政府は民間軍事会社に対しては無秩序と恣意のやり方を許している。

しかし契約の問題点は武力行使の管理に限られてはいない。実際のケースを見ると、業務の遂行が万全でないことが多いのだ。近ごろとくにアメリカ、イギリスでは、「民間は国家より安上がりだ」との信仰が根強く、業務を競争なし、特別の公示なしで外注して、それで終わりということになってしまうものだから、[14] 品質管理とでも言うべき装置が働くことは滅多にない。例えば衣類の洗濯、宿泊設備、食事について兵士の間で不平不満が重なってはじめて、契約で定められた業務内容がどうだったのか検討が始まる始末だ。過去一〇年間、民間軍事会社の場合、価格対業務内容の関係は価格は割高、提供される内容は劣悪というのが相場で、品質管理は最終消費者任せだった。ケロッグ・ブラウン&ルート社その他の兵站専門の会社が請求するガソリン代は民間の市場価格の二倍だった。必要量を数倍も上回るような出力の発電所や給水施設を割高の価格で建設した例もあれば、実際にはまるで提供されていない何十万食分の費用を請求した例もある。車両提供の費用もばか高いリース代金をもとに計上される。「契約をきちんと管理していないため、現行のアメリカのやり方は非効率的なシステムであり、濫用に道を開くものである」。その結果は、最善の民間委託方式どころか、最悪の独占なのだ[15]。

購入者なり業務委託者なりは、調達されたサービス業務の質と量を吟味するのが普通だ。ところが契約の形式自体からして、そもそもそのような吟味が困難なことが多い。合衆国政府がとっている契約方式には二つあり、ひとつが納期未定・数量不確定契約で、もうひとつがコスト・プラス契約だ。両方とも濫用と非能率にはもってこいの方式だ。前者では納入量の上限が決められていないのに対し、後者では累積コストに応じた割合で利益が決まる（通常二%、超過の場合五%）。つまり最初のケースでは業者は納入量が多ければ多いほど儲けが大きいわけで、当然ストップがかからない限り、必要以上に納入が続くことになる。あとのケースだと、コスト総計が大きければ大きいほど儲けが大きくなるので、ここでも業者はコストをギリギリのところまで引き上げようとする。イラクで補給を担当する民間軍事会社各社のトラック運転手の話では、輸送コストを引き上げるために積荷なしで二四、二五回も数百キロ走ったという[16]。

調査を何度となく重ねた上、合衆国軍兵站部隊の専門雑誌は民間軍事業界との永年におよぶ経験を踏まえてその問題点を次の七点にまとめている。

第一点　コミュニケーションに際して責任の所在に関する原則がないこと。
第二点　戦場で使用可能な兵器その他の軍事機器を掌握できないこと。
第三点　契約要員および機器の管理ができないこと。
第四点　契約要員の安全確保に軍が責任を負わなければならなくなること。
第五点　契約要員を援助するために余分の軍事要員、資材、費用が必要になること。
第六点　敵対的な環境での契約会社による補給物資の入手に関し危惧があること（信頼性の問題）。
第七点　商業上の補給路が遮断された場合、補給に顕著な空白の生じること[17]。

このほか、民間委託の賛成論者は「スリムな国家」にすべきだと主張して、国家の管理要員をみごとに削減して見せたという事情もある。例えばアメリカ合衆国では、一九九七年から二〇〇五年までの間に民間軍事会社への発注高は二倍になったのに、契約の作成、締結、監視を担当する職員は三分の一削減されてしまった[18]。同時に軍事部門でも、規制や国家の管理を嫌う民間経済の風潮が大勢を占めるようになり、政治家たちもこの立場に立って、検査のための資金を不要と言い立てる。となると、軍事部門の民間委託でコストを節約できるという言い方は、これまでのところ、ひとつの仮定であり、イデオロギーで補強された信仰でしかない。民間軍事業界が世間に触れ回っている成果の数々は品質検査をまだ一度も受けていないのだし、経営上のコスト計算に基づく手堅い調査の結果は、まだ誰も示してくれていない。それどころか、明らかにされた数字を見ていくと、国家の安全保障業務の民間委託はむしろ納税者に余分な負担をかけることになるように思えるのだ。

もうひとつ実に深刻な問題がある。どれほどしっかりした契約を作り、履行状況をどれほどきちんと監視しても、解決できない問題だ。契約の構造そのものに原因があるからだ。民間軍事会社というのは本来ビジネス主体の経営だから、社会に貢献する目標をたて、その実現に努めるなどということには無縁だ。こういう会社と契約を結ぶ際には、相手がいつなんどき契約で決められた義務を破棄するかもしれないということを念頭におかなければならない。破棄の理由は会社の存立に関わる事態かもしれないし、自社職員の安全を考慮してかもしれないし、あるいは利益優先の考え方かもしれない。契約履行にあたってリスクが大きすぎるとか、別のもっと旨味のある仕事に乗りかえるとかで、会社が、今後の入札で無視される危険をあえて犯してでも、一方的に契約を破棄して決められた制裁を甘んじて受けるということは十分にあり得ることだ。要するに、民間軍事会社に契約履行を強制することは誰にもできないということだ。「民間軍事会社が敵対的な状況で契約を守る」[19]保証はまるでないのだ。非軍事部門とはまったく異なる結果が軍事部門では生じかねない。過去三回の武力紛争（バルカン、アフガニスタン、イラク）で、個々の職員なり会社全体なりが戦闘部隊への補給業務を放置するという事態が何度となく起こっている。生命の危険があるという理由で前線兵士にガソリン、飲料水、食糧、弾薬を届けるのをあっさりと拒否したのだ。例えば二〇〇三年一二月バグダッド北方地域が

「ホット・ゾーン」になり、戦闘で韓国人「傭兵」がふたり殺されると、翌日六〇名の韓国人はその部署を離れ、任務の遂行を拒否した。[20] だから正規軍兵士の間で、兵站を担当する民間軍事会社に対する不満が高まるのは驚くにあたらない。兵士たちは自分のせいでもないのに危険いっぱいの、ときには生命の危険さえある状況に陥ってしまうのだから。軍隊内部でのことなら命令拒否や敵前逃亡で処罰される行為も、相手が民間会社では手の打ちようがないのだ。

「新しいタイプの傭兵」は罪に問われないか?

透明性、報告義務、監督、責任性などの問題は、契約上だけではなく法律上の問題でもある。安全保障の部門で働く公務員（警察官、兵士など）が誰に対して責任を負うかは、法律で厳密に規定されている。民間軍事会社とその職員にはこれは当てはまらない。私法上の契約なのだから、発注者が会社の人事案件に介入するわけにはいかない。国家が民間軍事会社に対して要求できることと言えば、国際法で定められた基準と国内法を遵守せよということだけだ。民間人兵士が紛争状態にある現場で具体的にどう行動するか、それはひたすら会社の問題だ。会社はどこも法律の尊重と人権の重視を社員にしっかりとたたき込んでいると言うのだが、「新しいタイプの傭兵」を雇う国家としては、この口約束以上には監督の手立てはなにひとつない。たとえ法律に反する行為が知れたところで、国家の側から手を出す余地はあまりない。通常、犯罪行為が行なわれた場合、犯人の国籍とは無関係に、犯行のあった国の検察当局に訴追の権限がある。ところがイラクでは——そしてこれは決して例外的なことではない——暫定政府は二〇〇三年六月の「指令第一七号」（二〇〇四年六月二七日付けで更新さ

ダインコープ社のセックス・スキャンダル

一九九九年ベン・ジョンストンはボスニアへ来た。ダインコープ社に雇われて、アメリカ政府からの委託でとくにヘリコプターの保守とボスニアの新警察の訓練を担当することになっていた。ヘリコプターの二機種アパッチとブラックホークが専門で三年契約だった。

やって来て数日後に、テキサス出身のこの男は、「なにやらおかしいぞ」と気が付いたそうだ。「こりゃあ、気をつけなくちゃならんぞ。なにしろ奴らときたら、これまでのどんな仕事仲間にも輪をかけて乱暴な連中だからな。そりゃ俺だって飲まないわけじゃないさ。だけど奴らはいつもぐでんぐでんに酔っ払って仕事に来るんだ。朝ダインコープ社の車で仕事に出ると、遠くからでも酒の匂いがプンプンするんだ」。ジョンストンはまた、ダインコープ社の職員が「規則という規則を片っ端から破り」、「アメリカ軍をありとあらゆる手で騙している」ことにも気付いた。

大抵のことには目をつぶっていたこの身長二メートルの大男が、とうとう我慢できなくなった。「最低なことに奴らはセックス奴隷を囲っていたんだ。一三か一四歳ぐらいの娘だよ」。セルビアのマフィアから六〇〇～八〇〇ドルで、ロシア人やルーマニア人などの女性を買う。「ダインコープ社の連中は女性のパスポートを買うんだ。で、飽きちゃうと、娘を他の仲間に売りつける。奴隷取引そのままさ」。憤慨したジョンストンはダインコープ社の直接の上司に報告した。だが上司はなにもしない。それもそのはず、後で分かったところでは彼自身やはり女奴隷を囲っていて、少なくともそのうちのひとりをレイプして、その様子をビデオに撮っていた。そこでジョンストンはアメリカ軍に知らせ、軍は調査を開始した。

告発者ジョンストンは国外に連れ出され、しばらくしてダインコープ社を解雇された。理由は社の名誉を傷つけた、だった。だが軍の内部調査は続き、結局次のような結末になった。ジョンストンの暴露した奴隷取引と性的暴行は事実であるが、これらの犯罪行為にアメリカ司法当局の権限は及ばない。犯罪が行なわれたボスニアに権限があるかもしれないが、ダインコープ社はアメリカの「契約請負人」の資格で治外法権の特権を有しているため、ボスニアもその責任を追及することはできない。ダインコープ社がとった唯一の処置は責任者七名の解雇だった。

アメリカの各種メディアの報道をもとにまとめた。とくに二〇〇二年五月一三日付『トリビューン』紙を参照。

れた）で、同盟国のために働いている要員（民間軍事会社職員も当然含まれる）はイラク当局に訴追されることはないと定めている。これで、民間人兵士は殺人のような重大犯罪についても事実上免罪になる。イラク内務省の発表によれば、「新しいタイプの傭兵」が大した理由もなく民間人を射殺した事件が四〇～五〇件あるが、民間軍事会社はこれについて一切の情報提供を拒否し、責任をとろうとしないとのことだ[21]。

事態がますます厄介になるのは、ある国の市民が、「よその国の」民間軍事会社に雇われて働く場合だ。南アフリカ人、ネパール人、イタリア人、日本人、ベルギー人などの「新しいタイプの傭兵」が反政府勢力に捕えられ人質にされるような場合、それぞれの国はジレンマに陥ることになる。反政府勢力の要求は民間軍事会社にではなく、それぞれの人質が属する国家の政府に向けられる。ファブリツィオ・クアトロッチらの場合も、矢面に立たされたのはイタリア政府だった。現行の国内法、国際法のもとでは、政府はその国の市民が外国の軍事会社に雇われるのを阻むことはできない。せいぜい、自国が交戦状態にない国の側で、またはその敵側で（武器を手にして）戦うと処罰の対象になると警告できるだけだ。それ以上は、政府としては犯罪行為を自国の検察当局の手で追及することさえ事実上できない。ところが敵対する側からは、国家に責任があると見なされる。このように民間人兵士の行動範囲がいわば免罪のグレーゾーンであるため、相手方がこれを口実に戦争に関する国際法にはもう縛られないと言い出すことも珍しくない。これでは戦場での行動が残虐さを増す結果にならざるをえない。例えばイラクでは、アラブ諸国（エジプト、モロッコなど）出身でアメリカの軍事会社で働く者が狙い打ちされ、殺されている。とくにアブグレイブ刑務所の事件に関与した通訳などがそうだ。

国際法（一九四九年ジュネーブ条約第三条約・捕虜条約と第四条約・文民条約を参照）では、戦時については戦闘員と文民の区別しかない。「新しいタイプの傭兵」は、業務を委託されているのだから戦闘部隊に所属しているわけではないし、軍の命令系統にも属していないので、戦闘員ではない。しかし軍事機構に組み込まれて、しばしば政府の委任で活動し、武装していることも稀ではないので、「文民」でもない。戦闘員と見なされる前提条件は、国際法では、戦争の経過のなかで「能動的」かつ「直接」に交戦行為に参加する者とされているが、この規定も大して役には立たない。「能動的」、「直接的」とはどういうことなのかが定義されていないし、民間人兵士が実際にどのように行動するかが明らかでないからだ。戦争遂行の形が変わってきていることも事態を厄介にしている。空間と時

傭兵の徴募、使用、資金供与および訓練を禁止する国際連合の国際協定（一九八九年）

第1条

1　この協定にいう「傭兵」とは

a　とくに武力紛争において戦うことを目的に国内または国外において徴募された者

b　主として個人的な利得欲から交戦行為に参加する者および一方の紛争当事国またはその代表者から、その当事国の正規軍の戦闘員で同様の階級にあり、同様の任務を帯びる者に約束されるか、または支払われるよりはるかに多くの物質的な見返りの約束を取り付けた者

c　紛争当事国の国籍ももたず、紛争当事国のいずれかの管理する地域に定住してもいない者

d　紛争当事国の正規軍に所属しない者、および

e　紛争当事国ではない国家によって、その正規軍の所属員として公的な任務を帯びて派遣されたのではない者

2　傭兵とはさらに、他のなんらかの事情の下に

a　とくに以下の目的をもって共同で計画された暴力行為に荷担するよう国内または国外において徴募された者

——一国の政府の転覆または一国の合憲的な体制の他の形での侵害

——一国の領土の一体性の侵害

b　これにとくに顕著な個人的利益を動機として参加し、物質的な報酬の約束ないし支払いに誘われて参加した者

c　そのような行動の標的になっている国家の市民でも住民でもない者

d　ある一国によって公的な任務を帯びて派遣されてはいない者

e　行動が行なわれている地域を領土とする国家の正規軍の構成員ではない者

間が切り離され、ヴァーチャルに一体化されているだけだからだ。フロリダにいてコンピュータのキーを叩いてアフガニスタンに爆弾の雨を降らせる民間人兵士の行為が「間接的」で、現地で食糧を積んだトラックを運転する正規軍兵士が交戦行為に「直接」参加していることになるのだろうか。[22]

また考えられる三番目の区分もうまくいかない。民間軍事会社の職員は、一九八九年国際連合が採択した「傭兵の徴募、使用、資金供与および訓練を禁止する国際協定」（前ページを参照せよ）でいう「傭兵」の狭義の定義には集約できないし、彼らを雇用する会社もまたこれに該当しない。該当するためには、協定に掲げられたすべての（！）特徴が満たされていなければならないからである。それに通常は紛争当事国のいずれかが会社の委任者であるからだ。[23] 国際法の専門家はジレンマを次のように表現する、「新しいタイプの傭兵」がたとえ「古いタイプの傭兵」と同じ行為をしようが、その行為はやはり異なるのだと。

以上のように契約から国際法まで、法律上のさまざまな面から見てくると、次のような逆説的な結論に達する。法律による管理がここまで難しいのは、なによりも民間軍事会社の職員が法律で守られた立場にいるからだ。

国家のなかの国家

例えばドイツで第二次世界大戦後、連邦軍を創建する際に大いに議論が沸騰したように、民主主義政治体制をとる国家では軍隊の役割をめぐって必ず激論が交わされる。これを見ても、この軍事部門の社会的管理がどれほど複雑な問題を含んでいるかが分かる。過去に苦い経験があったことから、ドイツでは「内面指導」とか「制服を着た市民」とかの考え方が生まれて、軍自身が軍事力を濫用する、または市民の集団が軍の軍事力を濫用するなどのことが起こり得ないよう配慮をめぐらせた。頭を絞ってルール作りをしたのは、民主的な規範と原則を確立し、管理と決定の手続きに縛りをかけるためだった。こうしてはじめて、軍事力に対する政治の優位を守り、国家の武力独占を確固としたものにすることができた。多くの軍事的機能を民間軍事会社に委託すると、苦労して作り上げてきたものの、決してまだ万全とは言えない体制全体が揺らぎ始め、国家による武力独占が土台から掘り崩されることになりかねない。

公共財である「安全」（そしてこれには武力の民主的な管理も含まれる）と民間経済にとっての財である「利潤」とを結び付ける同一の目標設定はない。このふたつは実際の場では互いに相容れないことが多い。だからこそ、公共財が民営化され、安全が企業経営の利潤追及の論理に委ねられるのは、それだけに問題があるというのだ。法治国家の体制に基づく民主主義国では、安全は――封建制や権威主義国家とは違って――主権者たる支配者や守られるべき国家だけの問題ではない。少なくとも同じ位に重要なのは個々の市民をどう守ることができるか、彼らの安全をどう保障できるかという問題だ。この問題を解決するに当たって社会の一部の利潤への関心が二次的な意味しかもっていない（というよりむしろ、機能している民主主義国家であれば二次的な意味しかもつべきでない）ことは、本来言うまでもないことのはずである。

安全の民営化が孕む問題点がとくに露わになるのは、情報機関または諜報機関の分野だ。この部門を民主的に機能する管理体制のもとにおくことは、今までも非常に困難を伴う課題だったし、今もまだこれに完全に成功したとは言えない。そこに民間軍事会社が入り込んでくるとなると、問題は一層厄介になり、ほとんど不可能になるかもしれない。情報と知識の所有は、情報戦と言われるような戦争遂行の考え方がある現在、非常に大きな意味をもつ。知識が下請けに出されると、たとえ契約があろうと、これを監視することはきわめて困難になる。民間軍事会社は安全をまず第一に考えるのではなく、利潤を優先させるのだから、そこに蓄積された知識の濫用がどんな場合にも絶対にないとは言い切れない。例えばアンゴラ全面独立民族同盟（ＵＮＩＴＡ）の軍事指導者ジョナス・サウィンビが西側のバックアップを受けている間は、南アフリカその他の民間軍事会社は彼の側に立ってアンゴラ政府軍と戦っていた。それはアフリカ大陸で起こった最も残虐な内戦のひとつだった。東西冷戦が終わると、状況は途端に一変した。アンゴラ政府がソ連邦の支援を受けなくなると、西側は——豊富な石油資源を政府が握っていたこともあって——政府の側に寝返ってＵＮＩＴＡを見捨て、軍事会社も依頼主を入れ代えた。情報を握っていただけに、サウインビを捕え、ＵＮＩＴＡを粉砕するのに手間暇かからなかった。民間軍事会社はここぞとばかり、見事に内戦を終結させた功績は我にありとばかり、大いに宣伝につとめたものだった。

この類の例は多い。アメリカの軍事会社は——コロンビアのダインコープ社のように——合衆国政府の委託でコロンビアで行動しているのだが、スパイ飛行で集めた情報がその国の軍隊や準軍事団体に流されるケースが一再ならずあった。すると民間機が「誤って」撃墜されたり、村が灰燼に帰したり、反乱軍が準軍事団体に攻撃されたりするのだった。[24]「これが戦争の民間委託というものさ」と、アメリカのある下院議員が辛らつな言葉を吐いている。[25]

軍事会社がこれまで「テロリズムとの戦争」のなかで集めきた、また毎日民間人を使い最新の諜報技術を駆使して集めている情報の勝手な濫用とその結果生じる基本的人権の侵害についてはまだ誰も把握していないし、またその及ぼす影響のほどは誰にもわかっていない。アメリカ民主党バーモント州選出上院議員パトリック・レーヒー他数人の議員は、これを憂慮すべき事態であり、「アメリカ市民の私的領域にとって深刻な危険である」としている[26]。憲法に定められた個人の権利を保障するはずの国家が、こうして民間軍事会社によっていつのまにか無力化されつつあるのだ。

軍事力を管理可能な範囲に留めておき、政治と市民社会に対する軍部の影響を制限するのが、民主主義国家のひとつの特徴だ。ところが民間委託の結果、民間会社が国家の、また国際的な干渉・紛争・戦争戦略を直接間接にますます強くリードするようになっている。とくにこれらの戦略構想を実行に移す段階ではその影響は非常に強い。干渉に際して具体的にどういう出方をするか、どのような手段を用いるか、どのような観点を前面に押し出すか、これらの問題を検討する際に、民間軍事会社の発言は非常な重み、ときには決定的な重みをもつようになった。こんなことを言うと奇妙に聞こえるかもしれないが、軍事作戦をどのように実行するか、また外交政策上どこに力点を置くか、これらの問題を決定するのは、今ではこれらの会社に儲けるチャンスがあるかどうか次第なのだ。民間軍事部門の経営上の利益と産業界、金融界の利益が一致するような時には、政治に対する圧力は一層強いものになる。

例えばアフリカに対するアメリカの干渉政策、援助計画のかなりの部分は、石油産業と民間軍事サービス業界との共同の強力なロビー活動の結果と見ることができる。アメリカ合衆国では民間軍事会社、官僚、軍部、軍需産業、政府が密接に結合している。この事実の端的な表れが副大統領チェイニーだし、国務長官コンドリーザ・ライスだ。ふたりとも現職に就く前はハリバートン社ないしは石油メジャーのシェヴロン社の指導的な立場にいた。このふたりは、「癒着支配制」の形をとる現体制を代表する著名人であるにすぎない。ほとんどすべての民間軍事会社の役員会は、政界（元大臣、外交官ら）、官僚、軍部の出身者で固められている。例えばディリジェンスLLC社を設立したのはアメリカの情報機関CIAとイギリスの情報部MI5の出身者だが、この会社に名を連ねている面々は著名人ばかりで、その名前はウェブサイトでも宣伝に利用されている。ウィリアム・ウェブスターはアメリカ合衆国の歴史でFBIとCIA両方の長官を務めたことのある唯一の人物、リチャード・バートは元ドイツ駐在アメリカ大使、エド・ロジャーズは元大統領ジョージ・ブッシュの右腕だった。ニコラス・デイは元MI5、スティーヴン・フォックスはフランス駐在などの経歴ある元合衆国外交官でテロリズム対策の専門家、ジム・ロスはCIAに一五年間在任、ホイットリー・バトラーはサダム・フセイン時代のイラクでCIAの偽装作戦を実施した。ロード・チャールズ・パウエルはマーガレット・サッチャーの外交顧問を勤めた。マック・マクラーティはクリントン政権の官僚、ロックウエル・シュナーベルは欧州連合駐在アメリカ大使、クルト・ラウク教授はダイムラー・クライスラー社、フェーバ社、アウディ社の管理職だった。スティール・ファウンデーション社、CACI社、カスター・バトルズ社、ロンコ・コンサルティング社、トリプル・キャノピー社、ハリバートン社、MPRI社、ダインコープ社、SAIC社も同じようなものだ。英語では「回転扉」と言って、このギブ・アンド・テイクの原理が機能する体制を皮肉っている。(27)

政府の業務委託にありつくため、議員があれこれほじくり返すのをブロックするために、また予算決定に圧力をかけるために、民間軍事会社は有力筋に顔の利くロビイストを大量に動員し、これに毎年六〇〇〇万から七〇〇〇万ドルも使っている。前回のアメリカ大統領選挙戦でも一二〇〇万ドルほども注ぎ込み、うち約六分の五は共和党に流れた。ロビー活動と献金が、このときほど割の良い投資だったためしはまたとない。ジョージ・ブッシュ共和党政権と共和党が多数を占める議会のもと、この業界は未曾有の爆発的な発展を遂げた。軍事会社には仕事が殺到して、とても捌ききれないほどだった。人員不足をカバーするため、各社はアメリカの「レンジャーズ」「シールズ」「デルタ・フォーシーズ」、イギリスのSASのような特殊部隊から引っこ抜きを始める始末だった。今ではSAS部隊に残っている者よりも、民間の会社にいる元隊員の方が多いほどになっている。除隊した者があまり多すぎて出動するどころではなくなってしまった部隊も少なくない。アメリカの特殊部隊のなかには、一年間の「休暇」を認めて、民間で（「金をたっぷり稼げるように」）勤務することを許す隊もあるほどだ。条件はまた軍に戻るということ[28]。

民間軍事会社は、「強い国家」の民主主義の建物に危険な隙間を穿った。これで建物全体が揺らぐかどうか、今のところまだ見極めはつかない。不安材料は、政治家がどうすればこの隙間を塞ぐことができるか、どのような「補修措置」をとらなければならないか、じっくり考える兆しの見えないことだ。「成り行き任せ」の政治では、民主主義を危うくする結果になりかねない。

3　見せかけの安全——「弱い国家」での国民総売出し

ライオンの洞穴にいるヤギを見かけたら、
そいつには気をつけた方がいい。
アフリカの諺

民間軍事会社が本拠を構えているのは主に西側の富んだ国で、仕事をするのは第三世界、とだいたい相場が決まっている。支払いは「強い国家」がするか、でなければ「弱い国家」にある天然資源が直接間接に支払いに充てられる。会社は西側産業社会の国々の利益優先で行動し、行動の場になっている国々の必要事は二の次にされる。これまでの実例から見て、紛争地域に民間軍事会社が介入して状況が持続的に安定したためしがない。シエラレオネの場合がその良い例だ。この国には膨大なダイヤモンド資源があるため、これまで何度となく血で血を洗う衝突が繰り返され、そこに外国の利害が絡んでいる。

一九九五年三月、当時の大統領ヴァレンタイン・ストラッサーの要請で、民間軍事会社エクゼキューティヴ・アウトカムズ社が始めて本格的に介入し、フォデイ・サンコー指揮下の革命統一戦線RUFの反乱を鎮圧しようとした。このRUFは残虐な準軍事団体で、子ども兵士を大々的に使う反政府組織だった。アウトカムズ社の任務は、「解放の戦士」を名乗るこの組織をダイヤモンドの産地コノ地区から追い出すことだったのだが、同社はこの任務を実に効果的にあっという間にやってのけた。RUFは壊滅的な敗北を喫して、ダイヤモンド産地から放逐され、隣国リベリアに追い払われた。その後間もなくクーデターが起こってストラッサーは政権の座を追われた。さらに反乱が続き、アウトカムズ社が撤退したあと、シエラレオネの青少年と兵士の多くが再編成されたRUFに参加した。反乱軍の軍事攻勢の前に政府軍は敗北を重ね、最後は――ナイジェリアの主導による西アフリカ軍事ドクトリンに基づく――経済共同体停戦監視グループ（ECOMOG）の部隊の支援で首都フリータウン周辺地域をようやく維持するだけという有様だった。続く数年間、国際連合の委任でアフリカ統一機構（OAU）の部隊が介入した。民間軍事会社――最初はアウトカムズ社、次にサンドライン社――も、西側を向いていたその時々の政府の依頼で、改めて加わってきた。状況は基本的には変わらず、ただ混乱がますます増大し、貧困化が進んだだけだった。

国際的な合意でフォデイ・サンコーが副大統領になると、ひとときの息継ぎの時期があったが、紛争が未解決のままだったこの国は、またしても武力衝突と干渉に揺さぶられた。二〇〇二年以降、危なっかしいながらも一応の休戦が続いてはいるが、状況は一〇年前と変わらず不安定なままで、反政府軍がダイヤモンド産地の五〇％を支配している。(1)

シエラレオネは決して例外ではない。他のアフリカ諸国、ルワンダ、リベリア、アンゴラ、ウガンダでも状況は同じだ。民間軍事会社が介入してくると、いつも武力衝突はしばらくは一方の側の勝利で終わるのだが、力関係が国家機関にとって有利な方向に変わることはないし、長期的な紛争解決が達成されることもない。コンゴ民主共和国、フィリピン、チェチェン、コロンビアなどの国々の例を見ると、一点集中のその場限りの解決というやり方は紛争の本格的なエスカレーションの起爆剤になるだけというケースが少なくない。ゲリラであれ麻薬カルテルであれテロリスト・グループであれ、反対側が同様に軍事会社に応援を頼み、戦力を増強すると、たちまちそういう結果になる。(2) コロンビアやコンゴで見られるように、反乱軍が金になる地域（コカイン栽培地や天然資源産出地）を押さえてしまったりすると、紛争は激化し残虐さを増す。だがたとえ対立が——リベリアやエルサルバドルのように——なんとか武力衝突にいたらないように収拾され、曲がりなりにも内戦終結の休戦状態が維持される場合でも、社会は依然として対立する陣営に分裂したままで、協力し合って安全保障の体制を築いていくなどおよそ考えることもできない状態が続くのだ。住民からすると火山の麓で暮らしているようなもので、経済も社会も停滞するか悪化するかどちらかでしかない。例えばエルサルバドルについては、一九九二年の平和協定締結後の方が、内戦の全時期を通じてより死者の数が増えているとの報告がある。警察、司法、検察がすっかり無力化しているため、ある専門家の言葉を借りれば、エルサルバドルの暴力はM－16突撃銃の寿命に比例しているという。

軍、国家、市民社会の関係の阻害

民間軍事会社が入るような状況では、大抵の場合ただでさえ軍と政治指導層と一般市民との関係は緊迫しているものだが、そこに介入してくるものだから、さらにひび割れがひどくなることが非常に多い。政府が外国から軍事会社を連れてくると、その国の軍隊は面目を失い、軍のトップは面子をつぶされたと思う。一国の安全保障という微妙な領域を外国人にすっかり明渡すわけだから、政府に対する不信感は一層強まる。外から連れて来られた傭兵には何倍もの給料が支払われるとなると、一般兵士の間にも不満が広がる。そして会社は通常の場合、国内でリクルートして、正規軍から兵士を引っこ抜くのだが、しかも、これはルワンダやコンゴ民主共和国で実際にあったことなのだが、その選抜を部族別にやったりする。そうなると緊張はとんでもなく高まることになる。[3] アフガニスタンでは、民主的な機構がうまく作り上げられていないため、警察制度が危険な兆候を示し始めていて、警察官が国家機関に組み込まれるよりむしろ現地で活動する民間軍事会社に雇われるのを好む事態が生まれている。[4]

シエラレオネの場合のように、直接の交戦状態が終わった後でクーデターが起こることも珍しくない。だが民間軍事会社としては、——たとえそのようなケースで仕事を引き受けたとしても——現地の正規軍の「支援部隊」に甘んじることは難しい。[5] またたとえ仕事の内容が教育と助言だけに限られている場合でも、軍部と政府との緊張が高まり、軍が自立しようとする傾向が強まるのは当然の成り行きと言える。そのうえ、一度外国の専門家に訓練を受けたことのある軍隊は、その戦力を維持するためには、結局いつまでも兵器や戦略の面で会社に依存しつづけることになる。[6] この分野での「強い国家」の優位は圧倒的で、その差は第三世界の国々の軍がそう簡単に追いつけるような程度ではないのだ。さらに一般住民が民間軍事会社職員を「占領軍」としか見ないことも珍しくない。彼らはよその軍隊に極度の不信感で接し、その不信感の対象は彼らを国内に連れ込んだ自国の政府にまで広がる。政治指導層とさらには自分たちの国家に対する信頼が消えうせる。そうなると不安感が薄らぐどころか、保護を求める欲求はむしろ強まる。[7] それぞれが個別共同体に固まる傾向が加速し、社会の分解がますます進行する。こうしてそれまでにあった緊張に輪をかける結果になる。

民間軍事会社を利用することから生じるもうひとつの結果は、しばしば見られる「安全の局地化」だ。会社の任務はある一定の不穏地域を平定することで、戦争と安全確保の圧倒的に優越した技術で短期間内に「平和の島」を出現させ、これで国家にとってなによりも重要な経済活動は順調に続けられることになることが多い。だが紛争の潜在力はこの作戦で消滅したわけではなく、ただ場所が移動したにすぎず、国内の他の場所で大抵は一層亢進した形で現れるのだ。こうしてすべての大陸で石油採掘地は、民間軍事会社のお蔭で今では「高度の安全地帯」に仕上げられ、反政府勢力なり反乱軍なりはそこには一歩も近付けない。そこで彼らは行動地域を移動させ、――例えばコンゴ共和国とコンゴ民主共和国との間にあるアンゴラの飛び領土カビンダがそうだ――採掘地帯を包囲するように布陣している。こうして国民国家は、採掘地帯でもまたその周辺地域でも主権を失う結果になる(8)。

ちょっとした「手違い」が民間軍事会社の介入でとんでもない大騒ぎになるケースもある。ナイジェリアでは、ナイジェリア・デルタの石油地帯の部族の間で何十年も続く争いがあった。石油売上の分配と、シェル社など石油メジャーによるこの地域の環境破壊をめぐる争いは次第にエスカレートしていた。二〇〇三年ストライキ中の石油労働者が、人質をとって要求の貫徹をはかった際、民間軍事会社ノースブリッジ・サーヴィシーズ社が登場し、取引と実力行使の硬軟両方を使い分けて事態を収拾した。ところがこのイギリスの会社の介入が、政府、軍部、野党を巻き込む深刻な政治危機のきっかけになった。だれが外国の会社の国内政治への干渉を指示したのかが争点になったのだが、ノースブリッジ社があくまでも情報提供を拒否したため、結局答えは出ないまま終わった(9)。

前にも述べた「マキラドーラ」工業地帯、都市のような様相を呈するこの生産集約地域を見ると、「安全の局地化」とはどんなものであるかがよく分かる。事実上治外法権のこの域内では民間軍事会社が外国の大企業メーカーの規則に従って支配し、その外側は普通、国家の治安機関（軍隊や警察）が固めている。軍隊も警察も警備会社に成り下がっているわけだ。第三世界のいたるところに「グローカル」な地域が生まれつつある。つまり局地的（ローカル）に限定された地域でグローバルな市場のための生産が行なわれていて、この領域の安全は大部分が民間軍事会社が担当している。この「グローカル」な島の内と外に富と貧困のアパルトヘイトが築き上げられ、ここに生じる紛争の潜在力は国家には手の施しようもないほど高くなってしまう。[10]

手っ取り早い解決＝安全の買取り

「弱い国家」の安全保障体制を蝕むもうひとつの問題がここで露わになる。差し迫った紛争の収拾に民間軍事会社を利用すると、一国の政府にとっては、問題を手っ取り早く解決する手段を握るという利点がある。[11] 独自の安全保障能力を建設し再編成するのは、時間がかかるばかりか、馬鹿にならない予算配分が必要だし、支出額も大きい。そのうえ、軍と警察を維持するにはいつも金がかかるが、民間会社をリースすれば一回の支払いだけですむことになる。自国領土内の外国の組織、その構成員の安全を保障するのも国家の任務だが、これにしても下請けにだしてはいけないという法はない。アンゴラのように、外国企業が国内で経済活動を行なう際には安全保障組織とそのための人員を連れてくることを付帯条件にしている国さえある。[12] 支援団体や企業は、民間軍事会社による保護に頼るほかなくなってしまう。この結果、国家機関は次第に管理権限を失うことになり、透明性と報告義務を求めることができなくなる。安全は公共財から、金さえあれば誰でもが我が物にすることのできる私的な商品に変わる。こうして保護のために投入される武力はますます管理不可能になってしまう。独裁者は民間軍事会社を反対派に差し向けることができるし、大企業はこの種の会社を利用して生産施設を反乱軍の攻撃から守ることもできるが、反乱軍も同様に民間の武力を用いて工場を襲うこともできるわけだ[13]。

主権と武力独占は紙の上ではまだ国家が握っていて、独立国家でございますという形式上の証しをニューヨークの国際連合の席で掲げることはできても、これらの国家は実体としてはほとんど存立しなくなっている。これらの国家は主権を失ってしまっているため、個別共同体のネットによって辛うじて存在しているにすぎず、最も強力な共同体が「綱を引っ張っている」間だけの寿命になっている[14]。「強い国家」が、危険に晒された第三世界の国々で、安全保障体制改善のための援助・開発計画を実行するのに、行動に厳密な付帯条件を付けずに民間軍事会社を出動させると、状況は一層緊迫化する。

例えばアメリカ合衆国は、ACOTA（アフリカ緊急作戦訓練支援）計画の一環としてアフリカ諸国で行なわれる国家治安機関の教育・訓練（教室、野外の両方で）をSAIC社、DFI社、MPRI社、ロジコン社といった民間会社に委ねている。イギリスの外務省、国際開発省DFIDも安全保障機構の構築やイギリスの在外権益の保護を民間軍事会社に任せることが多くなっている[15]。二〇〇二年一〇月議会への報告によれば、外務省はほぼ一〇〇カ国、一〇二カ所で国際開発省と共同で一二一社を雇用している。[16] アムネスティ・インタナショナルなどの人権擁護団体がこれと関連して何度となく指摘してきたところでは、訓練と教育のプログラムのなかに人権擁護はまるで含まれていないし、とくに危機的な状況での対応の仕方を教える際にも国際法の規定に沿ったカリキュラムはどこを探してもない。まして武器管理に関する国際的な取決めを指導することなどは頭から無視されている。[17] こういうプログラムなら、サントメ・プリンシペのような国でも歓迎するだろう。なにしろこの国では警察や軍が住民に対して暴力を振るう事件が多発して、人権尊重の国別リストでも下から数えた方が早い国なのだから。[18]

失われていく武力独占

民間軍事会社の活動がきっかけになって、国家は骨抜きにされる、つまり国家機関が対外的、対内的安全保障の分野で脇役に追いやられ弱体化すると、さらにその骨抜きが進む。その結果、安全度の質と密度が異なる地域が生まれることになる。[19] 裕福な市民の住む地域は、ブラジル・サンパウロのアルファヴィーレのような「門構えのあるコミュニティ」、別名「要塞町」[20]。高い塀に囲まれ、防護柵が張り巡らされ、厳重な門構えで、監視用ビデオカメラが作動し、出入りする者は身分証明書を提示しなければならない、そんな町だ。部外者は立入り禁止。監視にあたる民間警備会社の武装警備員は、「よそ者」と見れば発砲してよいことになっている。そしてもう一方の極にあるのが貧民街——ファヴェーラス、ビドンヴィーユ、スラム——で、ここの境界も遠くからでもすぐに目に付き、「よそ者」はここでもやはりすぐに撃たれるので、警官も立ち入ることができない。

両方の極端が直接衝突し合うことはないにせよ、国家がこれら二つの地域から撤退することで、他の領域、つまり社会の残りの大きな部分での紛争がたちまち極端に走りがちになり、もともと基本構造が弱い場合には歯止めが利かなくなる。紛争地域での多くの実例を見て言えるのは、国家が安全業務をリースに頼るようになると、住民のさまざまな層に対しそれぞれの必要に応じた保護を恒常的に与える能力を失ってしまうということだ。個別共同体が対抗して自衛措置をとっても、国家はもはやこれを管理することができない。国家権力の真空状態のなかで紛争は爆発する。社会全体の合意に依拠して正統性を振りかざすことのできる機関は存在しない。政治組織も対立を調停する能力を失っている。紛争当事者同士が自分たちで解決の道を見つけ出さない限り、状況はエスカレートし、ついには武力衝突にまで至るのだ(21)。

「弱い国家」で民間軍事会社が活動してその結果生じる直接間接の現象のひとつは、組織犯罪の増加、その夥しい蔓延だ。一方で、貧民街では自己防衛の体制を固めるためにも、競争相手との内部闘争に勝利するためにも小型兵器は必須だ。他方、武器と麻薬の取引、売春と人身売買――国家機関がめったに口出しできない領域だ――が、旨味のある商売として確立され、拡大される。非公式のネットワークと半ば非合法分野の闇経済の助けで、組織犯罪が合法的な経済と官僚に足がかりを得るようになる。腐敗と買収が日常茶飯事になる。こうして世界市場で得られた利潤が還流し、資金洗浄が独自の経済分野にまで成長をとげ、繁栄する。非合法の商品と業務で稼いだ金も、一度洗浄してしまえば、堂々と合法経済に再投資できる。建設業、観光業、娯楽産業は、組織犯罪が最初に手がけ操っている合法経済の業種なのだ。ヨーロッパでは南イタリアのマフィアの例で知られているように、組織犯罪が経済的な支配権力を築き上げると、住民の一部を社会的な基盤として、やがて政治的な影響力、それどころか機構上の権力さえ振るうようになる。[22]その結果、どんな社会にも必ず存在する対立が民主的に法治国家の原則に則って平和裏に解決することができなくなり、力のある者の権利ばかりがまかり通ることになってしまう。

天然資源の強奪

エクゼキューティヴ・アウトカムズ社の企業帝国の例で見たように、民間軍事会社と大企業との間には密接な結び付きがある。[23]このエクゼキューティヴ・アウトカムズ社のケースが国際的に大問題になったこともあって、軍事会社と、天然資源を採取したり原料採掘の認可をとったりする企業とがひとつの持株会社に統合されている例は今ではほとんど見られなくなった。[24]この分野では状況は一歩進んで、軍事・警備関連の会社と産業部門の企業とは、形式上の理由からも明確に分離されている。とくに多国籍大企業の場合、軍事サービス企業を雇用しはするが、資本提携はしない傾向がはっきりしてきた。だが、「弱い国家」からすると、軍事会社と鉱山会社が同じ持株会社に属していて、「別々に行進して来て団結して突撃する」か、それともそれぞれが自分の利益だけを追いかけるか、それはどうでもいいことでしかない。[25]

ヨーロッパ人が寄せ木張りの床を安く買えるように、木材企業大手はアジア、アフリカ、南アメリカで熱帯産木材をせっせと切り出す。その現場では必ず民間軍事会社が待機している。現地住民が自分たちの生活空間を破壊から守ろうと抵抗するのを押さえつけ、粉砕するためだ。伐採の許可を与える国家は、マレーシアであれリベリアであれミャンマーであれ、この旨味のある取引からの収入を管理することにしか関心がない。あとは木材会社に雇われた民間軍隊が認可地域をやりたい放題に支配するのを放置している[26]。そのやり口は、規模の大きさを除けば、三〇〇年前のイギリスやオランダの東インド会社の手法と大した違いはない[27]。しかもこの地域は、多国籍企業と軍事サービス部門との共同事業という点では、今また一大中心地になっている。アメリカ、カリフォルニアの民間軍事会社パシフィック・アーキテクツ&エンジニアーズ（PA&E）社は、この地域に同時にふたつの子会社をおいて——ひとつは日本、もうひとつはシンガポール——アジア全域にわたり業務を展開している。その取引先はニュージーランド、東チモール、マレーシア、シンガポール、タイ、ベトナム、韓国、日本と多方面に及び、はっきり分かっている提携会社のなかには、エッソ・マレーシア社、ブルネイ・シェル石油社、新日本製鉄、マイクロソフト、プロクター&ギャンブル社、ウォルト・ディズニー社が含まれている。他の軍事会社はミャンマーで石油・天然ガスの西欧企業の仕事に従事しているし、スリランカ、ネパール、カンボジア、台湾、ブルネイ、フィリピンでも活躍中の会社がある[28]。

だが第三世界の天然資源の総売出しに参加しているのは多国籍大企業と民間軍事会社だけではない。グローバル化に伴って強い国家の政府もここに入り込んできている。国益を満足させるためだったり、自国企業の進出に有利な条件をつくりだすためだったりするのだが、中国、イギリス、ロシア、フランス、アメリカ合衆国の行動を見ると、どこまでが国益で、どこからが大企業の利益なのか、見極めは付け難い。いくつかの実例を挙げてみよう。

二〇〇四年三月、赤道ギニアでエクゼキューティヴ・アウトカムズ社の元職員たちが起こしたクーデターが失敗に終わった。狙いは、アメリカ合衆国とMPRI社がバックアップする独裁者オビアン・ンゲマを失脚させ、スペインで亡命生活を送るセヴェロ・モトを後釜にすえることだった。その背景には、石油をめぐる企業各社とこれをあと押しする諸国の利害の対立があった。かつてスペインの植民地だったこの国は、このところ石油業界には黄金郷の扱いで、世界中の企業が「黒いダイヤ」の採掘で巨万の富を手にしようと目の色を変えているのだ。政府転覆の工作に関与した傭兵たちの多くは今なお長期の刑に服しているのだが、ただ資金面での黒幕だったマーク・サッチャーだけは、イギリス首相だった母親の口利きで今も大手を振って歩いている。(29)

莫大な量の埋蔵石油が発見された南スーダン、ダルフール地区では、アメリカ国務省の委託で民間軍事会社二社、ダインコープ社とPA&E社が活動している。その任務は基地（それ以上の詳細は決められていない）を用意すること、兵站システムを作り上げること、輸送・通信手段を確保することとされている。支払いはいわゆる未定数量契約で、これで合衆国政府はこの両社をスーダンだけでなく、アフリカ大陸のいたるところで無期限に使うことができる。しかもコスト・プラス契約なので、両社は業務中に発生する費用はすべて支払ってもらえ、さらにプラス五〜八％の利益を計上することができる。(30)国務省はこの委託を平和維持活動の一環として捉えている。スーダン政府と、一九八三年以来事実上の内戦状態で反政府の立場をとるスーダン人民解放戦線（SPLF）とを和解させようとしているのだ。ダルフール地区だけでも過去数年間に一〇〇万以上の難民と五万人以上の死者が出た。ワシントンがなぜ軍事会社にこの任務を委託したか、これをある政府高官は次のように説明している、「わが国の法律ではわれわれがその国に政党なり政治代表部なりをつくるわけにはいかない。民間軍事会社を使うのはこの縛りを逃げるためさ。CIAがやるような『偽装作戦』と開発援助省がやる『表向きの作戦』の混合みたいなものと考えてもらっていい。これも議会のコントロールを回避するひとつのやり方だよ[31]」。

ダルフール地区について世界のメディアが取り上げるのは劇的な難民問題ばかりで、石油をめぐる争いは報じられていない。今後石油採掘権が誰の手に渡り、そこから生まれる収益がどのように分配されるか、それはまだ取決められていない。今のところスーダンでの主要採掘国は中国とパキスタンだ。この地区の問題と紛争をめぐっては、国際連合も巻き込んで多国間の政治折衝が続けられてきているが、その経過を見ても、難民と呼ばれる放逐された人々が彼らの（もともとの）故郷にある資源の恩恵に与る見込みはほとんどないと言っていいだろう。

熱帯木材、石油、コルタン、銅、ダイヤモンド、金、コバルト、銀、マンガン、ウラン、カドミウム、ゲルマニウム、ベリリウムその他、第三世界の国々にある資源のどれをとってみても、それを採掘して「強い国家」に運ぶ方法と手段は、それぞれ多少の違いはあるものの、結局いつも同じだ。市場がグローバル化によって開放され、関税障壁がなくなってからというもの、原料の価格は底をついている。その結果、「弱い国家」の天然資源は「強い国家」にますます大量に流れ込むようになった。売上収益はどんどん下がる。その上前をはねるのがその国のエリートたちで、外国が採掘権料として支払う金の一部をどこかの税金天国の銀行に振り込ませるという手口だ[32]。住民の手に入るのは残る僅かばかりだけだ。こうした実情に対抗する手立てを住民はほとんど持っていない。国家が「骨抜き」にされているため、民主的な方法で取り分を要求し権利を主張することができないのだ。月に一ユーロという涙ばかりの収入では（アフリカの多くの国でそうなのだ）、なんとか命を永らえるのが精一杯か、それも叶わぬかほどなのだから、餓死を逃れる唯一の道は暴力に走るしか残されていないことになる。

全体として次のように言うことができる。トラブルを抱えて、民間軍事会社の助けでそれを解決しようとする国家は、ますます弱くなるばかりで、強くなって蘇った例はない。「強い国家」への道を進むことのできた国はひとつもない。どこでも安全保障制度と紛争解決の機構は弱体化し、ますます力を失っていった。国際連合の傭兵問題特別調査官エンリケ・バレステロスが地球を駆け巡って永年にわたり調査を進めてきた結果述べているように、民間軍事会社は安定という幻想をばら撒くばかりで、根本問題と紛争の原因をそのまま放置し、紛争を永続的に解決する力はもっていないのだ[33]。これらの国々に平和を確保し、安全保障制度を建設するには、直接的な利害の充足ではなく、国家と社会の機構そのものの再建を目標にする政治的な取り組みが必要なのだ。これは息の長い仕事で、簡単にはいかない。だが時間をかければ必ず実現できる。

4　人道支援団体――軍事力の陰で

怒りを押し殺してはならない、
だが怒りに負けてしまってはならない。
チベットの格言

アフガン戦争のさなか、アメリカのメディアは当時の国務長官コリン・パウエルの次のような言葉をしきりに流した、「人道支援団体はアメリカ軍戦闘部隊の重要な一部」[1]である。これはアメリカ合衆国政府が、軍事介入している地域の支援団体をどのように位置付けているかを示す最初の公的な発言である。NGOは、かねて自分たちが道具として戦争政策に組み込まれるのではないかと懸念していた。その懸念が現実のものになったのだ。中立で独立した支援者という立場が否定されるのは困るというわけで、各団体は抗議した。[2]だがこの抗議は一般にはほとんど注目されなかった。イラク戦争が始まると、対立は一層厳しいものになった。イギリス、アメリカ両国政府は、ジャーナリストだけでなく支援団体も含めた「埋め込み戦略」を提示した。戦争終結後、連合国暫定統治機構は、NGOに対して、連合軍の指揮下に入る旨の誓約書を提出し、半年ごとに報告を行なう義務を受け入れるよう求めたが、各団体はこれを拒否した。[3]するとアメリカ合衆国国際開発庁（USAID）は、これらの団体を政府援助金の配分リストから削ると脅した。この有無を言わせぬ命令に屈したのはごく少数で、大半の団体は人員を引き上げイラクでの活動を打ち切ってしまった。[4] 命令を拒否して居座っていた団体もやがて店仕舞いに追いこまれた。連合軍が次第に彼らの保護を打ち切ったためだ。保護と言っても、じつは民間軍事会社の要員による警備で、これは国際連合がバックアップして関係者全員について取決められた基準に沿ったものだったのに、それが無視されたのだ。[5] 国連事務総長コフィ・アナンが、暫定統治機構は国際法の規定からみても保護と安全をはかる義務があると訴えたが、ブッシュもブレアも態度を変えることはなかった。

脅かされる中立性

人道支援団体の役割をめぐる基本的な見解の相違は政府とNGOとの関係だけでなく、支援団体と軍事サービス業との関係にも及び、ときにはもっと厳しい形で現れることもある。民間軍事会社にとっては、出動は利益をあげることを目的にした業務だ。国家にとっては安全を生み出すことを目的にした政治課題だ。NGOの目的は、その本来の立場からすると、政治的、経済的その他の考え方とは無関係に、またときにはこれに反してでも、ひとりひとりに援助の手を差し伸べることだ。このように纏めてみるまでもなく、目的設定は三者三様で、ほとんどの場合とは言えないまでも多くの場合、具体的な行動ではぶつかり合うことになる。しかし他方、「新しい戦争」が出現して、関与する武力行使者の数が増加するようになり、また昨今の紛争地域ではもともと軍と文民との区別が曖昧になる一方であることが多く、NGOにとっては安全確保の条件が違ってきているし、その保護も手薄になっている。最近数年間、国連難民高等弁務官事務所（UNHCR）、国際赤十字、ケアUSA、世界医療団、国境なき医師団など、ほとんどすべての国際支援団体で死者が出ているし、人質、誘拐事件もあった。二〇〇三年六月から二〇〇四年六月までだけでも、国際連合とＮＧＯの非戦闘員百人以上が紛争地帯で活動中に殺されている。(6)

人道支援団体のメンバーが危険に曝されるケースが増えているのに付け入るように、民間軍事会社は保護の業務を引き受けましょうと持ちかける。国家は保護を拒否したり、そんな余裕がなかったりする。軍事会社に保護を依頼すべきかどうか、このジレンマは関係者が首をそろえて議論しているところなのだが、結論はまだ出ていない。あやふやにしていると政府と軍事会社に押しきられてしまうのは、イラクのケースで見た通りだ。政府の方が、民間軍事会社の提供する保護を受け入れなければＮＧＯの安全は保証できないと言い、会社の費用は国が持つことも珍しくないので、軍事会社は強気だ。

国際的な取決めと一九九四年に採択された行動規範で人道支援団体は、中立を厳正に守ること、党派に組せず政府からも独立していることを定めている。(7)民間軍事会社と協力するとこの原則の堅持が不可能と言わないまでも、難しくなるのではないか。これがＮＧＯが恐れているところだし、また実際そういう事態がすでに生じてもいる。アフガニスタンやイラクだけでなく、軍事会社の職員（武装の有無に関りなく）が同行していると、支援団体の人々を迎える住民の目は猜疑心に満ちている。まして連合軍を敵の占領軍と見なしている勢力ならもちろんのこと、支援団体など、パウエルの言う通り、敵軍の回し者に決まっていると考えている。

土地の反政府勢力なり反乱軍なりが、住民に向かって、ほら見てみろ、外国の政府要員や外国の民間会社の職員を警備しているのと同じ軍事会社が支援団体に同行しているじゃないかと指摘すると、なる程そうだ、ということになってしまう。[8] そのうえ、諜報機関が支援団体に潜り込んで情報活動をしていたことが露顕でもしようものなら、もう最後、住民は絶対に信用しないどころか、敵対するようになる。イラクにいたイタリア人の友人の話では、赤十字も含めて大半のNGOがすっかりスパイの巣窟になっているという。[9] またイタリア人の人質が釈放後報告したところによると、イラクの敵対勢力は諜報機関の浸透ぶりを仔細に把握しているとのことだ。[10] こうして軍事会社による保護なるものは、人道支援団体にとっては逆に危険の増大をもたらす結果になっている。

軍事会社は安全上のリスクだ

リスクが増すのは支援団体だけではない。本来支援の対象となるはずの一般住民にとっても危険が大きくなるのだ。[11] 天然資源と外国企業によるその採掘をめぐって紛争が起きているような場合には、とくにそのことが言える。危機に揺さぶられている多くの国々の例を見ると、実にさまざまな組み合わせがある。民間軍事会社の警備の下で一部の住民に対して支援活動を行うと、それが紛争当事者の一方の側に肩入れする結果になるような場合がある。そうなると支援を受けた住民は自動的に相手方の攻撃目標にされてしまう。また一般住民が反乱軍にとって身を守る盾になっているケースもある。住民の間に潜伏したり、住民を敵との緩衝材として利用したりするのだ。支援団体が軍事会社の力を借りて民間人のための「保護地区」を作ったりすると、一方の側はそれで緩衝地帯を奪われることになり、一般住民自身が攻撃の対象になる危険が増大するわけだ。[12] またある場合には、軍閥が民間人を人質にして、国際支援団体から例えば一種の通行税を取ろうとする。そこでNGOが民間軍事会社を使って援助物資を直接住民に届けたとする。すると住民は武装抗争に直接巻き込まれるか、でなければ輸送路は完全に封鎖される。こういう場合には、住民は空腹に加えて、軍閥の兵隊たちの襲撃という肉体的な恐怖を背負い込むことになる。しかも同じ軍事会社が国内で操業する外国企業と支援団体を同時に警備していることが大っぴらになったりしたら、現地住民に救援物資が届く可能性はゼロに近くなってしまう。(13)

民間軍事会社が出動すると支援団体がどんな問題に直面するか。活動の意味がなくなったり、むしろ逆効果になったりするという、ほとんど知られていない実情を例を挙げて説明しよう。ラテンアメリカ逆提案法律相談所（ILSA）、コロンビア人権ネットワーク（CHRN）、人権擁護常設委員会（CPDH）など、ラテンアメリカで法律による支援をしているNGO諸団体の報告によれば、民間軍事会社による警護が知られると、とたんに労働組合員や人権侵害の被害者がこれらの団体から身を引いてしまうという。(14) 原料採掘の現場で法律違反の行為があるのを調査しようという場合には、事態はさらに深刻になる。(15) NGOは多国籍企業や民間軍事会社と同じように悪者扱いされるのだ。「独立の」弁護士への信頼はまるでないも同然、猜疑心と不信感は底知れないほどになり、協力など望むべくもない。敵側の回し者扱いされるのも珍しくない。弁護士に協力しようものなら、たちまち報復を受ける恐れがあるし、弁護士自身の身も危ない。文化人の支援活動、建設支援活動、学校教員、それどころか医師までも同じように危険な目に遭っている。(16)

安全度が低いか、およそ安全などない地域では、民間軍事会社という金で買った安全はそれ自体が特権で、そのような特権に浴しているという事実だけで、中立と不偏不党という建前が危うくなって

危険地帯での支援団体の活動は、戦闘地域では軍事的保護なしには不可能で、その場合、民間軍事会社に委託されることさえある。この写真はザイールでの支援団体の活動の様子。
（Tom Stoddart Archive／ゲッティ　イメージズ）

しまう。支援団体は、自分たちの安全を買うだけの金をもっている恵まれた連中と見られてしまうのだ。支援を受ける側の人々には、そのような手立てがない。危険地帯の住民の多数にはそのような「贅沢」をするだけの余裕はない[17]。こうして支援者と援助を必要とする者との間に安全度の異なる地帯ができてしまうと、そこには緊張が生まれ、周りが「敵」だらけという状況ではいつなんどきそれが爆発するか知れたものではない。国際赤十字、オックスファム、カリタス、「世界にパンを」など大半のＮＧＯはこのメカニズムを十分に弁えていて、だからこそ彼らは中立、不偏不党、政府からの独立の原則に固執して、民間軍事会社による保護を拒否するのだ[18]。

彼らの主張はこうだ、この原則に基づ

いて築き上げられた行動規範こそがこれまで自分たちには最善の防衛策だったのだし、「ただひたすら人々のためにそこにいる」というイメージ、これまでの活動を通じて人々の心に刻み込まれ、広がり、しっかりと根を下ろしたこのイメージこそが、自分たちの活動が敵対する側も含めて広く住民の間で受け入れられる土台なのだと。紛争を「政治化」し、政治が支援活動をその道具にしようとすると、住民の目には彼らの不偏不党の立場が見え難くなり[19]、住民は彼らを受け入れようとしなくなるし、保護も期待できなくなる。「新しい戦争」という枠組みのなかでも、NGOにとって最大の保護はやはり彼らの活動の正統性にあり、人間としての信頼感にある。現地の文化と社会のなかに溶け込んでいれば、リスクや危険を予知する能力も備わる。民間軍事会社がいれば安全が高まるどころか、活動が「軍事化」されるだけなのだ[20]。

大半のNGOが抱いているこのような見解を裏付ける事実がある。軍事会社の多くが考える仕事のやり方はと言えば、「命令してくれれば、出かけて行って仕事を片付けますよ」に尽きる。つまり人道支援活動の保護も、彼らにとっては、兵士としての任務に違いはなく、中身が異なるだけなのだ。支援団体メディコ・インタナショナルはこう言う、「濁流に押し流されそうな木から生まれたばかりの男の子をヘリコプターが無事救出する。そのヘリの白人パイロットこそが『人類愛護精神』のまたとないシンボルで、外から舞い降りてくる（大抵はまた飛び去って行く）『干渉主義』の援助を象徴している」[21]。NGOと民間軍事会社との共同作業を困難にしているのは（片や利潤、片や支援という）目的設定の違いだけではない。二つの違いは同じ事実を見る見方の違いでもある。環境問題を法律、保健衛生、経済とそれぞれ異なる立場から見ることができるのと同じで、保護の問題も人道支援の立場、軍事的な立場、それぞれ異なる立場から見ることができる。軍事的な立場に立つと、仕事の枠組みという点では、どうしても人道支援団体が役目を果たすのとは違う方向に進みがちになる。問題解決が次第に軍事化されることに彼らが反発する根本には、ここにその理由がある。人道団体からすると、民間兵士に保護を依頼するということは、クリスティアン・エイドのドミニック・ナットの言葉を借りれば、「ペテロから盗んでおいて、パウロに施し物をするようなもの[22]」なのだ。

保護概念の見直しが必要だ

協力関係を困難にしているもうひとつの事実がある。支援団体には、民間軍事会社の仕事を効果的に管理する手立てがほとんどないという事実だ。会社が国家からの委託で支援団体に同行するというような場合になると、軍事会社職員の行動を契約で縛るということさえまるでできなくなってしまう。透明性を要求することはもちろん、それを実行させることなどとても考えられない。

民間軍事会社が警備している周辺地域で人権侵害事件でも起きようものなら、とばっちりを食うのは支援団体で、悪くすると地元住民からは一脈通じていると思われかねない[23]。NGOが民間軍事会社と独自に契約を結び、民間兵士たちの行動に直接責任を負っている場合だと、報告義務をどうやって守らせることができるかという頭の痛い問題を抱え込むことになる。これまでの経験から言うと、支援事業の基準に沿った倫理的、政治的、職業的な行動の義務を民間軍事会社に約束させることはまず不可能に近い[24]。たとえ契約書では約束してあっても、その点検は実際にはほとんど実行不可能だ。とくに「微妙な」行動地域、つまり経済的または政治的な類の強力な利害が紛争に絡んで重要な意味を持っている地域で、諜報機関がしきりに暗躍しているような場合になると、軍事会社がはたして任務を遂行しいるのかどうかさえチェックできなくなる。民間会社が任務遂行中に得た情報を他の側――例えば下請け会社を経由して――に流して、割のよい仕事にありつけるよう狙ったとしても、支援団体には手の打ちようがないのだ[25]。この心配は決して絵空事ではない。イギリスのアーマー・グループやグローバル・リスク・ストラテジーズ社のように民間軍事会社のなかには、政府からの委託事業や契約を利用して、支援する側の国や団体の任務設定と救援資金の分配基準にぴったりのオファーを出してくる会社が少なくないのだ[26]。

一九八九年以降人道支援事業がますます「政治化」され、「軍事化」されるようになってからというもの、国際的な研究所が確認したところでは[27]、民間軍事会社が政府の側からの援助資金の供与に際して不可分の構成部分になりつつある。そのために支援団体の危険度は恐ろしく高まってしまった。過去一〇年間に紛争地域における危険は明らかに急増している。それは根本的な原因が複雑になったからであり、これに対処するため軍事会社を派遣するのは、「強い国家」の責任転嫁というほかない。NGOからすると、軍事会社に頼れば危険度が下がるとは言えそうにない。これまでの経験ではそれは逆効果になっている。支援団体がズラタン・Mのような民間兵士[28]をうまく引き当てるのは滅多にないことだ。大抵は、戦場だった一帯での地雷除去とか紛争地域での保護任務とかが「人道的任務」だと心得ているような民間軍事会社ばかりだ。例えばイギリスのマイン・テック社やバクテック社はそれを専門にしている。だがそのように危険を伴う作業でも非軍事団体が十分に（場合によってはもっと上手に）やってのけられることは、NGOピープルズ・エイドが証明して見せてくれている。ノルウェーの労働組合同盟が支援するこの団体は、すべての大陸の三〇カ国以上で活動している。この団体は、例えばモザンビークでは、並み居る軍事会社を尻目に地雷除去の仕事の主なところを片付けてしまった(29)。

民間軍事会社は国家の安全保障構造の欠けている部分を補うのがせいぜいで、やれることと言えば、限られた地域であちこちに点在する場所を守るだけ、それも前述したように大抵は逆効果を招くだけに終わる。現在の状況で確認できることは、支援団体と民間軍事会社とはほとんど全く両立できないという点である(30)。NGOがとるべき別の道となると、民間軍事会社をあきらめて、これまで築いてきた保護方式を最近の変化した条件に合うよう調整しながら、新しい方式を創出することに尽きる。国際赤十字や、とくにアメリカの支援団体、例えばケア、国際救出委員会、セイヴ・ザ・チルドレン、ワールド・ヴィジョンなどは、それぞれ独自の必要に応じて、試行錯誤しながら新しい方式を案出しはじめている(31)。自前の保安部隊を編成し、リスクや脅威の分析を行ない、チームの人々のために安全確保の訓練を実施し、危機管理の助言を受けるなどしている。「危険地域」では、警官としての訓練を受けたその土地の治安要員で、予め独自に適性を審査した人々を呼び寄せる。それでもやはり人道団体、またNGO一般は、「変化した世界で新しい場を見つけ出すのに苦労している」し、とくに一致した立場をとるのが困難になっているのが実情だ(32)。

注

１　戦闘的な協力関係

（１）以下を参照 Deutscher Bundestag, 15. Wahlperiode: Drucksache v. 28. 9. 2004.

（２）Ospina: Suchtgefahr, 一一一ページ。

（３）同上。この章でのコロンビアに関する叙述はとくに以下の論文に依拠している。Dario Azzellini：Kolumbien. Versuchslabor für privatisierte Kriegsführung. In: Azzelini/Kanzleitner（Hg.）: Das Unternehmen Krieg, 二九～五二ページ。

（４）以下を参照 Thomas Catan（Private Military Companies Seek an Image Change. In: Financial Times vom 1. 12. 2004; Private Armies March into Legal Vacuum. In: CorpWatch vom 10. 2. 2005）; また以下をも参照 sourcewatch: Private Military Companies（www.sourcewatch.org）.

（５）Sandra Bibiana Florez: Mercenarios en Columbia: una guerra ajena. In: Proceso vom 29. 7. 2001.

（６）Enrique B. Ballesteros: Report of the Use of Mercenaries. New York 2004（UN Doc. E/CN.4/2004/15）, 一一ページ。

（７）以下を参照 La Prensa（Managua）vom 23. 1. 2003.

（８）とくに以下を参照 Profiting from Repression. In: This Magazin, Mai 2001（www. policyalternatives.ca）.

（９）例えば以下のコロンビアの人権委員会 Comite Permanente por la Defensa de los Derechos Humanos（cpdh. free. fr）あるいは人権擁護弁護士連合の刊行物を参照（www.humanrightsfirst.org/index.asp）.

（10）これらの引用については以下を参照 T. Christian Miller: A Columbian Village Caught in a Cross-Fire. In: Los Angeles Times vom 17. 3. 2003. サント・ドミンゴでの虐殺については以下の団体の年次報告に詳しい。Amnesty International und Human Rights Watch.

（11）これらの問題については以下を参照 Greg Muttitt/James Mariott: Some Common Concerns. London 2002, とくに第一一章：BP and Human Rights Abuses in Colombia.

（12） Amnesty International: AI Index: AMR 23/79/98, 19. 10. 1998.

（13） 以下を参照 www.europarl.eu.int/omk/sipade.

（14） ここに挙げられた事実の典拠は以下の通り Amnesty International（Kolumbien）: Human Rights Defenders Arauca vom 15. 5. 2003; Oil Fuels Fear in Colombia vom Mai 2004; Annual Report Colombia 2005 vom 1. 9. 2005（www.amnesty.org/countries/colombia）.

（15） 以下を参照 www.labournet.de/internationales.co/lebensgefahr.html.

（16） 以下を参照 Office of the United Nations High Comissioner for Human Rights: Annual Report（www.ohcr.org）.

（17） 以下を参照 Felix Heiduk / Danial Kramer: Shell in Nigeria und Exxon in Aceh. Transnationale Konzerne im Bürgerkrieg. In: Blätter für deutsche und internationale Politik, 3/2005, 三四〇～三四六ページ。

（18） 以下を参照 Ewen Mac Askill: Amnesty Accuses Oil Firms of Overriding Human Rights. In: global policy vom 7. 9. 2005（www.globalpolicy.org）.

（19） WACAM の報告を参照（www.wacam.org）; Jim Vallette: Guarding the Oil Underworld in Iraq. In: Corp-Watch vom 5. 9. 2003; Canadian Mining Companies Destroy Environment and Community Ressources in Ghana. In: Mining Watch Canada, Juni 2003.

（20） 例えば以下を参照 Human Rights Watch: Paper Industry Threatens Human Rights, Januar 2003（www.hrw.org/press/indonesia）.

2 管理不可能

（1） 以下を参照 Michael Duffy: When Private Armies Take to the Front Lines. In: Time Magazin vom 12. 4. 2004; David Isenberg: A Fistful of Contractors: The Case for a Pragmatic Assessment of Private Military Companies in Iraq. In: BASIC, Research Report, September 2004, 三一ページ。

（2） 二〇〇四年四月、以下のサイトに出たニュースを参照 Uruknet（informazione dall' Iraq occupato）（www.

uruknet.info), Iraqi Press Monitor Iraqi Press Monitor（www.iwpr.net/index.pl?iraq）あるいは The Middle East Media Research Institute（www.memri.org）同盟諸国に対する抵抗が激化して以来（とくに二〇〇四年二月以降）それまで数多くあった反体制側のイラクのウェブサイトが次第にネット上から姿を消した。西側諜報機関の見るところ、これらのサイトではアルカイダが暗号化して流す情報が発信されているという指摘をうけ、サーバー管理者が閉鎖してしまったサイトも少なからずある。ハッカーたちの間では、アメリカ合衆国が管理者に圧力をかけ、気に入らぬ情報源を閉じさせたのだろうと言われている。いずれにせよ、反乱者の側の信頼するに足るイラクの情報源が閉ざされたに等しいことは事実である。

（3）とくに以下を参照 Andy Clarno / Salim Vally: Privatised War: The South African Connection. In: Znet vom 6. 3. 2005.

（4）以下を参照 Paul Dykes: Desert Storm: How Did a Convicted Ulster Terror Squaddie Get Security Job in Iraq? In: Belfast Telegraph v. 5. 2. 2004.

（5）以下を参照 Norman Arun: Outsourcing the War. In: BBC News Online vom 2. 4. 2004（http://news.bbc.co.uk).

（6）以下を参照 David Barstow: Security Companies: Shadow Soldiers in Iraq. In: The New York Times vom 19. 4. 2004; Dana Priest /Mary Pat Flaherty: Under Fire. Security Firms Form an Alliance. In: Washington Post vom 8. 4. 2004; Lolita C. Baldo: Senators Seek Investigation into Private Security Firms in Iraq. In: Associated Press vom 30. 4. 2004; Peter W. Singer: Warriors for Hire in Iraq. In: salon.com vom 15./16. 4. 2004.

（7）登録された民間軍事会社の数は公式にはたえず変動しているのだが、暫定統治機構時代の間、その数は平均六八社、その後は四三社となっている。著者独自の調査では実数はこれを平均三分の一上回る。

（8）例えば以下を参照 Clare Murphy: Iraq's Mercenaries: Riches for Risks. In: BBC News vom 4. 4. 2004（news-vote.bbc.co.uk/mpapps/).

（9）以下を参照 Renae Merle: DynCorp Took Part in Chalabi Raid. In: Washington Post vom 4. 6. 2004.

（10）イタリア国営テレビ局の記者で、包囲下にあったマリア・クファロ女史が著者に語ったところによる。

(11) これらの事件について、例えばマシュウー・ショフィールドの報告を参照 Militants Tighten Grip on Iraq Cities. In: Detroit Free Press vom 9. 4. 2004（www.freep.com）.

(12) 例えば以下を参照 Christoph Reuter: Die Hunde des Krieges. In: stern vom 13. 10. 2005.

(13) 以下を参照 Caroline Holmquist: Private Security Companies. The Case for Regulation. Stockholm 2005（SIPRI Policy Paper, Nr. 9), 二三ページ以下。

(14) この点を、デボラ・アヴァントとピーター・シンガーは再三にわたり「劣悪な政策、劣悪なビジネス」と、批判的に指摘している（参考文献を参照）。

(15) 以下を参照 Peter W. Singer: Outsourcing War. In: Foreign Affairs vom 1. 3. 2005. ＫＢＲのビジネス・パターンについては、第一章第四節で詳しく述べた通りである。

(16) 以下を参照 Shnayerson: The Spoils of War.

(17) 以下を参照 Michael McPeak / Sandra N. Ellis: Managing Contractors in Joint Operations: Filling the Gaps in Doctrine. In: Army Logistician, 36（2004）2, 六〜九ページ。

(18) シンガー前掲書四七ページを参照。

(19) 以下を参照 Holmquist: Private Security Companies, 二九ページ。

(20) 以下を参照 James Surowiecki: Army Inc., in: New Yorker vom 12. 1. 2004（www.newyorker.com）.

(21) 以下を参照 uruknet vom 27. 11. 2005（www.uruknet.info）.

(22) 法律上の問題については、クリスティアン・シャラーが、その著作で詳細かつ極めて的確に論じている。例えば以下を参照 Private Sicherheits- und Militärfirmen in bewaffneten Konflikten. Berlin 2005（SWP-Studie 二四ページ）.

(23) 一九八九年国連の傭兵に関する協定には、一九四九年ジュネーブ協定第四七条の文言がそのまま採用されている。

(24) 民間軍事会社エアースキャン社はこれらのデータを前述のサント・ドミンゴでの虐殺にあたってコロンビア空軍に提供し、またペルー空軍が二〇〇一年五月アメリカの宣教師を乗せた旅客機を撃墜した際にも同じことをしている。以下を参照 Duncan Campbell: War on Error: A Spy Inc. No Stranger to Controversy. In: public integrity（ICIJ）vom 12. 7. 2002. また他の事件については以下を参照 Leslie Wayne: America's For-Profit Secret Army. In: The New York Times vom 13. 10. 2002; Peter W. Singer: Have Guns, Will Travel. In: The New York Times vom 21. 7. 2003.

(25)　以下により引用 Juan O. Tamayo: Colombian Guerillas Fire on U.S. Rescues. In: Miami Herald vom 22. 2. 2001.

(26)　以下を参照 Roman Kupchinsky: The Wild West of American Intelligence. In: asia times online vom 30. 10. 2005.

(27)　シンガー前掲書、とくに第五章を参照。

(28)　以下を参照 Ian Bruce: SAS Veterans among the Bulldogs of War Cashing in on Boom. In: The Herald vom 29. 3. 2004; Singer: Warriors for Hire in Iraq.

3　見せかけの安全

(1)　これら一連の問題については以下を参照 Musah: A Country under Siege, 七六〜一一七ページ。

(2)　民間軍事会社がこれらの武力行使者、ときにはタリバンあるいはアルカイダとさえ協力し合うことは、一度ならず証明されている。以下を参照 Mohamad Bazzi: Training Militants British Say Islamic Group Taught Combat Courses in U. S. In: Newsday vom 4. 10. 2001; Andre Verloy: The Merchant of Death. Washington（The Center for Public Integrity）, 20. 1. 2002; Peter W. Singer: War, Profits, and the Vacuum of Law: Privatized Military Firms and International Law. In: Columbia Journal of Transnational Law, Fruhjahr 2004, 五二一〜五四九ページ；Patrick J. Cullen: Keeping the New Dog of War on a Tight Leash. In: Conflict Trends, Juni 2000, 三六〜三九ページ；Andre Linard: Mercenaries S. A. In: Le monde diplomatique, August 1998, 三一ページ。

(3)　シンガー前掲書三七五〜四〇一ページを参照。

(4)　同様のことはイラクでも見られる。以下を参照 Ariana Eunjung Cha: Underclass of Workers Created in Iraq. In: Washington Post, 1. 7. 2004.

（5）以下を参照 Singer: Peacekeepers Inc.

（6）以下を参照 Deborah Avant: The Market for Force. The Consequences of Privatizing Security. Cambridge 2005.

（7）以下を参照 Holmquist; Private Security Companies, 一四ページ。

（8）例えば以下を参照 Herbert M. Howe: Ambigious Order: Military Forces in African States. Boulder 2001; Tony Hodges: Angola from Afro-Stalinism to Petro-Diamond Capitalism. Bloomington 2001; Jakkie Cilliers / Christian Dietrich（Hg.）: Angolas War Economy. The Role of Oil and Diamonds. Pretoria 2000; Phillip van Niekerk / Laura Peterson: Greasing the Skids of Corruption. In: The Center of Public Integrity: Making a Killing.

（9）以下を参照 John Vidal: Oil Rig Hostages Are Freed by Strikers as Mercenaries Fly Out. In: The Guardian vom 3. 5. 2003.

（10）以下を参照 Peter Lock: Privatisierung im Zeitalter der Globalisierung. In: Lateinamerika, 38 /1998, 一三〜一八ページ；Kristine Kern: Diffusion nachhaltiger Politikmuster, transnationale Netzwerke und glokale Governance. Berlin 2002.

（11）以下を参照 Holmquist: Private Security Companies, 一五ページ。

（12）例えば以下を参照 David Isenberg: Soldiers of Fortune Ltd. Washington 1997; Niekerk / Peterson: Greasing the Skids of Corruption.

（13）以下を参照 Nalson Ngoma: Coup and Coup Attempts in Africa. In: African Security Review, 13（2004）3; Jakkie Cilliers / Richard Cornwell: Mercenaries and the Privatization of Security in Africa. In: African Security Review, 8（1999）2.

（14）以下を参照 Doug Brooks: Write a Cheque, End a War. In: Conflict Trends, Juni 2000, 三三〜三五ページ。

（15）在イラク国際開発省の職員は、数社の民間軍事会社による警護をうけていた。以下を参照 Deborah Avant: The Privatization of Security and Change in the Control of Force. In: International Studies Perspectives, 5（2004）2, 一五四ページ。

（16）以下を参照 UK Government: Private Military Companies. London 12. 2. 2002（Ninth Report of the Foreign Affairs Committee）. イギリス国防省は、民間軍事会社何社がどのような任務を国外で遂行しているかについて、一切公表していない。国内についてだけ、どの軍事部門が民間委託されたか、また今後委託される予定であるかが公表されている。これについては国防省が二〇〇四年に発表した二つの文書を参照 »Signed PPP Projects« および »PPP Projects in Procurement«（www.mod.uk/business/ppp/database.htm）.

（17）例としてはアムネスティ・インタナショナル（ＵＳＡ）を挙げるに留める。Amnesty International（USA）: International Trade in Arms and Military Training（www.amnestyusa.org/arms_ trade/ustraining）.

（18）以下を参照 Alex Belida: Private US Security Firm Assessing Sao Tomé Military. In: Global Security vom 6. 6. 2004（www.globalsecurity.org）.

（19）例えば以下を参照 Anna Leander: Global Ungovernance: Mercenaries, States and the Control over Violence. Kopenhagen 2002.

（20）「要塞町」、つまり塀で囲まれた私的な街区は、今ではもう第三世界に限られたものではなくなっている。アメリカ合衆国には数少ないながら一九五〇年代からあった。今日ではこれら「富と繁栄の孤島」――そこでは倶楽部にも似た生活が営まれている――は、ヨーロッパのいたるところ（ドイツとて例外ではない）に見られるようになった。

（21）以下を参照 Mair: Die Globalisierung privater Gewalt; Stefan Mair: Intervention und »state failure«: Sind schwache Staaten noch zu retten? In: IPG, 3 / 2004, 八二～九八ページ。

（22）以下を参照 Rolf Uesseler: Stichwort Mafia. München 1994; Antonio Roccuzzo: Gli uomini della giustizia nell' Italia che cambia. Rom 1993.

（23）第四章を参照。

（24）例えば以下を参照 Mungo Soggot: Conflict Diamonds Forever. Washington（Center for Public Integrity）, 8. 11. 2002.

（25）以下を参照 Geoff Harris: Civilianising Military Functions in Sub-Saharian Africa. In: African Security Review,

12（2003）4; Mark Taylor: Law-abiding or Not. Canadian Firms in Congo Contribute to War. In: The Globe and Mail vom 31. 10. 2002; またノルウェー社会研究所ＦＡＰＯがこの問題に関し発表しているさまざまな出版物を参照（www.fafo.no）.

（26）例えば独仏共同テレビ局 Arte が二〇〇五年六月二一日に放映したパトリス・デュテトルの記録映画「新しい傭兵」を参照。

（27）インドネシアの実情については以下を参照 Henri Myttinen: Alte neue Kriege. Die Privatisierung der Gewalt in Indonesien. In: Azzellini / Kanzleiter（Hg.）: Das Unternehmen Krieg, 一二九～一四二ページ; International Labor Fund: Exxon Mobil: Genocide, Murder and Torture in Aceh. Washington 2002（www.laborrights.org）.

（28）例えば以下を参照 David Isenberg: Security for Sale. In: asia times, 13. 8. 2005.

（29）以下を参照 Aldo Pigoli: Mercenari, Private Military Companies e Contractors. In: wargames vom 17. 4. 2004; George Monbiot: Pedigree Dogs of War. In: Guardian vom 25. 1. 2005.

（30）以下を参照 Daniel C. Lynch: 3200 Peacekeepers Pledged on Mission to Darfur. In: Washington Post vom 21. 10. 2004.

（31）以下を参照 Pratap Chatterjee: Darfur Diplomacy: Enter the Contractors. In: CorpWatch vom 21. 10. 2004（www.corpwatch.org）. ひとつ付け加えておきたいのは、アメリカの会社エアースキャン社が「隠蔽行動」でスーダン人民解放戦線ＳＰＬＦを支援したことだ。これについては以下を参照 Cullen: Keeping the New Dogs of War on a Tight Lease, 三六～三九ページ。

（32）以下を参照 Niekerk / Peterson: Greasing the Skids of Corruption.

（33）国連報告 UN Doc. E/CN.4/1999-2004を参照。

4　人道支援団体

（1）以下により引用 Lothar Brock: Humanitäre Hilfe ? Eine Geisel der Außen-und Sicherheitspolitik? In: Medico International（Hg.）: Macht und Ohnmacht der Hilfe. Frankfurt am Main 2003, 五八～六三ページ。

（2）人道援助が政治化される、あるいは人道支援団体を政治が取り込もうとする動きが活発化しつつある事実については、例えば以下を参照 International Alert: The Politizisation of Humanitarian Action and Staff Security. Boston 2001.

（3）以下を参照 Wulf: Internationalisierung und Privatisierung von Krieg und Frieden, 一四五ページ；紛争地域における人道支援団体をめぐる問題全体については同上一三九〜一五六ページを参照。

（4）例えば世界中に展開して活動しているイギリスの支援団体 Oxfam については以下を参照 Oxfam Suspends All Direct Operations in Iraq. Oxford 2004（www.oxfam.org.uk/）. 同様のことはアフガニスタンでも起こっている。これについては以下を参照 Mark Joyce: Medecins Sans Frontieres Pull out of Afghanistan. In: RUSI news vom 29. 7. 2004.

（5）以下を参照 UN Department of Humanitarian Assistance: Guidelines for Humanitarian Organisations on Interacting with Military and Other Security Actors in Iraq. New York, 20. 10. 2004.

（6）例えば以下を参照 Robert Muggah / Cate Buchanan: No Relief: Surveying the Effects of Gun Violence on Aid Workers. In: humanitarian exchange, November 2005（www.odihpn.org）.

（7）国際赤十字社の行動規範はウェブサイトで見ることができる。アドレスは www.icrc.org/publicat/conduct/code.asp; ＮＧＯと武装警護の問題については以下を参照 ICRC: Report on the Use of Armed Potection for Humanitarien Assistance. Genf 1-2. 12. 1995; Meinrad Studer: The ICRC and Civil-Military Relations in Armed Conflict. In: International Review of the Red Cross, 842 / 2001, 三六七〜三九一ページ。

（8）以下を参照 Holmquist: Private Security Companies, 二〇ページ。

（9）エマージェンシー（医療・社会援助を行うイタリアの人道団体）代表ジーノ・ストラーダが数回にわたりイラクに滞在したのちに公表した報告を参照（www.emergency.it）.

（10）誘拐され、のちに解放されたイタリア人記者ジュリアーナ・スグレナ女史の発言、例えば il manifesto vom 20. 3. 2005. を参照。

（11）これらの問題全体については以下を参照 Karen A. Mingst: Security Firms, Private Contractors, and NGO's:

New Issues about Humanitarian Standards. Paper presented at International Studies Association Convention, Honolulu（Hawaii）, 10. 3. .2005.

（12）以下を参照 Alex Vines: Mercenaries, Human Rights and Legality. In: Musah / Fayemi: Mercenaries, 一六九～一九七ページ。

（13）この問題については以下を参照 Tony Vaux u. a.: Humanitarian Action and Private Security Companies. London（International Alert）2002.

（14）これについてはこれら三団体の数多くの報告書を参照（www.ilsa.org.co, http://colhrnet.igc.org/, http://cpdh.free.fr）; そのほかラテンアメリカ全域にわたる人道団体デレチョス（www.derechos.org）と中央アメリカ大学人権研究所（ＩＤＨＵＣＡ）の報告を参照。

（15）以下を参照 Holmquist: Private Security Companies, 二〇ページ。

（16）以下を参照 Peter W. Singer: Should Humanitarians Use Private Military Services? In: Humanitarian Affairs Review, Sommer 2004; Vaux u. a.: Humanitarian Action, 一六ページ。

（17）以下を参照 Vaux u. a.: Humanitarian Action, 一七ページ。

（18）例えば二〇〇四年四月二〇日ドイッチェ・ヴェレ局の国際赤十字のポール・ヴォアラとのインタビューを参照。また以下を参照 Voillat: Private Military Companies: A Word of Caution. In: humanitarian exchange, November 2004（www.odihpn.org）.

（19）以下を参照 International Alert: The Politizisation of Humanitarian Action and Staff Security, S. 5; Koenraad van Brabant: Good Practice Review: Operational Security Management in Violent Environments. London 2000.

（20）例えば以下を参照 Paul Keilthy: Private Security Firms in War Zones Worry NGO's. In: alertnet vom 11. 8. 2004.

（21）以下を参照 Thomas Gebauer: Als müsse Rettung erst noch erdacht werden. In: Medico International（Hg.）: Macht und Ohnmacht der Hilfe, 一六ページ。

（22）イタリアの通信社 Adnkronos の二〇〇四年四月三〇日付け配信により引用。

(23) ダインコープ社の前述の「セックス・スキャンダル」が明るみに出たとき、まさにその通りのことがコソヴォで起こった。

(24) 例えば以下を参照 Michael Sirak: ICRC Calls for Contractors Accountability in War. In: Jane's Defense Weekly, 19. 5. 2004.

(25) 例えば以下を参照 Damian Lilly: The Privatisation of Security and Peacebuilding. London（International Alert）September 2000, 一三ページ以下；David Shearer: Privatisation Protection: Military Companies and Human Security. In: World Today vom 30. 7. 2001; Zarate: The Emergence of a New Dog of War, 七五〜一五六ページ。

(26) 以下を参照 Vaux u. a.: Humanitarian Action, 一四ページ。

(27) 例えばトロントの国際研究センター（www.utoronto.ca/cis）、ロンドンの海外開発研究所（www.odihpn.org）、インタナショナル・アラートなど。最後のものについては、例えば以下を参照 Damian Lilly: The Peacebuilding Dimensions of Cicil-Military Relations. London 2002（Alert Briefing Paper）.

(28) ズラタン・Mについては第1章で紹介した。

(29) ピープルズ・エイドとその活動地域については以下を参照 www.npaid.org.

(30) これがインタナショナル・アラートの調査が達した結論だ。とくに以下を参照 Vaux u. a.: Humanitarian Action.

(31) 以下を参照 Gregg Nakano / Chris Seiple: American Humanitarian Agencies and Their Use of Private Security Companies. In: Vaux u. a.: Humanitarian Action.

(32) 以下を参照 Mingst: Security Firms, 一六ページ。

第4章　民間軍事会社抜きの紛争解決は？

1　暴力市場か暴力独占か

魚が泣いても誰にも見えない
アフリカの諺

民間軍事会社（ＰＭＣ）の利用はさまざまな領域に問題を投げかけていて、その解決にはまだ程遠いものがある。民間軍事会社とこれに業務を委託する側の観点からすると、安全保障・治安という分野での公的なサービスを民営化するのは大いに結構ということになろう。だが一般市民や、民間軍事会社の行動の巻き添えを食った住民の側からすると、こんなことはご免だという声が上がるのは、これまた無理からぬ話だ。というわけで、これら賛否両論をまとめてみたのが次に掲げる表である。

領域	賛成	反対
経済界	・ＰＭＣはコスト削減になる	・コスト削減になるかは疑問 ・品質管理がない。コスト・支出のバランスが不明 ・ＰＭＣは利益優先 ・ＰＭＣは透明性に欠ける ・ＰＭＣには報告義務がない ・軍事行動の実費が不透明

軍　部	平和維持活動・人道支援団体	国際紛争	技　術	政　治
・軍隊を中核任務に特化できる ・ＰＭＣは柔軟な対応と迅速な人員派遣ができる ・ＰＭＣと軍との協力に相乗効果が期待できる	・危機におけるＰＭＣの迅速な対応 ・国連部隊の質と行動範囲が高度化し拡大される ・人道支援団体の保護 ・国軍の出動を削減できる	・国家間の緊張緩和 ・戦後社会での私企業の活用	・ＰＭＣはより高度の技術的ノウハウを駆使する	・政府はＰＭＣに業務委託することで自国軍隊をより柔軟に活用できる
・軍がＰＭＣに従属する ・ＰＭＣは戦時においてあてにならない ・戦時下での迅速な物資補給には不適合 ・軍とＰＭＣとの連携が欠如 ・軍に余分の負担任務が生じる――ＰＭＣ要員の保護など	・国民国家と国連の保護義務が民間委託される ・不透明なＰＭＣが国連によって正当化される ・ＮＧＯの正統性が失われる ・ＮＧＯの危険度が高まる	・ＰＭＣの利益のために戦闘が継続される ・ＰＭＣによって本国の外交政策が齟齬を来しかねない ・文民と兵士との区別が困難になる ・ＰＭＣは本国政府の隠れ蓑を着た手先になりかねない	・戦時下にノウハウが提供されないことが起こり得る ・ノウハウが濫用され逆に発注者に向けて行使されることもある	・ＰＭＣは民主主義の管理の枠外におかれている ・ＰＭＣは民主的に管理できない ・安全保障は国家の役割だ

		・市民社会と軍部との微妙なバランスが崩れかねない
法　律	・ＰＭＣは政府の認可の下に活動している ・行動規範がＰＭＣの行動の法的規制となっている	・ＰＭＣの行動を規制する法律はないし、またこれを法律で検証することも出来ない ・ＰＭＣとその職員の刑法違反を裁判で訴追することは困難 ・ジュネーブ協定（戦闘員・非戦闘員の区別）が事実上無効になる

出典：Ｈ・ウルフ『戦争と平和の国際化と民営化』七四ページ以下の試論に修正を加えた。ＰＭＣは民間軍事会社をさす。

民間軍事会社の利用をめぐる賛否両論には、もっと議論しなければならないいくつかの問題点がある。これは大きく分けて次の三つに要約できる。第一の問題点をここではさしあたり「民主主義の要請」と呼ぶことにしよう。つまり民間委託を行なうに当たって、市民が責任を負えない行為が実行されるという事態が起きないようにするにはどうしたらよいかという問題だ。第二には、国家による「武力独占」の問題と、今それが民間軍事会社によってなし崩しにされつつある事態をどう考えるかということだ。その他未解決な一連の問題をここでは「平和の要請」と呼んでおく。

これら三つの問題点を議論するに当たっては主としてドイツを念頭におくわけだが、欧州連合のほかの民主主義国家でも状況は同じと考えてほしい。

民主主義の要請の無視

民間軍事会社なり警備会社なりによる軍事・警察行動は、公による法的規制を受けることがほとんどない。彼らの行動規範は市場原理だし、彼らにとって世論とは顧客の声だけ。この市場原理はモノとサービスについてはまずまず問題ないとしても、安全保障・治安の領域では前提条件がまるで違ってくる。市民には業務内容の質を吟味する手立てもないし、提供される仕事量が提示された価格と釣り合っているかどうかを知る手がかりもない。とくに問題なのは、市民が品質と価格を間接にでもコントロールするための制裁処置を持ち合わせていないことだ。市民は購入を拒否する、つまり購入契約を結ばないという選択肢を持っていないのだ。

市民は、公共機関によるサービス業務には選挙での投票という途を経て間接に働きかけることが出来るのに対して、民営企業による安全保障・治安業務についてはこれを左右する手立てを一切奪われている。市民だけではない。目下のところ最大の顧客である国家でさえ、民間軍事会社に対して管理の可能性をなにひとつ持ち合わせていないのだ。ドイツの民間企業は、国家に対しては直接報告義務をもっていない。ドイツ政府はg・e・b・b・社を設立して民営化を官民連携機関の手に委ねた。だが透明性は存在しない。どのような契約がどのような内容について結ばれたかをひとつひとつ検討することが出来ないし、その契約が履行されたかどうか付きとめる手立てもない。透明性の欠如のために、実効ある管理はそもそも不可能になっているのだ。例えば、ドイツ連邦軍兵士の軍服の製造が民営化されて以来、その質が価格に見合うかどうか、どうやって査定されてきたのか、また現在どうやって査定されているのか。この点については、g・e・b・b・社の公開資料からはなんの手がかかりも得られない。また、民間軍事会社ダインコープ社の親会社であるＣＳＣ社は、アメリカ国防総省およびアメリカ諜報機関を最大の顧客にしている。そのダインコープ社が、民営化後はひょっとしてドイツ連邦軍を担当することになるかもしれない。その場合、同社が連邦軍のデータを濫用しない保証はあるのか。その時々のドイツ連邦政府であれまた共和国全体であれ、そのような濫用はあり得ないと市民に保証することは出来ないのだ。

透明性が欠如し、報告義務がなくしたがって管理不可能という問題があることはすでに早くから分かっていた。イギリス、アメリカ両国では、ドイツが民営化を始める前から、民間軍事会社をめぐってすでに議論があった。今では出版物も多く出ているし、(1) セミナーも盛んに開かれて、どうしたらこのジレンマを解決できるか、規制のモデル、条例や法律についても議論が重ねられてはいるのだが、なんとか満足できるような解決法はまだまだ見つかりそうにないというのが現状なのだ。わが国で連邦軍、警察、税関、国境警備、情報機関に民間軍事会社への業務委託を導入するに際して、透明性、報告義務、管理について参考とするに足りるような基準はまるで出来ていないに等しい。

安全保障・治安を担当する国家機関については、最低でも五段階の監察機構が用意され制度化されている。まず内部監査（警察の自己監視はこの上なく多様だ）、法的監査（検察庁と裁判所）、政府機関（省庁）による監査、立法府（議会）による監査、そして市民とメディアによる世論の監視の五つである。定められた規則に違反すると、それぞれの段階で一連の処罰が用意されているし、また制裁処置を実行するだけの機構も整っている。水平、垂直の両面から機能する、手の込んだこの「循環管理」の機構は、民間軍事会社に関してはまるで存在しない。存在しないばかりでなく、導入を検討しようという動きすらないのだ。例えばドイツの場合、前に触れた二〇〇四年九月連邦議会での討議はなんの決着も見ずに終わった。立法化を求める兆しもない。連邦政府としては、「民間警備ないし軍事会社について現行法の枠を越えて全国的な規制を検討する必要を認めない」からだそうだ(2)。

こうして民間軍事会社は、目下のところ、規制のない、法によって制限されることのない空間で活動しているわけで、その結果やりたい放題に近いというのが現状なのだ(3)。だが民主主義の立場からすると、循環管理はどうしても必要だ。このような管理が民間軍事業者について保証されない限り、現行の基準を尊重するならば、これら業者に業務を委託することは許されないはずだ。だがたとえ民主主義の要請を満たすに足りるだけの規制が出来上がったとしても、経済性の原則の前に結局のところ打つ手なしというところに行き着くだけだろう。世界中で数千にものぼる地域に展開して活動する何百もの民間軍事会社を監視し、現行の民主主義の基準に沿った透明性、報告義務、管理を求める機関を作り上げたところで、その機関はとてつもなく巨大で、そのための費用も膨大で、地球上のどんな国家もこれを維持するだけの力を持ち合わせていないだろう。つまり民営化の管理は、財政上可能な範囲という壁にあえなく阻まれてしまうのだ。

政治家は軍事費を削減したいのだとしきりに言う。もしそうならば、民間軍事会社への委託よりはるかに安上がりの方途がある。確かに連邦軍の経済面での管理行政は、これまでは官僚と軍の観点から行なわれてきており、これは明らかに過去からの残滓でしかない。連邦軍の内部で経済面と軍事面とを分離することに反対する謂れはない。つまり官僚的な観点を捨てて、軍隊の経済面を経営経済の立場から再編することには賛成だ。ベテランのマネージャーがしばらく軍隊で経験を積み、現在すでに実行されているように下請企業を使って仕事をすれば、連邦軍というマンモス企業を割安で運営することが出来るのではないか。軍隊を分割して、その運営を中堅企業に任せることを考えるより、その方が余程安くつくはずだ。

「民営の方が安上がり」という信条を吹聴して回る連中の声がこのところ目立って弱くなっている。どれだけ調査研究を重ねてもこの主張の正しさを裏付ける証拠が出てこないからだ[4]。現状を見ると、その逆こそが正しく、軍隊業務を民間経済に委託すると納税者の負担は増えるというほうがどうやら当たっているようだ。もっとも軍事問題専門家のなかには、民間委託をあくまで強行しようとするのには実は裏があるのだと言う者もいる。民営化を盾にとって、削減された軍隊をこっそりと再増強しようという意図があるのだという。もし本当にそうならば、軍備拡大を正面から推し進める方が、危ない橋を渡って民間軍事会社を使うより、いずれにせよ安上がりということになる。このことは、民営化がやっと緒についたばかりのドイツ（のみならずフランス、イタリアその他大半のヨーロッパ民主主義国）に当てはまる。代案は、軍隊組織の再編成、緊急派遣軍、欧州連合戦闘群、欧州連合警察隊[5]などなど、たくさんある。アメリカ、イギリスが犯した失敗を二度と繰り返してはならない。

武力独占の危機

ヨーロッパでは一六四八年ウェストファリア条約で、国家による武力独占が最終的に固定化された。それから四〇〇年足らずを経た今日、武力の行使権が再び市場の現象に戻りつつある。第二章第1節で素描した傭兵の歴史を見ても分かるように、これまで武力の私有化がどれほど危ない状況を生み出してきたことか。その例は、武力による社会集団内部への介入から、権力の簒奪まで枚挙に暇がない。ヨーロッパ諸国の民主化が進むにつれ、武力の行使権が私人から奪われ、国家の手に委ねられるようになったのには、それなりの理由があったわけだ。現在この武力独占が部分的にせよ破られるとすれば、それは、一部の者が自己の利益のために新たに武力を装備するのを助けるということになる。結果は極めて多様で、場合によっては国家の中核部分が脅かされるところまでいくかもしれず、もしそうなったらとんでもないことになりかねない。

本書でいくつかの例を挙げて、民間軍事会社が一国の政治に介入する実態を示した。彼らがある政権を誕生させ、またある政権を打倒したという事例はなにも「弱い国家」に限ったことではない。アメリカ合衆国のような「強い国家」でも、彼らが直接間接に国の外交政策を左右した例はひとつにとどまらない。軍事会社の権力は、軍産複合体に組み込まれることでさらに強大化し、国家に対する彼らの影響力の範囲はますます拡大しつつある。これが最も顕著に現れているのは軍事部門だ。とくにアメリカ合衆国では、どのような戦略、どのような安全保障政策が実施できるか、どれが実施不可能かの決定権は民間軍事会社の手中にあると言って過言ではない。民間軍事業界が莫大な選挙資金を投じて一党を後押ししたり、執拗なロビー活動でひとりひとりの議員に迫ったりして、その権力と影響力を政治に反映させようとするさまを、合衆国では日々目の当たりにすることが出来る。(6)

ドイツ史を紐解くと、軍部が国家のなかの国家になることでどんな結末が待っているか、何度かにわたり見ることが出来る。ある時には軍部が政治を左右したばかりか、社会の文化生活と市民ひとりひとりの日常生活までも制限した。第一次世界大戦後、ワイマル共和政の時代には、義勇軍や各種準軍事団体によって武力が私有化された結果、とんでもない事態が生じた。こうして一九三〇年代に入ると、私的な武力行使者と国軍の大部分と民間軍需産業との同盟が成立することになり、その政治的結末はやがてドイツ全体に留まらず、はるか国境を越えて及んだ。一九四五年敗戦までの約二五年間に重ねられた経験を踏まえて、ドイツでは第二次世界大戦後しばらくは軍隊そのものが存在しなかった。その後一九五〇年代半ばにドイツの西の部分で連邦軍が新たに創設された際、これを文民による管理と指導のもとに置き、「制服を着た市民」によって構成することが、国民全体の明白な総意となった。現在、「中核領域以外のものはすべて」外部委託することを目標に試みられている再私有化が、「ワイマルの状態」の再現にはならないだろうが、「アメリカの状態」に向かって突き進むことはかなりの程度あり得るところだ。

そのような状態がもつ意味は、ドイツやイタリア、ポーランド、スペインのような「中規模」国家にとっては、アメリカ合衆国のような超大国の場合とはまるで違う。民間軍事会社の大半はイギリス・アメリカに本社を置いて世界を股にかけて活動している。そういう企業を雇用するということは、中小国家にとっては、どうしても主権の喪失を招くことにならざるを得ない。ドイツなどこれらの国々がNATOに加盟していようとも、この事実には変わりない。イラク戦争での経験から言っても、例えばドイツのような「中規模」国家がなんとかして独自の政治的立場を貫こうとすれば、どうしても主権の保持が必須なのだ。民間軍事会社が利益優先の企業である限り、その目は常に最大の発注者に向けられている。ということは、彼らが世界各地で蓄積する経験を受け取り活用出来るのも、最大かつ最高の顧客、つまり少なくともさしあたりはアメリカ合衆国ということになる。こうして中小国家の超大国への依存は、このような「回り道」を経て、さらに強まる結果になるというわけだ。

国家による武力独占が部分的にでも失われると、国内では人々の生活にとんでもないことが起こりかねない。例えばブラジルのように社会が三つの「治安ゾーン」に大きく分割されるといった事態がドイツでも必ず生じるとは言えないし、また多分そんなことにはならないだろう。だが公共財である安全の一部が民間会社の手に握られるということになれば、安全の不平等分配も当然起こり得る。ドイツでもそれはもう始まっている。例えばショッピング・モールなど公共空間での官民連携方式の警備会社や「要塞町」の誕生がそれだ[7]。治安維持の分野での民営化の先進国であるイギリス、アメリカでは、安全の不平等分配がただの杞憂ではなく現実のものになっている。その極め付きとも言えるのが刑務所の民営化だろう。施設設備や人員配置、所内での生活環境、すべてが民間軍事会社の予算と委託主の支払い額の多寡で決まってくる。なかには――例えば、グループ4セキュリコアの傘下にあり、刑務所運営では世界でもトップの――ワッケンハット社のように、自社の運営する刑務所を合衆国以外の国（例えばメキシコ）に移転させて、人件費、運営費を節約しようとするケースさえある。今では「刑務所は低賃金国へ移せ」が、アメリカ合衆国各州の間で合言葉になっている[8]。

安全の不平等配分のよって社会内部に凝離が起こる。そして所得に関係なく平等な安全を要求する市民の権利が維持されなくなってしまうと、市民は国家機関への信頼を失う。国家が党派の違いを越えた上位の存在なのだと信じていた一般民衆の信念も、国家が私的武力集団の意のままになる様子を見れば、揺るがざるを得ない。しかもこれら私的治安維持集団を民主的に管理する手立てすらないとなると、社会の安定は失われたも同然、深刻な社会対立は避けられない。とどのつまりは、軍事会社の武装要員と国家機関の要員とが「敵対」して武器を互いに向け合うなどという事態が起こるかもしれない。第三世界の国々ではそのような状況は決して珍しくはないし、「強い国家」でも将来それが現実になる恐れは十分にある。だからこそ手遅れにならないうちに、政治が民間軍事会社の急成長に歯止めをかけなければならないのだ。(9)

軍事力の陰での平和政策

民間軍事会社がその国の安全保障政策の確固とした構成部分に組み込まれている「強い国家」もあれば、それほど大きな意味をもっていない国家もある。それは、それぞれの国家が国際的な枠組みのなかでどのような紛争解決の構想を持っているかによって違ってくる。だから、民間軍事会社の立場が国によってそれぞれ違う理由を知るには、危機克服の考え方の相違を見ておく必要がある。

グローバル化され、あらゆるレベルで相互に関連し合っている現代世界で、高度工業国の生活環境の静穏、つまり高度工業国の安全こそが物事の核心だなどと思い込むのは、道徳的に許されないし、政治的には近視眼的と言われても仕方がない。「北半球では平和、戦争はそれ以外でのところ」というのは、あってはならないことだ。安全は平和と同じく原理上不可分で、これを実現するには、世界に平等な安全の確立を、というのが政治の原則とならなければならない。この目標に向かって一歩ずつにでも近付くためには、国際社会と国民国家のそれぞれがともに、紛争に力で決着をつける、ましていわんやこれを武力に訴えて解決するというやり方を改めていく必要がある。そしてこれを実現するには、武力一点張りで国家間の安定をはかるのではなくて、危機そのものを事前に防止することに重点を置くことが肝要だ。だが現実には、この武力重視の方式が富んだ国、とくにイギリス、アメリカ両国では優先されていて、これが結局は「民主主義による新植民主義」を生み出している。これでは長期にわたる安定は望むべくもないし、それに中期的に見てもこの方式は経済的に維持できなくなっている[10]。

今の国際社会では安全の配分は偏っている。これまでにも見てきた通り、大半の国々は前提となる条件が整っていないため、紛争を平和裏に解決することが出来ないでいる。軍事介入は妥当なやり方ではない。武力では平和を創り出すことがそもそも出来ないからだ。シエラレオネやコンゴの例で明らかなように、武力介入で可能なのはせいぜいのところ戦闘を一時終わらせるだけのことでしかない。危機が戦争にまでエスカレートすることもあり得るが、その原因は武力抗争にあるわけではないのだから、社会内部の対立が武力衝突にまで拡大しないよう、そこにこそ全精力を集中すべきなのである。

この主張の筋道に異論を唱える者は、北半球の国々にはまずいないだろう。だが総論では賛成のはずが、個々の具体的な問題ではこの論理に反する行動ばかりというのが現実だ。そもそも全世界のあらゆる武器の九〇％を生産し、世界中で売りさばいているのは、国際連合で世界平和を監視する使命を帯びた安全保障理事会の常任理事国五カ国ではないか[11]。

北半球の富んだ国々は、この数年間で武力介入に六億ドル以上もの金をなんなくひねり出しておきながら、六〇〇〇万ドル足らずの政府開発援助（ODA）予算の増額には同意しようとしなかった。民間軍事会社ケロッグ・ブラウン&ルート社がイラクでの仕事で手にした金額を上手に使っていれば、この地球上の多くの紛争を平和裏に解決出来たのではなかろうか。また富んだ国々が、大量破壊兵器の管理機構を、例えば戦争犯罪を国際的に追及したり、原料資源採掘に伴う支払いの流れを監視したりすることに利用していたら、南半球での戦争のいくつかは避けることが出来たのではなかろうか[12]。「文民による紛争防止機関の拡充には消極的なくせに、武力介入ならいつでもＯＫというのでは、その動機を疑われても仕方あるまい[13]」。

「富んだ国」に共通する点は少なからずあるのだが、それでも国によっては無視できない相違もある。一方にはドイツのように、民間の手による危機防止を少なくとも優先させようとする国がある[14]。平和維持部隊や「国民形成」の過程では、これらの国々はそれぞれの正規軍や警察部隊を派遣して、共同の組織の枠内で民間団体と協力させるのである。これに対して、とくにアメリカ合衆国やイギリスは、軍事介入を優先させ、民間の支援団体を戦闘部隊の重要な一部として見なしている[15]。この両国のやり方を見ていると、これらの国が軍事介入する先は、必ず「なにか獲物がある」ところに限られていて、本当に民間の援助の必要なところには手を出そうとしない、との印象を拭い去ることが出来ない。その象徴的な印であるアメリカ合衆国とイギリスの開発援助政策の転換は、九〇年代末に始まり、二〇〇一年九月一一日以後の「テロリズムとの戦争」の開始と共に本格化し[16]、それ以来、軍事的視点はますます顕著になりつつある。つまり、開発援助政策は軍事介入と戦争の後始末として位置付けられ、「目覚しい復興」を遂げるために実行されるようになっている。そしてイギリス・アメリカの担当機関ＤＦＩＤとＵＳＡＩＤとは、開発援助政策の枠内で治安維持の任務を大部分民間軍事会社に委託するようになった。

危機収拾と民間軍事会社

民間軍事会社は、軍事介入による危機収拾というこの構想に食い込もうと必死になっている。彼らは紛争を軍事力によって短期に収拾することばかり考えていて、時間をかけてじっくりと利害関係の調停をはかる途をとろうとしない。それればかりでなく、彼らはこの目標を達成するには自分たちこそが再適任だと売り込んでいる。彼等が声高に唱える危機回避の途とは、外からの武力行動、つまり、言ってしまえば、「上からの平和」なのだ。この戦略で中核を占めるのが民間軍事会社ということになる。バルカンで、またアフガニスタンで明らかになったように、まず軍事介入の実施にあたって、次に、これは今のイラクで見せ付けられている通り、戦後の武力による治安維持にあたっても、彼らが主役なのだ。

だが永年の経験からも明らかなように、平和というものは「上から」の指図で生まれるものではない。緊張関係をひとつひとつ取り除き、紛争を戦争にまでエスカレートさせないようにするというのは、さまざまなレベルで同時に解決していかなければならない複合的な仕事なのだ。民間軍事会社の謳い文句にあるように国家組織に治安機関をくっつけてやればすむといった話ではない。そうではなくて、ありとあらゆる武力抜きの手段を講じて支援を行ない、当該の住民自身が相互間の利害関係の対立に折り合いをつけていくほかないのだ。もちろんその過程では、超党派的で、法に縛られた国家治安機関が大いに手助けになるし、場合によっては決定的な役割を果たすこともある。だが、治安機関はあくまで手段であって解決ではない(17)。しかも民間軍事会社はそのような手段でさえもあり得ない。なぜならば、外国の一会社にはなんの正統性もなく、また住民の信頼を得ることもないからだ。

すべての住民が行き届いた保健行政や整った教育制度を享受し、最低生活を保証する富の分配が行なわれ、住民各層が社会生活を営むことが許され、さまざまな紛争当事者間の怨念と敵対感情を根絶し、相互の信頼関係を築くような文化が芽生え育って行く、そのような環境を整備しないうちは、利害関係の調停など到底あり得ない。世界銀行前総裁ジェームズ・D・ウォルフェンソンも同じことを次のように語っている、「社会的公正をもっと細やかに尊重する気持ちなしには、都市の治安はないし、社会の安定もない。帰属意識を持てない限り、私たちの多くは疎外され、武装し、恐れおののく生活に耐えるほかないのだ(18)」。

利害関係を調停するこの過程に民間軍事会社は余計な存在だ。だからこそ、永年そのために努力してきている人道支援団体が民間軍事会社との共同作戦を拒否し、「軍事力の陰で」の活動はご免だと言うのである。これら支援団体からすると、このようなやり方は意味がないし、逆効果ということになる。民間軍事会社が武力で掃討するのは表面の現象だけで、原因そのものの克服は彼らの眼中にないからだ(19)。

2　危機の防止と平和の確保

絶望した者のためにこそ希望はある。
ヴァルター・ベンヤミン

今日、紛争と危機の克服に関して世界の世論を支配しているのは、自ら「世界の警察」の役割を買って出ているアメリカ合衆国にほかならない。それだけにアメリカ合衆国が現在実行している軍事介入戦略と第三世界の紛争国への民間軍事会社の大量投入に代わる代案はないように思えるのも無理からぬところがある。だが危機克服のための他のやり方は理論上存在するだけでなく、実地に行なわれてもいることを忘れてはならない。ただそれはメディアにはなかなか登場せず、また颯爽とカメラの前に立ち現れる兵士ほど派手でもない。それに、「弱い国家」での武力衝突をなんとか調停しようとする努力はそもそも全く違う考え方に基づいているため、軍事介入と関連付けて報道されることが滅多にないのだ。

安全と平和の創出または回復は軍事だけに関わる話ではない。この過程で民間軍事会社を使うのは便宜上のことでしかない。どのようにして平和を達成し、どのような安全を目指すかは、なによりも政治の問題なのだ。この点をめぐっては、国際連合のような国際的な場でも、NATOあるいはOAUのような多国間組織の場でも、また一国内では政党間でも見解の相違がある。

「上からの平和」か「下からの平和」か

やや思いきって単純化して言うと、そこには二つの違った基本的な考え方がある。ひとつは平和、安全、安定の戦略を「上から」追求する選択肢だ。この目標を達成するために適した手段とは、正統化された武力〈軍事力および警察力〉の投入である。民間軍事会社がそこでは重要な有機的な役割を演じる。紛争の解決、平和の創出、永続的な発展はここでは副次的な問題でしかない。今ひとつの選択肢は、平和の発展、安全体制の構築と社会の安定に際して「下からの」戦略を主眼とする。この戦略は、危機防止と紛争調停によってこれらの目標を達成しようとするのであって、主役を担うのは軍事力以外の手段である。武力の使用は例外的な状況に限られる。民間軍事会社が有機的な機能を果たすことはなく、出動するにしても、例えば国家機関の警備など、補助的な措置に留まる(1)。

選択肢1と選択肢2とはそれぞれ理想型で、実際にはこのような形で主張されることはない。だが、この二つの極の間には連続線があり、その線に沿って今日の諸国家をそれぞれの代表する政治戦略ごとに図示することができる。

民間軍事会社の国別の密度と政府毎の利用頻度を見てみると、ことはきわめて明白になる。中間から極1の間に位置する国々〈軍事介入優先の国〉に、民間軍事会社総数の八〇％以上が集中しているし、またこれらの国の政府による発注高がその大半を占めている。民間軍事会社の一〇％足らずが中間より右側の国々に、残りは第三世界の国々に本社を置いている。極1に傾きがちの国は、国内外で民間軍事会社を利用している。どちらかと言えば極2に近い国家は、もし利用するとしても、それは国内

「上からの平和」と「下からの平和」を両極とする連続線

選択肢1 （極1）	中間 ↓	選択肢2 （極2）
イスラエル、アメリカ、カナダ、ポーランド、イギリス	オランダ、日本、フランス	スペイン、スウェーデン、ノルウェー、ドイツ、フィンランド

で軍事業務を民間委託するために使っていて、国外には必ず正規軍と警察を派遣している。国際連合（その各種下部組織を含む）、経済協力開発機構（OECD）や、世界銀行のような国際組織は、その戦略を念頭に置いた場合、すべて中間より極2に近い側に位置している。

第三世界の国々に安定と平和を築き上げるための努力の重点の置きどころは、選択肢1では、「強い国家」の建設にあり、それを支えるのが強力な軍事・警察力と強固な国家体制である。この力を背景に市民社会における紛争を制御しようとする。だからこそ、この選択肢に近い立場をとる援助国、例えばアメリカ合衆国にとっては、援助と言えばもっぱら軍隊と警察の訓練と強化だし、これらの任務の大部分が政治上、経済上の便宜から民間軍事会社の手に委ねられることになる。[2]

これに対して選択肢2では、重点は危機の防止、紛争の解決、平和の創出に置かれる。それは、さまざまな政策分野（例えば外交、金融、開発、司法、環境、文化の政策）をすべてひとつに統合した試みである。そしてこれを実施する方式は、いくつかの介入レベルを包括し、多様な時間帯（タイム・スロット）をもっている。この仕事に必要な人員はすべて民間から募られる。危機の防止と平和の創出との間には、大抵の場合に、多様な中間項があるものだが、武力によらない介入の仕事には二つの段階を区別することが出来る。第一段階に当たるのは、紛争の激化を防止するための、さまざまな分野でのあらゆる努力だ。第二段階は武力衝突の後に着手されるすべての仕事を含んでいる（その間には、軍事紛争の最中にも行なわれるさまざまな介入がある）

介入に際して顧慮されなければならない基本条件は、経済協力・開発ドイツ連邦省（ＢＭＺ）のまとめた原則によれば、次のようである。

１　人権の尊重。
２　政治決定への一般住民の参加。
３　司法制度の確立と法による保護の保障。
４　市場原理と社会的配慮に基づく経済体制の創出。
５　開発を基本方針とする国政。(3)

次に掲げる図に、三つの介入のレベル（地方、国内、全国）、現地の交渉当事者（実行者）、また援助国の側からは、だれがどのレベルでどのような手段で支援するかを示す。(4)

時間帯とは、社会と国家の長期にわたる安定、息の長い社会経済発展、「長続きする平和」という目標を達成するための短期的、中期的、長期的な施策のことである。短期的な措置としては、例えば、難民援助、飢餓救済、傷病者への医療などが挙げられる。中期的なプログラムには、とくに子どもたちの教育、元兵士の社会復帰、女性の保護と同権のための活動、給水、農業生産の改善がある。長期

介入の基本条件

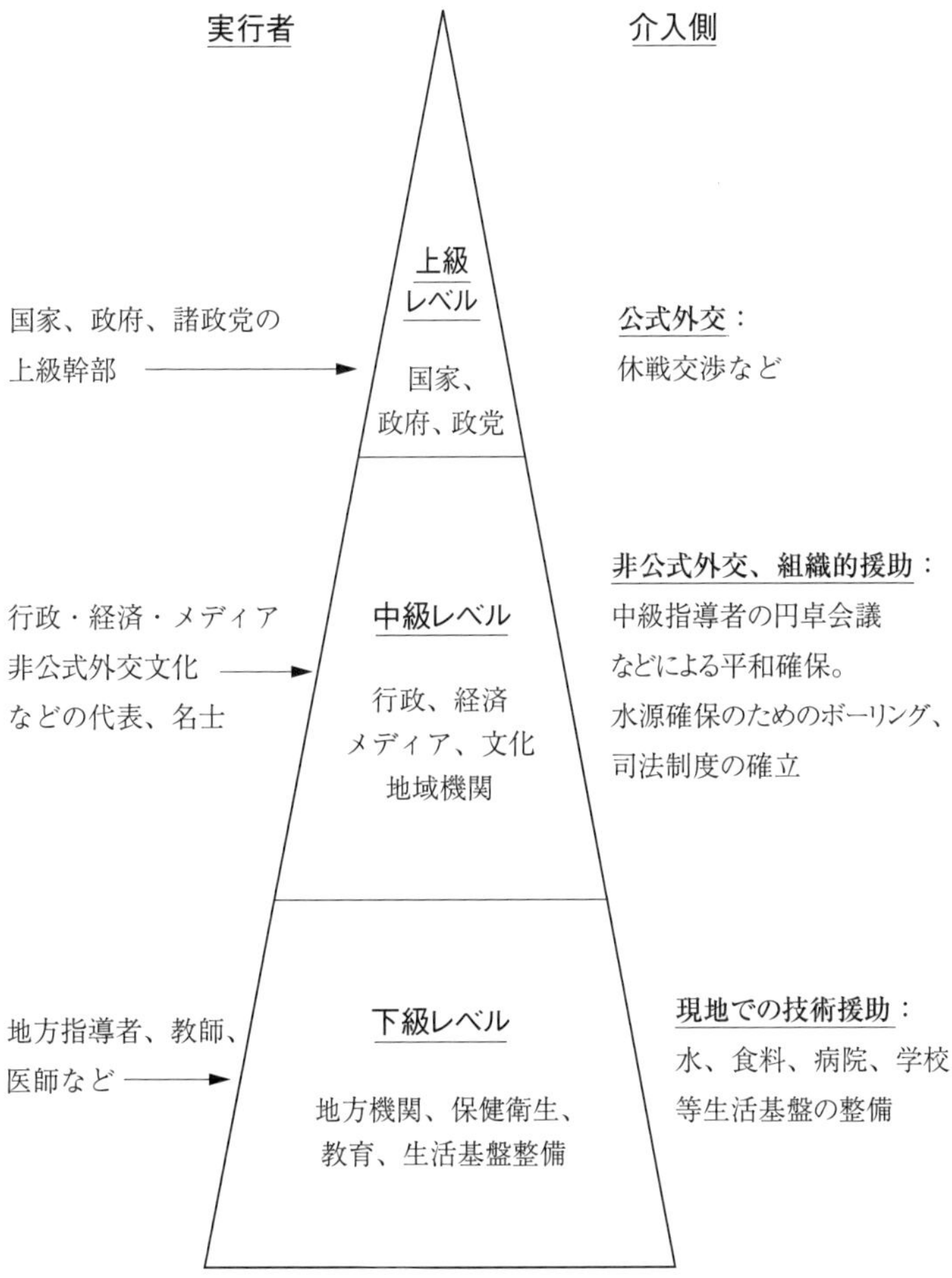
実行者
介入側
上級レベル
国家、政府、政党
国家、政府、諸政党の上級幹部
公式外交：
休戦交渉など
中級レベル
行政、経済
メディア、文化
地域機関
行政・経済・メディア
非公式外交文化
などの代表、名士
非公式外交、組織的援助：
中級指導者の円卓会議
などによる平和確保。
水源確保のためのボーリング、
司法制度の確立
下級レベル
地方機関、保健衛生、
教育、生活基盤整備
地方指導者、教師、
医師など
現地での技術援助：
水、食料、病院、学校
等生活基盤の整備

的な施策として重要なのは、すべての人に開かれた保健衛生制度と透明で報告義務を負った国家金融制度の確立、行政機構、全市民に平等な司法制度、全市民参加の政治体制の整備である[5]。

ドイツの行動計画

この選択肢2を具体化しようとした最初の試みは、一九九九年スウェーデンの行動計画だった[6]。ドイツでは二〇〇四年五月、社会民主党と緑の党との連合政府が「軍事力によらない危機予防、紛争解決、平和確保」のための行動計画[7]を策定した。この計画の土台になっているのは、武力衝突が政治、社会、経済、環境の、根の深い乱脈の結果でもあり原因でもあるとの認識である。武装抗争に関与する軍事企業について、この計画は次のように述べている、「国家機関以外の武力行使者が、現今の紛争では無視できない役割を演じている。いわゆる『戦争の民営化』の特徴は、軍閥、民兵、反乱軍、テロリスト、犯罪者集団さらには傭兵部隊、および民間警備会社が複雑に絡み合っている点にあり[8]、これが国家による武力独占に対抗する形になっている」。また「新しい戦争」の経済的側面については、麻薬の栽培と密売、小型武器の取引、誘拐、子どもと女性の売買さらに奴隷制が戦争経済の柱だとしている。だがその他にも、石油、ダイヤモンド、木材、コルタンなど天然資源の合法的な取引も「武力行使を経済的に採算の取れる事業にしているばかりか、これを根強い構造的な存在に仕立て上げている面もある」。したがって、内戦と組織犯罪との深まりつつある絡み合い、非合法、合法の経済領域とグローバルな経済循環との密接な結び付きこそは、「紛争解決に当たって解決を迫られる新たな中心課題」であると行動計画は指摘している。

　こうした分析に基づいて、次の目標が設定される。ひとつには、軍事力によらない危機予防、紛争解決そして平和構築である。いまひとつは、「拡大された安全保障概念」を土台として、現在紛争が起こっている地域または紛争が起こりそうな地域に、紛争を回避するために必要な国家組織を立ち上げ、これを強固なものにするだけでなく、市民社会、メディア、文化・教育面で平和潜在力を創り出し、その地域の人々が安心して暮らせるような経済、社会、環境を整えることである。

　これらの目標を達成するために、とくに次の三つの戦略分野が重要になる。第一の分野は、信頼のおける国家機構の構築であり、そこには法治国家体制、民主主義、責任内閣制さらに治安部局に対する法に基づく市民による監督体制の強化も含まれる。第二の分野は、平和潜在力の促進に関わるもので、そこでの課題としては、市民社会の強化と発展、専門家による自主独立のメディアの構築と拡充、また文化・教育制度の充実が挙げられる。第三の分野は、経済と社会福祉の公正な建設、さらに環境と資源の確保である。

　治安機構に関しては、行動計画は次のような観点に立つ。すなわち、現在進行中の武力紛争の大半は国家内の紛争であり[9]、経済面、社会面での発展をすすめるには、まず「実効性のある武力独占」によって市民が暴力と犯罪から守られる必要がある。「住民のなかの社会的弱者ほど、生命の安全が法によって最低限確保されることを切実に求めている」。そのような観点から、行動計画では、治安機構の改革こそが平和と持続する発展を左右する鍵であると位置付けられる。重要なのは、強制と暴力から国家と市民を守る警察、軍隊、諜報機関などの国家機関の改革だけではない。それに劣らず重要なのは、これらの機関に対する議会、行政府、司法による実効性のある監視をどう構築するかである。

市民社会とメディアによる監視・警告機能は、きわめて重要な意味をもつことになる。治安機関の改革事業に民間軍事会社を取り込むことは、行動計画では想定されていない。

この行動計画を見て目に付くのは次の点だ。すなわち、その骨子は選択肢2の論理、つまり軍事力によらない危機予防、紛争解決、平和確保を優先させる論理で貫かれてはいるものの、これを実行していくにあたっての構想や具体案はきわめて曖昧で漠然としていて、どちらかと言えば、選択肢1に見られる伝統的な介入政策の論理に固執している嫌いのあることだ。とくに計画では、民間の支援組織と軍隊との関係がどうあるべきかには踏み込んでいない。理論的には民間に優先権が与えられてはいるが、実際には資金供与の面で（予算案に設定された項目から見て）軍隊と警察の方に有利な配分が盛り込まれている。例えば現在、国外三カ所に連邦軍兵士八〇〇〇名が派遣されているのに対して、世界一三〇カ国以上にのぼる地域で活動するドイツの民間支援団体の人数は五〇〇〇人に過ぎない。連邦軍の国外派遣と「反テロリズム計画」の方に、軍事力によらない危機予防、平和確保のための事業よりはるかに多額の資金が支出されている（一五億ユーロ）。この関係が逆転して、行動計画が紙上だけの話でなくなるとは期待できそうにない。計画をよく読むと、「連邦予算節約のため、軍事力によらない危機予防の分野での積極的な措置は、狭義のテロリズム撲滅（！）の範囲を越える場合、今後これをすべて実行に移すわけにはいかない」と釘をさしてあるではないか。こうして行動計画決定後二年経った今、キリスト教民主同盟・キリスト教社会同盟と社会民主党の大連合によるドイツ連邦政府に言わせると、次のような話になる。すなわち財政状況が全体として厳しい折柄、当面予算の増額を望むのは無理で、したがって行動の範囲を拡大しようとするならば、とりわけ協働効果によってこれを達成するほかないと。

結局のところ、原則として残るのは二つだけ、ひとつは、第三世界の国々の軍隊の養成が（今後も引き続き）連邦軍によって担われるが、その趣旨は「治安部門の民主的改革」にあるということ。そしていまひとつは、行動計画によって、危機予防と平和確保のために（これまでにも）活動してきていた非軍事部門の機関、民間団体に政治的な行動上の基準が示されはしたのだが、今後そこに人員と予算の面で追加割当が注ぎ込まれる見込みはまるでないということ。二〇〇七年デュースブルク・エッセン大学の開発・平和研究所は報告書を発表して、行動計画が深刻な危機に陥っており、「キリスト教民主同盟・キリスト教社会同盟と社会民主党との連合協約で確認されたはずの計画実現の強力な推進など影も形もない」と指摘している[10]。

連邦政府の「軍事力によらない危機予防諮問会議」も特に次のような要求を掲げている。

1　ありとあらゆる見通しを考慮に入れた危機分析のための早期警戒システムを構築すること。

2　数カ国を選びこれらの国々にさまざまな関係機関の参加する危機予防のための委員会を設置すること。

3　連邦政府で非軍事的危機予防を担当する特別全権委員を任命すること。

4　連邦国防省と連邦軍に行動計画の目標を周知徹底させ、軍事力によらない危機予防の優先権を認めさせること。

5　行動計画を実現し、統合された危機予防政策を実施するために相当額の追加予算を認めること。

ドイツはこの行動計画を策定したお陰で、国際的に平和維持のために活動する上で大きな成果を期待できる手立てを持ったと言える。紛争が武力対決にエスカレートする前にこれを防止する方が、すでに武力対決にまで発展してしまった衝突の場に介入するより、平和のためにははるかに効果的だし、しかもあとあとまで有効だという認識は、アフガニスタンなどに派遣されて行動したことのある連邦軍兵士の間でも広がっている。紛争解決のために軍事力以外の措置をもっと強化すべきだとの声は、連邦軍の内部でも高まっている。また一般世論でも、ドイツの安全保障政策に関しては、武力投入を拒否し、軍事力によらない予防を求める、つまり「予防は治療にまさる」との声が勢いを増しつつある。

行動計画がドイツの政策の片隅に追いやられ、忘れられた存在にならないためには、今こそ省庁間の官僚的な縄張り根性を捨てる発想の転換が必要だ。危機予防をうまくやってのけるには、金もかかるし、波風立てずにとはいかないのだ。

非政府団体（NGO）からの批判

カトリック（救済事業団ミゼーレオル）とプロテスタント（プロテスタント開発奉仕団）の両教会の傘下に一〇〇以上の加盟団体を擁する組織であるドイツ非政府団体開発政策連盟（VENRO）は、行動計画について次のように指摘している。(11)「章の随所でも行動毎にも、非軍事部門と軍事部門との協力が謳われている。行動計画でも、両部門による危機予防には接点があるとの指摘が行なわれているが、双方の明確な分離はなされていない」。また「軍隊とNGOとでは、目標、関心、行動の仕方が異なるはずだと我々は考えている。NGOは、非戦闘員による支援という形で、作戦を展開中の軍隊と協力することはしないのが原則だ」。軍隊との協力が可能かどうか、可能だとしてどのような形でどの程度まで可能か、これはNGOからするとそれぞれ具体的な個々のケースによって違ってくる。だが「政治的、軍事的な目標設定によってNGOとしての立場が危うくなり、その結果、その独自性までもが失われる惧れのある」場合には、NGOは原則として軍との協力を拒否する。

この他にも、連盟は行動計画に次のような批判を加えている。計画では一六〇にものぼる行動を提示して、あれもやりますこれもやりますとお題目はたくさん並べ立てているが、これらの施策の財政面での裏付けについては追加の予算は見込んでいない。これこそ行動計画の最大の弱点だというのが、連盟の言い分だ。

ドイツ非政府団体開発政策連盟は、ほかにもいろいろ批判しているのだが、そのなかでも特に重要な批判を二つ紹介しておこう。二つとも民間軍事会社の活動に関わる問題だ。まず連盟は、行動計画が、民間の武力行使者の役割が現在の紛争のなかで重要な要素となっている事実を問題視している点を積極的に評価する。「現今の武力紛争においては、民間の武装団体がある役割を［果たしている］が、これら武装集団は、じつは国家によって支援され、国家から武器弾薬を補給され、国益の貫徹を狙いとしている」。行動計画を実現していくためには、このような最近の状況にこそもっと注意を払ってほしいものだと連盟は注文する。次に連盟は、経済企業の責任と民間軍事会社の管理にも触れている。例えば「紛争地域における私的部門の責任の強調」は行動計画にも取り込まれていて、連盟はこの点は高く評価しているし、同様にドイツ連邦政府が、相手国で原料資源の利用による収益の透明性を高め、その使い道について報告義務を科するよう努力していることも、大変結構なことだとしている。ただ「治安任務の民間委託が進んでいるのは憂慮すべき事態」であり、連邦政府はこの事実にももっと注目すべきであり、この部門での透明性、報告義務、管理のための装置を構築する必要があると、政府に対して要求している。

政界でもまた一般世論でも「軍事優先の選択肢」が力を得つつあるのに対して、ＮＧＯの各団体は軍事力によらない予防に力点をおく立場を堅持している。彼らは、軍事介入が増大することによって、このような行動の仕方が政治の通常の手段として受け入れられ、平和は「上から」創出できるという観念が定着するのを恐れている。ＮＧＯは逆に次のように考える、「軍事介入では平和を創出することは決して出来ない、せいぜい戦火を鎮めるだけのことだ。利害関係の公正な調停、和解そして平和を支えるだけの力をもった政治・社会構造を組み立てていくという難渋な任務を解決できるのは政治だけだし、突き詰めて言うと、その当の社会自身にしか果たすことの出来ない課題なのだ。平和は『下から』育つほかない[12]」。

紛争解決のための具体的な課題

ドイツで、武力によらない危機予防に取り組み、第三世界の国々の現場でこの課題を具体化している機関ないしＮＧＯ団体のひとつが、ドイツ技術協力協会（ＧＴＺ）だ。ドイツ経済協力・開発連邦省がその主要な発注者になっているこの協会が掲げる目標は、「危機予防」と「紛争解決」で、これは「安定した構造」と「長続きする平和の確保」を実現するためとする[13]。その主な活動分野は、司法と行政、農業開発、組織と交通通信に関する助言、経済政策と社会政策、環境と資源の保護、ならびに教育と保健衛生である。

治安部門の改革――これは活動分野のほとんどすべてを含むプロジェクトだ――を例にとると、同協会がこの課題に手をつけるのは、「軍隊、警察、司法、諜報機関、検察庁〔……〕がその本来の任務、すなわち安全の確立と維持の任を果たさず、それどころか、逆にこれらの機関自体が市民にとって安全を脅かす存在となるような」場合に限る。つまりこれらの機関が「国家の中の国家」のような位置を占め、市民による管理がまるで出来なくなり、派閥支配と腐敗が横行するようになった時に限るのである[14]。このような場合には、GTZは具体的な作業計画を立案し、「民主的に管理された治安部門を、適切な規模で、適切な資金運用を基礎に、的確な任務を与えられ、近代的な専門性を備えた機関として立ち上げること」を目標に、政治、機構、経済、社会の各レベルで活動を開始する[15]。

GTZが全力を傾倒している今ひとつの分野は、民間軍事会社が紛争処理と考えるやり方とは対極をなすもので、それは過去の克服と和解のための活動だ。NGOが平和を確かなものにする努力の過程でこの分野を重視するのは、「過去の不正が忽ち武力抗争の再燃に繋がりかねない[16]」からだ。協会は、抗争犠牲者ひとりひとりの面倒を見る（精神的外傷の専門家の派遣、探し人コーナーや情報センターの設置）ほか、次の五つの分野での活動に取り組んでいる。まず、武装抗争と体制転換の後に必ず起こってくる問題の解決を支援する。とくに過去の犯罪の赦免と補償立法、また不公正な体制の犠牲者の名誉回復や国家の犯罪の調査など、法律関係の助言を行なう。同時にまた、紛争の後始末を担当する機関、つまり調査委員会、真相究明委員会、和解委員会を設ける。これを支援するために、協会は資料を用意し、これら委員会に加わる人々に聴聞実施に向けて系統的に準備を整えさせ、また全国的な協議訴訟のお膳立てをすすめる。第三に協会は、過去の不正を刑事訴追する態勢の整備を支援し、法律上争点となっている問題を仲裁するための代案を提起する機構を促進する。とりわけ検察機関と捜査チームへの支援、裁判官と弁護士の養成、国内外のＮＧＯからの裁判傍聴人の編成、あるいはすべての住民が捜査、苦情申し立て、司法の正規の各機関を利用できるような仕組みをつくるのを助けるなどの課題がある。四番目には協会は、例えば「警察と市民とのフォーラム」を開くなど一連の方策を講じて警察を市民の中に取り込むよう心を砕く。そして第五には、地域の市民社会が和解への取り組みをすすめ試みや「平和同盟」を結成するのを支援する。[17]

ＧＴＺのような非政府団体ＮＧＯの仕事を見て行くと、武力を用いないという見通しのもとにことを進めるのと、民間軍事会社のように軍事力を行使するのとでは、同じ紛争解決と平和確保でも随分と様子が違うことが分かる。現場での活動の体験に基づく考えからしても、紛争の解決という仕事はあまりにも錯綜した問題で、武力と「上からの平和」だけではとても処理できるものではないことは明らかだ。民間軍事会社を使うのは、単純すぎる選択で、これでは第三世界の諸国での大半の国家内部の武力衝突の底にある多層的な問題を解決することは出来ない。そのような選択は長続きする平和をしっかりと固める途ではなく、多くの事例からも分かるように、すでにある紛争をエスカレートさせるだけなのだ。

注

1　暴力市場か暴力独占か

（1）例えば以下を参照：UK Government: Private Military Companies: Options for Regulation（»Green Paper«）. London, 12. 2. 2002; Chaloka Beyani / Damian Lilly: Regulating Private Military Companies. London（International Alert）2001; Elke Krahmann: Controlling Private Military Companies: The United Kingdom and Germany. Portland 2003; Kevin A. O'Brian: Private Military Companies: Options for Regulation. Cambridge（Rand Corporation）2002; Fred Schreier / Marina Caparini: Privatizing Security: Law, Practice and Governance of Private Military and Security Companies. Genf（DCAF）2005.

（2）自由民主党の大質問に対する連邦政府の回答 Deutscher Bundestag: Drucksache 15/5824, 24. 6. 2005, 二五ページ所収。二五ページに及ぶ政府の回答に見られる法律上の議論は一見もっともらしく見えるのだが、それが前提としているのは、みんながみんな現行の国内法なり国際法上の基準をまもるはずだというにすぎない。

（3）この点では、この問題を論じているすべての著者の意見が一致している。民間軍事会社のロビー団体でさえも法的な枠組みを要求している。デボラ・アヴァントとピーター・W・シンガーは、その著書でアメリカ合衆国の「民間軍事会社政策」を「濫用に満ち満ちた非効率的なシステム」とか「劣悪な政策で劣悪なビジネス」とか呼んでいる。例えば以下を参照 Singer: Outsourcing War.

（4）例えば以下を参照 Wulf: Internationalisierung und Privatisierung von Krieg und Frieden, 一九〇～一九七ページ。

（5）以下を参照 Klaus Olshausen: Das Battle-Group-Konzept der Europäischen Union（www.sipotec.net/X/S_0556.html）.

（6）例えば Center for Public Integrity の各種調査書、とくに Larry Mackinson: Outsourcing the Pentagon. Who Benefits from the Politics and Economics of National Security? Washington 2005を参照。

（7）　例えば二〇〇五年九月八日付けのいわゆる官民連携促進法を参照。Werner Rügemer: Gesamtdeutscher Ausverkauf. In: Blätter für deutsche und internationale Politik, 11/ 2005, 一三一五～一三二四ページ；Volker Eick: Integrative Strategien der Ausgrenzung: Der exklusive Charme des privaten Sicherheitsgewerbes. In: Berliner Debatte Initial, 2 / 2004, 二一～三三ページ。

（8）　例えば以下を参照 Fox Butterfield: Privatized »Prison-for-Profit« Attacked for Abusing Teenage Inmates. In: The New York Times vom 16. 3. 2000.

（9）　武力独占の喪失を警告する声については以下を参照 Erhard Eppler: Vom Gewaltmonopol zum Gewaltmarkt. Frankfurt am Main 2002; Wulf: Internationalisierung und Privatisierung von Krieg und Frieden, 七一～七八ページ、二〇三～二一八ページ。

（10）　例えば以下を参照 Bundesministerium für wirtschaftliche Zusammenarbeit und Entwicklung（BMZ）: Zum Verhältnis von entwicklungspolitischen und militärischen Antworten auf neue sicherheitspolitische Herausforderungen. Bonn 2004（BMZ-Diskurs, Nr. 1）; Sadako Ogata / Amartya Sen: Final Report of the Commission on Human Security. New York 2003.

（11）　以下を参照 Amnesty International: Shattered Lives. New York, 8. 10. 2002.

（12）　以下を参照 United Nations: Human Security Now. New York, 1. 5. 2003; Amnesty International: Shattered Lives. New York, 8. 10. 2002.

（13）　BMZ: Zum Verhältnis von entwicklungspolitischen und militärischen Antworten, 九ページ。

（14）　次の節で詳しく紹介するドイツ連邦政府の「行動計画」を参照。

（15）　ついでながら言うと、ＮＡＴＯは（ドイツを含むその加盟国を代弁しつつ）、「戦力防護」構想の一環として軍事行動と並行して人道支援プログラムを実施するという戦略を考案し、これによって介入先の国の住民に対しても、また自国の市民に対しても支持を得やすいようにしている。以下を参照 NATO: Can Soldiers Be Peacekeepers and Warriors? In: NATO Review, 49（2001）2.

（16）　Vgl. z. B. Großbritannien: UK Government: The White Paper. Eliminating World Poverty: A Challenge or the

21st Century. London, November 1997; UK Government: Making Government Work for Poor People. London, Juni 2000; DFID: Policy Statement on Safety, Security and Accessible Justice. London, 12. 10. 2000.

（17） 国連開発計画、世界銀行、経済協力開発機構などの国際機関は、このような認識に基いて安全保障構造の改革を構想しようとし始めている。例えば国連開発計画の開発援助委員会ＤＡＣの文書を参照 OECD: Development Assistance Committee（DAC）: Security System Reform and Governance: Policy and Good Practice. Paris 2004.

（18） 以下により引用 Weltbank: Sicherheit, Armutsbekämpfung und nachhaltige Entwicklung. Bonn 1999, 八ページ。

（19） ドイツについては例えば以下を参照 VENRO: Streitkräfte als humanitäre Helfer? Positionspapier. Bonn, Mai 2003; VENRO: Entwicklungspolitik im Windschatten militärischer Interventionen? Aachen / Bonn / Stuttgart, 31. 7. 2003.

2 危機の防止と平和の確保

（1） 介入政策の問題点については例えば以下を参照 Tobias Debiel: Souveränität verpflichtet: Spielregeln für den neuen Interventionismus. In: IPG, 3 / 2004, 六一～八一ページ；Stefan Mair: Intervention und »state failure«, 八二～九八ページ；ICISS（International Commission on Intervention and State Souvereignty）: The Responsibility to Protect. Ottawa（International Research Centre for ICISS）, Dezember 2001.

（2） これに伴って起こってくるさまざまな結果については、これまでの各章で詳細に論じ、例証を挙げた通りである。

（3） BMZ: Krisenprävention und Konfliktbeilegung. In: BMZ Spezial, 17 / 2000.

（4） 以下を参照 Angelika Spelten: Instrumente zur Erfassung von Konflikt- und Krisenpotentialen in Partnerländern der Entwicklungspolitik. Bonn 1999（Forschungsberichte des BMZ, Bd. 126）.

（5） 以下を参照 GTZ: Friedensentwicklung, Krisenprävention und Konfliktbearbeitung. Eschborn 2002; European Platform for Conflict Prevention and Transformation（Hg.）: Prevention and Management of Violent Conflicts. An International Directory. Utrecht 1998.

(6) Sweden, Ministry for Foreign Affairs: Preventing Violent Conflict. A Swedish Action Plan. Stockholm 1999.

(7) 以下を参照 Die Bundesregierung: Aktionsplan. Zivile Krisenprävention, Konfliktlösung und Friedenskonsolidierung. Berlin, 12. 5. 2004. この節での引用はすべてこれによる。

(8) 傍点は著者による。

(9) この見方は国連の数多くの調査と合致している。例えば以下を参照 United Nations: In Larger Freedom. Towards Development, Security and Human Rights for all. Report of the Secretary-General. New York 2005 (Doc. A/59/2005).

(10) Christoph Weller: Aktionsplan Zivile Krisenprävention der Bundesregierung—Jetzt ist dynamische Umsetzung gefordert. Duisburg 2007 (INEF Policy Brief 2).

(11) これについては以下を参照 VENRO: VENRO-Stellungnahme zum »Aktionsplan Zivile Krisenprävention, Konfliktlösung und Friedenskonsolidierung« der Bundesregierung. Bonn, 9. 9. 2004. 以下の引用はこの文書による。

(12) 以下を参照 VENRO: Entwicklungspolitik im Windschatten militärischer Interventionen?, 三ページ。

(13) GTZの活動については、エッシュボルンに本部を置く同協会のネット上の刊行物を参照。アドレスは www.gtz.de またこれに関連する一連の問題については以下を参照 GTZ: Friedensentwicklung, Krisenprävention und Konfliktbearbeitung.

(14) これについてはまた以下をも参照 Adolf Kloke-Lesch / Marita Steinke: Den Sicherheitskräften auf die Finger schauen. Der Entwicklungspolitik muss es um eine bessere Kontrolle von Polizei und Militär gehen. In: Entwicklung und Zusammenarbeit, 43 (2002) 2, 四四～四七ページ。

(15) 以下を参照 GTZ: Friedensentwicklung, Krisenprävention und Konfliktbearbeitung, 八二～八五ページ。

(16) 前掲書を参照七五～八〇ページ。

(17) これについては以下をも参照 Andreas Mehler / Claude Ribaux: Krisenprävention und Konfliktbearbeitung in der Technischen Zusammenarbeit. Wiesbaden 2000, とくに第四章と第七章。

終わりに――民主主義をまもるためにはなにが必要か

諦念こそあらゆる徳のなかでも最悪のものだ。
ギュスターヴ・フローベール

第二次世界大戦の恐ろしさと想像を絶する残虐行為を目の当りにして、国際連合の創始者たちは戦争を否認することを決議した。戦争は他の手段による外交の継続であるとして、これまで主権国家の当然の権利として認められてきた交戦権を廃棄し、侵略戦争を国際法違反と宣言した。この原則は、国連憲章にも盛り込まれ、今日にいたるまで国際社会の遵守すべき基準となっている。

主権国家は今後は自衛権「しか」持たないという、このパラダイムの転換によって、戦争はあまりにも重要かつ危険であって、これを将軍連中の手に委ねておくわけにはいかないとの認識もまた定着するようになった。軍人の論理に政治が足枷を嵌めることになったのだ。今ではこの認識を言い代える必要がある。紛争解決と平和確保は事柄があまりにも重要すぎるから、これを民間軍事会社の戦争と経済の論理にまかせるわけにはいかないと。軍人の論理だけでも望ましくない結果が生まれかねないのに、これに金儲けの欲望が加わったらどんなに恐ろしい結末が待っていることだろうか。

関係者の誰もが口をそろえてその通りと頷くことがひとつある。民間軍事会社が存立できるのはひとえに戦争のお蔭で、彼らの儲け口は武力紛争と不安定にあるという事実だ。国家と政治の行動基準は、遅くとも国連憲章の批准以降は、その対極、つまり平和と安定に置かれてきた。軍事サービス業は平和と安定には関心がない。彼らからすると、このふたつは商売の邪魔でしかない。平和と安定があれば、民間軍事会社にはそもそも存在の理由がなくなってしまう。

それでも政治家のなかには民間軍事会社は必要だと言う者がいる。驚くほかない。世界は東西対決の終焉後、たしかに一部はすっかり変わってしまった。だが、いつの間にか民間軍事会社がその独壇場にしてしまった活動領域のどれひつとをとって見ても、彼ら抜きでこなせなかった領域はないし、彼らさえいなければもっと安上がりに、もっと効果的に、もっと管理可能な、もっと機能に見合った形でやれたはずだ。

それだけではない。これらの会社の存在がなければ、国家による武力独占がなし崩しに空洞化して行く危険を冒すこともなかったし、市民の安全、市民の私生活が民間軍事会社の私的な諜報機関によって脅かされる心配もなかった。もっと端的に言わせてもらえば、民間軍事会社は、人々、そして諸国民が民主的な共同生活を営むためには余計で、しかも危険な存在なのだ。

そのようなサービス業が不必要、いや余計なら、どうしてまたこの手の会社が利用され、どうしてまたこの業種がこれほどまでにブームになっているのだろうか。答えは比較的簡単だ。民営化は安上がりなのだと世間に触れ回っている手合いでさえ、人々の耳に届かない場では、本音を吐いたりする。

行政執行部というか、政治支配集団というか、権力執行者は、国益からか、経済的な関心からか、あるいは権力欲からか、得てして、正規軍という公的に使える分を上回る数の兵隊を自分たちの目的のために派遣しようとする。例えば、議会の監視の行き届かない形で軍隊を使用したい、あるいは国際法のルールからすると本来介入できないはずの場に干渉したい、自分たちと友好関係にある政治権力者なり党派なりが国内の反対勢力と戦っている、これを支援したい、自国経済やエネルギー供給源確保のために大枠を押さえておきたいが、遠くから見てすぐにそれと分かる正規軍を登場させるわけには行かない、などなど。

民間軍事会社の利用は必要だとおっしゃるが、本音は結局のところ、政治的打算、政治的なご都合主義の問題でしかない。そして、これまで見てきた通り、民間軍事会社が使われるのは、まさしくそのような理由からなのだ。つまり民間軍事会社は、国際法も含めてあらゆる法の枠外にあって、民主主義国に暮す市民一人一人の身に及びかねない政治的な問題を投げかけていることになる。

ドイツ連邦政府は、前述の通り、民間軍事会社に関して新たな立法措置を講じる必要はないとの立場をとる。なにか問題が起こっても、現行の民法、刑法、国際法で十分に対応できるという。反論を一切寄せ付けないこういう言い方にこそ、疑問がある。例えば、思い出して欲しい、民間軍事会社が法的にはグレーゾーンにあるという点では、ほかにどれほど見解の相違があっても、世界中で意見が一致していたではないか。これらの会社に雇われた要員は狭義の「傭兵」でもなければ、戦闘員でもない、かといって彼らは非戦闘員でもないのだ。

近年歴代のドイツ連邦政府は、民間軍事会社に関してなんらかの政治的措置をとる必要性を認めるかどうか、公表することを避けてきた。これもまた興味深いところだ。沈黙を守っていることから察するに、どうやら必要を認めていないわけではなさそうだ。だとすると、この問題を公の場で、またメディアで議論してしかるべきではないか。ドイツでも、政治的行動を起こす必要が大いにあるからだ。

連邦軍をg・e・b・b・社で「民間委託」する話はすでに述べた。これはまだほんの序の口に過ぎないし、また例えば軍服の製造を下請けに出す、兵士への給食業務を一部民間委託するなどは、別に危険でもなんでもないように見える。だが公私合弁企業の株式取得を自由に認めるとなると、考え込まざるを得ない。こういうやり方が果たして合憲なのかどうかというだけでなく、政治的におよそ意味があるかどうかという問題がある。こうして一歩足を踏み出してしまうと、例えば、連邦軍の国外派遣に際して、また情報技術の分野で、市民の安全にとって問題が出てきはしないだろうか。そうなると、この種の民間委託によって生じる問題は、単に政治の場だけでなく、法律の面でも新たな措置をとる必要が生まれてくるのではないか。

また別の問題がある。それは外国の民間軍事会社に雇われて世界各地の戦場や紛争地域で、大抵は武器を手に活動するドイツ人民間兵士の問題だ。他の諸国に見られたように、ドイツでもこれらドイツ人が捕虜になったり、人質に取られたりして、政府がその釈放の代価を求められるという事態がいつ何時起こらないとも限らない。場合によっては、要求が容れられなければドイツに対してテロ攻撃を仕掛けるという脅迫があるかもしれない。この問題を解決するには、職業選択の自由、営業権の保証、憲法によって定められた国家による市民の生命保護の包括的な義務（これは国外にいるドイツ人にも適用される）などの該当条項をうんぬんするだけでは、とても足りないはずだ。ところが、政府が政治面で相変わらずだんまりを決め込んでいる限り、実情はそうなのだ。

赤十字であれ、「国境なき医師団」であれ、「世界にパンを」であれ、カリタスであれ、他のNGO団体であれ、紛争地域で活動するドイツの人道支援団体の保護についても、同じような政治上の問題がある。これらの団体の保護が停止されたり、民間軍事会社の同行が強制されたりして、実際アフガニスタンやイラクであったように、この一事で人道団体としての立場に傷がつき、評判を落とすようなことになれば、ドイツ政府が政治的に行動を起こすかどうか、という問題ではもはやなくなって、行動することが至上命令にならざるを得ない。無為無策でいるなら連邦政府は無能さをさらけ出し、行動計画で自ら明示した政策とはまるで相反する立場に追い込まれることになる。

ドイツに本社を置き、バルカンであるとか、アジアであるとか、あるいはどこかの大陸で活動する民間軍事会社に対して、ドイツ政府は、消費財かなにかを生産するどこかのメーカーと同じ扱いをしている。これらの会社が出動先でなにをやろうがお構いなしなのだ。個々のドイツ人市民がドイツ連邦共和国の名誉を傷つける振舞いをした嫌疑をかけられたとなると、その行動の是非をめぐってさほど議論するまでもない。軍事会社の場合はどうか。政府は、これらの会社が重大な人権侵害事件でも起こしてはじめて重い腰を上げるつもりなのだろうか。

ドイツ国内では、これまでほかの関連で話題にしてきた外国の大手民間軍事会社のほとんど全社が業務を展開している。ハリバートン社、クロル社、アーマー・グループはもちろん、CSC社、SAIC社、G4S、CACI社もそうだ。この業界の諜報機関ナンバーワンのSAIC社などは三三もの代理店をドイツにおいている。そしてこれらのうち相当数の会社が、主にドイツ人を職員として雇っている。これらのドイツ人職員がどんな仕事に使われているか、ドイツ政府が承知しているとはとても思えない。例えば、あのアブグレイブ刑務所事件に関与したCACI社が、数あるアメリカの在外刑務所にドイツ人を尋問係として、あるいはまた「通訳」として派遣するなどということがないとは言えない。だがそれとは無関係に、自国の市民を保護する（国家固有の任務であり、これを私人に転嫁することは憲法上許されない）ための政治行為の必要性があるかどうか、誰のためであれ外国の民間諜報機関が軍事会社という形で活動している以上、当然出てくる問題だ。これらの会社がラテンアメリカ、アジア、アフリカ諸国で、またイラクでやっていることを知っている以上、本来ドイツ政府は、これらの会社がドイツを拠点にしてどんな活動をしているか、調査すべきではないのか。それともどこかの誰かが暴露するまで手をこまぬいて待とうとでもいうのだろうか。

ドイツの一般企業のなかには、民間軍事会社を雇って、国外での自社の利益を守ろうとしている会社もある。そういう場合、例えば、コロンビアでブリティッシュ石油社について述べたようなことが起こっているかどうか、それはここでは論じる必要はないし、またそういう勘繰りをするつもりもない。論点は別のところにある。アフリカの大企業がドイツ領土内で民間軍事会社を通じて武装要員を雇い、自社の利益を彼らに守らせるというようなことがあるとしよう。そんなことがあれば、ドイツ政府は黙ってはいないだろう。その企業の行為がドイツの国内法に抵触するという点はひとまずおいても、次のような成行きになることは十分に想像できる。ドイツ政府はすぐさまその会社の上層部に（その国の大使館を通じてかもしれない）警告を発し、軍事会社を解約するか、でなければドイツから撤退せよ迫ることとだろう。内乱や危機に揺さぶられている国が同様の措置に出るとはまず考えられない。ドイツの会社が支社を閉鎖して国外に脱出することのないよう願うのが関の山だろう。だとすると、それこそ政治的な行動がまさに必要なのではないだろうか。ベルリンの政府筋が、この辺りの事情を知らないわけはない。一般的な形ではあれ、行動計画のなかで自らそれを示唆しているのだから。それでいて、ドイツの一般企業に対しては、国外で活動する場合、故国への責任があることを自覚せよと言うに留まっているではないか。これでは問題に正面から取り組んでいるとは到底言えない。

現在ドイツ連邦共和国での状況をまとめると、次のようになる。

まず業務を提供する側から見ると

・ドイツ国内では警備会社として営業しながら、国外では軍事会社としてさまざまな発注主から業務を請け負っている多数の会社がある。
・民間軍事会社の職員として国外で、またイラクのように危険な状況にある地域で働いているドイツ人市民がいる。
・ドイツ領土内に多くの外国の民間軍事会社（諜報活動の分野も含めて）があり、これらの会社はドイツ国内で活動しながら、同時にまた国外での業務も請け負い、そのためにドイツ人を職員に徴募している。

需要側の方を見ると

・ドイツ連邦軍はその任務の一部を外注し（とりわけ兵站とＩＴ関連の分野と養成と助言の業務）、民間軍事会社にこれらの業務を委託している。そのうえさらに連邦軍は国外でしばしば民間軍事会社と協力し合っているのだが、これに対する監視体制はないままだし、十分な調整も図られていないのが現状である。
・ドイツ企業は、危機的な状況にある地域や紛争地域で、（いつもというわけではないが、かなり頻繁に現地の政府の了解なしに）社を守るために民間軍事会社を利用している。
・ドイツの人道支援団体とＮＧＯは、ますます頻繁に民間軍事会社の支援を受けるようになっている。

以上のまとめから、民間軍事会社に関して議論しなければならない問題が一〇項目浮かび上がってくる。うち五項目は国内の、残りの五項目は国際的な次元の問題で、どれについても直ちに行動に移らなければならない状況にある。差し迫った行動の必要性は、ドイツでは法的な規制のメカニズムが欠落していること、また現行の規制では十分な監視機能を果たすことが出来ないという事情から来ている。ＮＡＴＯの側からもまた国際連合の側からも、ドイツに対して国際的な平和維持行動への参加がますます強く求められている昨今、民間軍事会社の問題を議論することは焦眉の急の課題となっている。

まず国内でとられなければならない措置は、

1　民間軍事会社について、明確に限定された任務と権限領域を定め、また認可および事業の基準を新たに作成すること。これには営業法の拡大が必要になる。

2　国家による認可手続きの導入と認可・登録制度の立ち上げ。

3　軍事サービス業務を輸出しようとするドイツの民間軍事会社について、法的規制の枠組みをつくること。これには、契約ごと、プロジェクトごとに許可を出し、監視と管理、責任者の特定が出来ることが必要である。またこれに伴い、武器輸出管理法の拡大が求められることになろう。

4　ドイツ領土上で営業活動を行おうとする外国の民間軍事会社について、これに特化した規制を設けること。

5　国外で警備のために民間軍事会社を雇用しようとするドイツ企業について、規定を検討すること。考えられるのは、自己管理のための行動基準の作成、外務省への登録義務であろう。

国際的な次元では、現状では関係してくるのは人道的な国際法と国際刑法だけである。国際法から発生する責任を刑法、民法のレベルで問題にすることはきわめて困難というより、ほとんど不可能なのが現実だ。紛争、内乱、危機に直面する国家のなかで、その領土内での民間軍事会社の活動を規制しているのはごく少数に留まる。この業種の会社の活動について特別の国際法上の基準がない以上、それなりの国際的な規制を考え出し、協定を結ぶ必要がある。国際法と人権を基礎に国家と民間軍事会社（その職員を含め）の法的な義務を国際的に明確にすることが重要だ。さらに、国家が人道的国際法を守り、国際刑法を適用し、人権を擁護するという既存の責任を果たしていくうえで助けとなるように、勧告や指針を作成することも必要である。

国際的な次元での緊急課題は、

1 可能な限りすべての国家がその領土内で民間軍事会社の利用に関し規制措置を導入するよう、率先して発議すること。

2 民間軍事会社の管理について二国間ないし多国間協定を作成すること。監視機構と協力協議の場を作り出すこと。

3 民間軍事会社の利用に関し、軍事同盟の次元で規制を設けること。

4 民間軍事会社に関し、地域的な次元（欧州連合、アフリカ統一機構など）と国際的な次元（国際連合）で規制を設けること。

5 人道的国際法を民間軍事会社に適用できるよう特化し、同時に現存の管理機関の権限を拡大するよう、率先して発議すること。

もう一度言おう。民間軍事会社の儲け口は平和ではなく、戦争と危機にある。国内で、ヨーロッパで、そして世界でこれらの会社が無用の存在になるような政治を行なうこと、それこそが政府の公言する平和政策、行動計画に明記された目標と合致する途であるはずだ。それを目指して進むことをしないならば、自らの政治に矛盾することになるだろう。それだけではない。民主主義を今後長く（しかも多分深刻な）危機に陥れ、国際的に（とりわけ第三世界の国々の間で）国の威信をおとしめることになるだろう。このふたつとも、ドイツ人市民の望むところではないと信じるものである。

社　名	国*	重点領域**	ウェブサイトアドレス
Titan Corporation	USA	Int.	www.titan.com
Triple Canopy	USA	BSB, LNW	www.triplecanopy.com
Trojan Securities	USA	ABT, Int.	www.trojansecurities.com
Vance International	USA	ABT, BSB	www.vancesecurity.com
Vinnell	USA	ABT, BSB	www.vinnell.com
Wade-Boyd and Associates	USA	BSB	www.wade.boyd.com

* AUS ＝オーストラリア
F ＝フランス
D ＝ドイツ
DK ＝デンマーク
Israel ＝イスラエル
UK ＝イギリス
USA ＝アメリカ合衆国

** ABT ＝養成、助言、訓練
BSB ＝武装部隊、安全確保、武装警護
Int. ＝情報活動
LNW ＝兵站、補給、保守
NSB ＝補給、安全確保、武装警護

社　名	国*	重点領域**	ウェブサイトアドレス
ManTech International	USA	Int.	www.mantech.com
Meyer & Associates	USA	ABT	www.meyerglobalforce.com
Military Professional Resources Inc. (MPRI)	USA	ABT, BSB	www.mpri.com
MZM	USA	Int.	www.mzminc.com
Northbridge Service Group Ltd.	USA	ABT, Int.	www.northbridgeservices.com
Olive Security	UK	ABT	www.olivesecurity.com
Optimal Solution Services (OS & S)	AUS	BSB	E-Mail: optimalsolution@hotmail.com
Pacific Architects and Engineers (PA&E)	USA	LNW	www.paechl.com
Paladin Risk	D	BSB	www.paladinrisk.com
Parsons	USA	BSB, LNW	www.parsons.com
Pilgrims Group	UK	BSB	www.pilgrimgroup.co.
Pistris	USA	ABT	www.pistris.com
Ronco Consulting Corp.	USA	ABT	www.roncoconsulting.com
Rubicon International Services	USA	BSB	www.rubiconinternational.com
Saladin Security	UK	Int.	www.saladin-security.com
Sandline International	UK	BSB	www.sandline.com
Science Applications International Corporation (SAIC)	USA	Int.	www.saic.com
Secopex	F	ABT	www.secopex.com
SOC-SMG	USA	BSB, Int.	www.soc-smg.com
Steele Foundation	USA	BSB	www.steelefoundation.com

社　名	国*	重点領域**	ウェブサイトアドレス
Defense Technology Systems (DTS) Security	USA	BSB, Int.	www.dtssecurity.com
Diligence LLC	USA/UK	Int.	www.diligencellc.com
DynCorp	USA	ABT, Int.	www.csc.com
EFFACT	D	ABT	www.effact10.de
Erinys	UK	BSB	www.erinysinternational.com
EUBSA	D	ABT	www.eubsa.de
Executive Outcomes (EO)	USA	ABT, BSB, Int., LNW	www.web.archive.org/web/19980703122204/http://www.eo.com
Fluor	USA	LNW	www.fluor.com
Genric	UK	BSB	www.genric.co.uk
Global Risk Strategies	UK	LNW	www.globalrsl.com
Group 4 Falck (G4S)	DK/UK	BSB	www.g4s.com
Hart Group Ltd.	UK	BSB	www.hartgrouplimited.com
International Charter, Inc. (ICI)	USA	ABT	www.icioregon.com
I-Defense	USA	Int.	www.idefense.com
Janusian Security Risk Management	UK	BSB	www.janusian.com
Kellog, Brown & Root (KBR)	USA	LNW	www.halliburton.com
Kroll Security International	USA	BSB, Int.	www.krollworldwide.com
Logicon	USA	Int.	www.logicon.com

インターネット上の民間軍事会社

社　名	国*	重点領域**	ウェブサイトアドレス
AD Consultancy	UK	BSB	www.adconsultancy.com
Aegis Defence Services	UK	BSB	www.aegisdefwebservices.com
AirScan	USA	Int.	www.airscan.com
AKE Limited	UK	Int.	www.akegroup.com
Applied Marine Technology, Inc.	USA	Int.	www.amti.net
ArmorGroup	UK	BSB	www.armorgroup.com
Betac	USA	BSB	www.betac.com
Beni Tal	Israel	ABT, BSB	www. beni-tal. co. il
BH Defence	USA	LNW	www.bhdefence.com
Blackwater USA	USA	NSB	www.blackwaterusa.com
Blue Sky	UK	Int.	www.blueskysc.org
Booz Allen Hamilton	USA	LNW	www.boozallen.com
CACI International	USA	Int.	www.caci.com
Centurion Risk Assessment Services	UK	ABT	www.centurionriskservices.co.uk
Cochise Consultancy	USA	BSB	www.cochiseconsult.com
Combat Support Associates	USA	BSB, LNW	www.csakuwait.com
Control Risks Group	UK	Int.	www.crg.com
Cubic	USA	ABT	www.cai.cubic.com
Custer Battles	USA	BSB, Int.	www.custerbattles.com
Defense Systems Ltd. (DSL)	UK	BSB	www.armorgroup.com

	für Technische Zusammenarbeit
G 4 S	Group 4 Falck
HUMINT	Human Intelligence
ICI	International Charter Incorporated
ICIJ	International Consortium of Investigative Journalists
IFOR	International Fellowship of Reconciliation
IMINT	Imagery Intelligence
IPOA	International Peace Operations Association
ISI	International Strategy & Investment
IW	Information Warfare
KBR	Kellog, Brown & Root
MPRI	Military Professional Resources Incorporated
MSS	MISYS-MicroSystems
NCW	Network Centric Warfare
NEP	National Energy Policy
NGO	Non-Governmental Organization
NSA	National Security Agency
OAU	Organisation of African Unity
OS & S	Optimal Solution Services
PA & E	Pacific Architects and Engineers
PPP	Public Private Partnership
RMA	Revolution in Military Affairs
RUF	Revolutionary United Front
SAIC	Science Applications International Corporation
SAS	Special Air Service
SASPF	SAP-Implementierungsmodell
SIGINT	Signals Intelligence
SOC-SMG	Special Operation Company-Security Management Group
SPLF	Sudan's People's Liberation Front
SRC	Strategic Resources Corporation
SSR	Security Sector Reform
TRADOC	US-Army Training and Doctrine Command
TRW	Thompson-Ramo-Wooldridge Automotive
UÇK	Ushtria Çlirimtare E Kosoves
UNICEF	United Nations International Children's Emergency Fund
UNITA	Uniao Nacional para a Independencia Total de Angola
USAID	United States Agency for International Development
VENRO	Verband Entwicklungspolitik deutscher Nichtregierungsorganisationen
WACAM	Wassa Association of Communities Affected by Mining
WWLR	World Wide Language Resources

略　語　表

（不必要な用語を削除した）

ACOTA	African Contingencies Operations Training and Assistance Program
ACRI	African Crises Response Initiative
ACS	Allied Computer Solutions, Inc.
AES	All Electric Services
AKE	Andrew Kain Enterprise
AFL-CIO	American Federation of Labor-Congress of Industrial Organizations
AMBO	Albanian-Mazedonian-Bulgarian-Oil
ASC	Advanced System Communcation
ASEDAR	Asociación de Educadores del Arauca
BASIC	British American Security Information Council
BBC	British Broadcasting Corporation
BG/CP	Bodyguard/Close Protection
BHg	Branch-Heritage Group
C2W	Command and Control Warfare
CACI	Consolidated Analysis Centers, Inc.
CalPERS	California Public Employees' Retirement System
CalSTRS	California State Teachers' Retirement System
CBS	Columbia Broadcasting System
CIA	Central Intelligence Agency
CSC	Computer Sciences Corporation
DAC	Development Assistance Committee
DCAF	Geneva Centre for the Democratic Control of Armed Forces
DFID	Department for International Development
DSL	Defense Systems Ltd.
DTS	Defense Technology Systems
ECOMOG	Economic Community Monitoring Group
ELN	Ejercito de Liberación Nacional
EO	Executive Outcomes
EUBSA	Europaen Brillstein Security Academy
FARC	Fuerzas Armadas Revolucionarias de Colombia
FBI	Federal Bureau of Investigation
FMS	Foreign Military Sales
GAO	Government Accounting Office
g.e.b.b.	Gesellschaft für Entwicklung, Beschaffung und Betrieb GmbH
GPS	Global Positioning System
GTZ	Deutsche Gesellschaft

prävention, Konfliktlösung und Friedenskonsolidierung« der Bundesregierung. Bonn, 9. September 2004.

Venter, Al J.: Market Forces: How Hired Guns Succeeded Where the United Nations Failes. In: Jane's International Defense Review, März 1998.

Vignarca, Francesco: Mercenari S. p. A. Mailand 2004.

Weltbank, Sicherheit: Armutsbekämpfung und nachhaltige Entwicklung. Bonn 1999.

Wulf, Herbert: Internationalisierung und Privatisierung von Krieg und Frieden. Baden-Baden 2005.

Wynn, Donald T.: Managing the Logistic-Support. Contract in the Balkans Theatre. In: Engineer, Juli 2000.

Zarate, Juan C.: The Emergence of a New Dog of War: Private International Security Companies, International Law and the New World Order. In: Stanford Journal of International Law 34, Winter 1998, S. 75-156.

伊勢崎賢治『武装解除：紛争屋が見た世界』講談社現代新書、2004年。

菅原出『外注される戦争：民間軍事会社の正体』草思社、2007年。

高木徹『ドキュメント 戦争広告代理店』講談社文庫、2005年。

ウィリアム・D・ハートゥング『ブッシュの戦争株式会社：テロとの戦いでぼろ儲けする悪い奴ら！』杉浦茂樹・池村千秋・小林由香利訳、阪急コミュニケーションズ、2004年。

ロバート・ヤング・ペルトン『ドキュメント 現代の傭兵たち』原書房、2006年。

ポール・ポースト『戦争の経済学』山形浩生訳、バジリコ、2007年。

松本利秋『戦争民営化：10兆円ビジネスの全貌』祥伝社、2005年。

本山美彦『民営化される戦争：21世紀の民族紛争と企業』ナカニシヤ出版、2004年。

The Center of Public Integrity: Making a Killing. The Business of War. Washington 2004.

Thompson, William: The Grievances of Military Coup Makers. Beverly Hills 1973.

Treverton, Gregory F.: Reshaping National Intelligence for an Age of Information. New York 2001.

Uesseler, Rolf: Neue Kriege, neue Söldner. Private Militärfirmen und globale Interventionsstrategien. In: Blätter für deutsche und internationale Politik, 3/2005, S. 323-333.

United Kingdom Governement: Public Private Partnerships. Changing the Way We Do Business. Elements of PPP in Defence. London 2004.

United Kingdom Government: Private Military Companies: Options for Regulations (»Green Paper«). London 12. 2. 2002.

United Nations: Human Security Now. Commission on Human Security. New York 2003.

United Nations: In Larger Freedom: Towards Development, Security and Human Rights for All. Report of the Secretary-General. New York 2005 (Document A/59/2005).

UNDP: Human Development Report. Millennium Development Goals: A Compact among Nations to End Human Poverty. New York 2003.

United States Government Accounting Office: GAO/NSIAD-00-107. Washington 1997.

Unites States Senate: Contractors Overseeing Contractors. Conflicts of Interest Undermining Accountability in Iraq. Joint Report by Special Investigations Division. Wahington, 18. Mai 2004.

Vaux, Tony u. a.: Humanitarian Action and Private Security Companies. London (International Alert) 2002.

VENRO: VENRO-Stellungnahme zum »Aktionsplan Zivile Krisen-

Reno, William: Private Security Companies and Multinational Corporations. Wilton Park Conference. London (International Alert) 2000.

Richards, Anna / Smith, Henry: Addressing the Role of Private Security Companies within Security Sector Reform Programmes. London 2007.

Scahill, Jeremy: Blackwater. The Rise of the World's Most Powerfull Mercenary Army. New York 2007; auf deutsch: Blackwater. Der Aufstieg der mächtigsten Privatarmee der Welt. München 2008.

Schreier, Fred / Caparini, Marina: Privatizing Security: Law, Practice and Governance of Private Military and Security Companies. Genf (DCAF) 2005.

Schwartz, Nelson D.: The War Business. The Pentagon's Private Army. In: Fortune, 3. März 2003.

Shearer, David: Private Armies and Military Intervention. London 1999 (International Institute for Strategic Studies; Adelphi Paper, Nr. 316).

Silverstein, Ken: Private Warriors. New York 2000.

Singer, Peter W.: Corporate Warriors. Ithaka/London 2003（P. W. シンガー『戦争請負会社』山崎淳訳、日本放送出版協会、2004年）。

Singer, Peter W.: War, Profits, and the Vacuum of Law: Privatized Military Firms and International Law. In: Columbia Journal of Transnational Law, Fruhjahr 2004, S. 521-549.

Spelten, Angelika: Gewaltökonomie. Möglichkeiten und Grenzen entwicklungspolitischer Handlungsoptionen. Eine Frient Handreichung. Bonn, Juni 2004.

Spicer, Tim: An Unorthodox Soldier. Peace and War and the Sandline Affair. Edinburgh 2003.

The Center for Public Integrity: Windfalls of War. Washington 2004.

Medico International (Hg): Macht und Ohnmacht der Hilfe. Frankfurt am Main 2003 (medico report, 25).

Mehler, Andreas / Ribaux, Claude: Krisenprävention und Konfliktbearbeitung in der Technischen Zusammenarbeit. Wiesbaden 2000.

Metz, Steven: Armed Conflict in the Twenty-First Century: The Information Revolution and Postmodern Warfare. April 2002 (Strategie Studies Institute, US-Army War College).

Misser, François: Les mercenaires: en quete de legitimation. In: Le boom du mercenariat: defi ou fatalité? Document de Damocles. Lyon 2001.

Moller, Björn: The Political Economy of War. Privatisation and Commercialisation. Kopenhagen 2002 (COPRI Working paper 16).

Münkler, Herfried: Die neuen Kriege. Reinbek 2002.

Musah, Abdel-Fatau / Fayemi, J'Kajode (Hg.): Mercenaries. An African Security Dilemma. London 2000.

O'Brian, Kevin: Military-Advisory Groups and African Security: Privatices Peacekeeping. In: International Peacekeeping, 5 (1998) 3.

OECD: Guidelines to Prevent Violent Conflicts. Paris 2001.

OECD: Multinational Enterprises in Situations of Violent Conflict and Widespread Human Rights Abuses. Paris 2002.

Offe, Klaus: Die Neudefinition der Sicherheit. In: Blätter für deutsche und internationale Politik, 12 / 2001.

Paes, Wulf-Christian: Zur Konversion von Gewaltökonomien. In: Wissenschaft und Frieden, 3 / 2001.

Pagliani, Gabriella: Il mestiere della guerra. Mailand 2004.

Qiao Liang / Wang Xiangsiu: Guerra senza limiti. L'arte della guerra asimmetrica fra terrorismo e globalizzazione. Gorozia 2001 (喬良・王湘穂『超限戦 21世紀の「新しい戦争」』共同通信社 2001年)。

flikt- Situationen. In: Deutsches Institut für Entwicklungspolitik (Hg.): Berichte und Gutachten, 3 / 2004.

Krahmann, Elke: The Privatisation of Security Governance: Developments, Problems, Solutions. Köln 2003 (AIPA 1/2003).

Ku, Charlotte / Jacobsen, Harold K. (Hg.): Democratic Accountability and the Use of Force in International Law. Cambridge 2003.

Kurtenbach, Sabine / Lock, Peter (Hg.): Kriege als (Über) Lebenswelten. Bonn 2004.

Leander, Anna: Global Ungovernance: Mercenaries, States and the Control over Violence. Kopenhagen 2002.

Leonhardt, Manuela: Konfliktbezogene Wirkungsbeobachtung von Entwicklungsvorhaben. Eine praktische Handreichung. Eschborn 2001.

Lilly, Damian / von Tangen Page, Michael (Hg.): Security Sector Reform: The Challenges and Opportunities of the Privatisation of Security. London 2002.

Lilly, Damian: The Privatisation of Security and Peacebuilding. London (International Alert) September 2000.

Lock, Peter: Ökonomien des Krieges. Hamburg 2001.

Lumpe, Lora: U. S. Foreign Military Training: Global Reach, Global Power and Oversight Issues. In: Foreign Policy in Focus Special Report, Mai 2002.

Mair, Stefan: Die Globalisierung privater Gewalt. Berlin 2002 (SWP-Studie).

Makki, Sami u. a.: Private Military Companies and the Proliferation of Small Arm. London 2002.

Markusen, Ann R.: The Case against Privatizing National Security. In: Governance, 16 (Oktober 2003) 4, S. 471-501, McPeak, Michael / Ellis, Sandra N.: Managing Contractors in Joint Operations: Filling the Gaps in Doctrine. In: Army Logistician, 36 (2004) 2, S. 6-9.

Fawcett, Bill: Mercs, True Stories of Mercenaries in Action. New York 1999.

Finardi Sergio / Tombola, Carlo: Le strade delle armi. Mailand 2002.

Global Witness: For a Few Dollars More. How Al Quaeda Moved into the Diamond Trade. April 2003（Global Witness Report）.

GTZ: Friedensentwicklung, Krisenprävention und Konfliktbearbeitung. Eschborn 2002.

Hodges, Tony: Angola from Afro-Stalinism to Petro-Diamond Capitalism. Bloomington 2001.

Holmquist, Caroline: Private Security Companies. The Case for Regulation. Stockholm 2005（SIPRI Policy Paper, Nr. 9）.

Human Rights Watch: Colombia: Human Rights Concerns Raised by the Security Arrangements of Transnational Oil Companies. London, April 1998.

Isenberg, David: A Fistful of Contractors: The Case for a Pragmatic Assessment of Private Military Companies in Iraq. In: BASIC, Research Report, September 2004.

Isenberg, David: Soldiers of Fortune Ltd. Washington 1997.

Jäger, Thomas / Kümmel, Gerhard（Hg.）: Private Military and Security Companies. Wiesbaden 2007.

Kaldor, Mary: New and Old Wars, Organized Violence in a Global Era. Cambridge 1999.（メアリー・カルドー『新戦争論――グローバル時代の組織的暴力』山本武彦・渡部正樹訳、岩波書店、2003年）。

Klingebiel, Stephan / Roehder, Katja: Entwicklungspolitisch-militärische Schnittstellen. Neue Herausforderungen in Krisen und Post-Kon-

Burrows, Gideon: Il commercio delle armi. Roma 2003.

Chojnacki, Sven: Wandel der Kriegsformen: Die Dimensionen neuer privatisierter Kriege. Berlin 2001 (WZB-Studie).

Cilliers, Jakkie / Mason, Peggy (Hg.): Peace, Profit or Plunder? Pretoria 1999.

Collier, Paul / Hoeffler, Anke: Greed and Grievance in Civil War. Washington 2001 (World Bank Policy Research Paper, Nr. 2355).

Creveld, Martin von: The Rise and Decline of the State. Cambridge 1999.

DAC: Security System Reform and Governance: Policy and Good Practice. Paris 2004.

Daclon, Corrado M.: Aspetti strategici della questione idrica, Juni 2002 (Centro Studi per la Difesa e la Sicurezza).

DCAF: Intelligence. Practice and Democratic Oversight - A Practitioner's View. Genf 2003 (Occasional Paper, Nr. 3).

Debiel, Tobias: Souveränität verpflichtet: Spielregeln für den neuen Interventionismus. In: IPG, 3 / 2004, S. 61-81.

Dorn, Walter A.: The Cloak and the Blue Beret: The Limits of Intelligence-Gathering in UN Peacekeeping. Clementsport 1999 (Pearson Papers, Nr. 4).

Duffield, Mark: Global Governance and New Wars. The Merging of Development and Security. London 2001.

Eppler, Erhard: Auslaufmodell Staat? Frankfurt am Main 2005.

Eppler, Erhard: Vom Gewaltmonopol zum Gewaltmarkt. Frankfurt am Main 2002.

European Platform for Conflict Prevention and Transformation (Hg.): Prevention and Management of Violent Conflicts. An International Directory. Utrecht 1998.

参考文献

Adamo, Alberto: I nuovi mercenari. Mailand 2003.

Adams, Thomas: The New Mercenaries and the Privatization of Conflict. In: Parameters, Sommer 1999, S. 103-116.

Avant, Deborah: From Mercenaries to Citizen Armies: Explaining Change in the Practice for War. In: International Organization, 54 (2002) 1.

Avant, Deborah: The Market of Force. The Consequences of Privatising Security. Cambridge 2005.

Azzellini, Dario / Kanzleiter, Boris (Hg.): Das Unternehmen Krieg. Paramilitärs, Warlords und Privatarmeen als Akteure der neuen Kriegsordnung. Berlin 2003.

Ballesteros, Enrique B.: Report of the Use of Mercenaries. New York 2004 (UN Doc. E/CN.4/2004/15).

Benegas, Richard: De la privatisation de la guerre à la privatisation du peacekeeping. In: Le boom de mercenariat: defi ou falatilté? Document de Damocles. Lyon 2001.

Beyani, Chaloka / Lilly, Damian: Regulating Private Military Companies. London (International Alert) 2001.

BMZ: Zum Verhältnis von entwicklungspolitischen und militärischen Antworten auf neue sicherheitspolitische Herausforderungen. Bonn, Mai 2004 (BMZ-Diskurs, Nr. 1).

Brauer, Jürgen: An Economic Perspective on Mercenaries, Military Companies and the Privatisation of Force. In: Cambridge Review of International Affairs, 13/1999.

Brooks, Doug: Creating the Renaissance Peace. Pretoria 2000.

Bundesregierung: Aktionsplan. Zivile Krisenprävention, Konfliktlösung und Friedenskonsolidierung. Berlin, 12. Mai 2004.

ヤ行

ラ行

ワ行

ABC

人名索引

ワ行

ABC

ナ行

ハ行

マ行

ヤ行

ラ行

サ行

タ行

会社索引

ア行

カ行

著者と訳者について

〔著者〕

Rolf Uesseler（ロルフ・ユッセラー）

1943年生まれ。経済学、心理学、ジャーナリズム論を学ぶ。1979年以降ローマに住んで、著述、調査に従事するかたわら、反マフィア運動でも活動している。仕事の重点領域は、世界経済における非合法の流れ、組織犯罪、闇経済、民営化と脱民主主義、イタリアにおけるマフィアと国家、資金洗浄と非合法金融操作に対する分析手法の開発。

これらのテーマについて、ドイツ、イタリアの新聞雑誌に多く寄稿しているほか、著書に『マフィア　神話、権力、道徳』（ボン、1987年）、『マフィアの挑戦　組織犯罪に対する戦略』（ボン、1993年）がある。

〔訳者〕

下村由一（しもむら　ゆういち）

1931年生まれ。千葉大学名誉教授。専攻はドイツ近現代史。この本を一人でも多くの日本人に読んでもらいたいとの一市民としての思いから、専門外ではあるが、あえて翻訳した。

戦争サービス業
——民間軍事会社が民主主義を蝕む

2008年10月20日　第1刷発行　定価（本体2800円＋税）
2008年12月26日　第2刷発行

著　者　ロルフ・ユッセラー
訳　者　下　村　由　一
発行者　栗　原　哲　也

発行所　株式会社　日本経済評論社
〒101-0051　東京都千代田区神田神保町3-2
電話　03-3230-1661　FAX　03-3265-2993
info@nikkeihyo.co.jp
URL : http://www.nikkeihyo.co.jp

装幀＊奥定泰之　印刷＊文昇堂・製本＊高地製本所

乱丁落丁はお取替えいたします。　Printed in Japan

ISBN978-4-8188-2016-6

P. J. カッツェンスタイン著／有賀誠訳 **文化と国防** —戦後日本の警察と軍隊— A５判　406頁　4,200円	日本の安全保障政策のあり方を、集団的アイデンティティなど文化的要素から鮮やかに解析する。
W. フィッシャー他／加藤哲郎監訳 **もうひとつの世界は可能だ** —世界社会フォーラムとグローバル化への民衆のオルタナティブ— 四六判　461頁　2,500円	「世界経済フォーラム」（通称ダボス会議）に対抗し、民衆の立場から様々な問題に政策提言を行う。
総合研究開発機構／武者小路公秀／遠藤義雄編著 **アフガニスタン**—再建と復興への挑戦— 四六判　457頁　3,500円	新しい国への現状と課題、支援のあり方を分析。人間の安全保障の視点からの問題提起と提言。
V. シヴァ著／浜谷喜美子訳 **緑の革命とその暴力** A５判　302頁　3,800円	高価な化学肥料や農薬を要する高収量品種による食糧増産計画は世界各地に何をもたらしたか。
G. ロビラ著／柴田修子訳 **メキシコ先住民女性の夜明け** 四六判　291頁　2,700円	貧困は自由と民主主義の欠如という国のあり方の問題ではないのか。
村上直久著 **国際情勢テキストブック** 四六判　277頁　2,000円	紛争を防ぐにはどうしたらいいのか。戦争を防ぎ、平和を構築する方法はあるのか。
勝俣誠編著　〈NIRA チャレンジ・ブックス〉 **グローバル化と人間の安全保障** —行動する市民社会— 四六判　400頁　2,700円	「脅威と欠乏からの自由」を軸に一人ひとりの人間の視点から安全保障の見直しをせまる。
D. ヘルド他著／中谷義和他訳 **グローバル化と反グローバル化** 四六判　218頁　2,200円	米国単独主義に替る多国間主義型のグローバル民主政を提唱。
A. マッグルー編　松下冽監訳 **変容する民主主義** —グローバル化のなかで— A５判　405頁　3,200円	グローバル化の中、いかに民主主義は転換させられているのか。より民主的な世界秩序の構築は可能なのか。

（価格は税抜き）